普通高等学校自动化工程技术实践系列教材

Elecworks2013 电气制图

余朝刚　主　编

史志才　副主编

清华大学出版社

北　京

内 容 简 介

Elecworks是一款易学易用的电气图纸设计管理的优秀软件，本书对电气制图的基础知识、Elecworks的操作方法和技巧、Elecworks成功应用3个方面的内容进行了阐述。全书分14章：电气制图基本规则、电气制图常见的元器件、安装和启动Elecworks、新建工程、数据库管理、布线方框图、原理图、PLC工程图、绘制清单、端子排、2D机柜布局、SolidWorks 3D机柜布局、Elecworks在行业的应用以及电气工程文件的输出。

本书适宜作为大专院校电气工程及自动化、自动化、机械工程及自动化等相关专业的教材，也可以供工程技术人员阅读参考。

图书在版编目(CIP)数据

Elecworks2013电气制图/余朝刚主编. —北京：清华大学出版社，2014(2023.1重印)
普通高等学校自动化工程技术实践系列教材
ISBN 978-7-302-35614-1

Ⅰ. ①E… Ⅱ. ①余… Ⅲ. ①电气制图－计算机制图－应用软件－高等学校－教材
Ⅳ. ①TM02-39

中国版本图书馆CIP数据核字(2014)第045069号

责任编辑：孙 坚 赵从棉
封面设计：傅瑞学
责任校对：赵丽敏
责任印制：宋 林

出版发行：清华大学出版社
网 址：http://www.tup.com.cn，http://www.wqbook.com
地 址：北京清华大学学研大厦A座 **邮 编：**100084
社 总 机：010-83470000 **邮 购：**010-62786544
投稿与读者服务：010-62776969，c-service@tup.tsinghua.edu.cn
质量反馈：010-62772015，zhiliang@tup.tsinghua.edu.cn
印 装 者：三河市铭诚印务有限公司
经 销：全国新华书店
开 本：185mm×260mm **印 张：**13.5 **字 数：**326千字
版 次：2014年5月第1版 **印 次：**2023年1月第10次印刷
定 价：38.00元

产品编号：057814-03

前言

FOREWORD

Elecworks 是一款全新的人性化的电气设计软件，有十分强大的功能，可以从普通的原理图绘制、完整的 PLC 设计，到自动生成接线板端子排、元件清单等一气呵成。Elecworks 让制作图纸不再是烦琐的校对、排错和修改的过程，从而可以充分发挥设计师们的创造力。Elecworks 凭借其卓越的性能，已经在轨道交通、热工制冷、汽车、船舶、制造加工等行业得到成功应用。

上海工程技术大学与法国 Trace Software 中国公司逸莱轲软件贸易(上海)有限公司合作编写本书的目的是基于各自在教学领域和工程领域的优势，使读者能轻松、快速地掌握 Elecworks 的基本功能，设计出电路图纸。上海工程技术大学的余朝刚副教授组织了本书编写工作，列写了大纲、负责统稿并任主编；史志才教授作为副主编，提出了非常宝贵的指导意见；研究生陈舒燕、朱靖、冀亨、张东、于长达参加了编写。逸莱轲软件贸易(上海)有限公司大中国区总经理王瑞先生全力支持本书的撰写、出版工作，工程师郑琦女士、瞿建超先生在技术上予以了巨大支持。

本书是国内第一本正式出版的 Elecworks 书籍，由于编者水平及时间所限，书中难免存在不妥、缺点和谬误，热忱欢迎广大读者批评指正，以便再版时改进。读者可以访问 http://www.elecworks.com/，或者发邮件至 yuchaogang@163.com 进行交流。

本书编写过程中除了参考、引用国家电气简图用图形符号标准、电气设备用图形符号标准以及电气制图标准方面的书籍，还使用了网友的大量学习体会，以及厂商的培训资料、产品说明书等，这些资料对于本书是极为重要的，编者在此一并致谢！

编　者

2014.2

目录

CONTENTS

第1章

电气制图基本规则

1.1 电气制图标准

电气技术文件作为交流电气技术信息的载体，其编制规则和电气图形符号是电气工程的语言，只有规范化才能满足国内外技术交流的需要。国际上大多数发达国家都将国际电工委员会(IEC)标准作为统一电气工程语言的依据。我国于 1983 年成立了全国电气信息结构、文件编制和图形符号标准化技术委员会(The Chinese Standardization Technical Committee for Electrical Information Structures, Documentation and Graphical Symbols)，代号为 SAC/TC27，相应的国际电工委员会为 IEC 的第 3 工作组 IEC/TC3。

电气技术文件涉及的电气制图标准主要有电气技术文件的编制标准、电气简图用图形符号标准和电气设备用图形符号三大类。1964 年我国首次系统地制定了电气图形符号和文字符号等系列标准。1986 年以后，陆续采用国际标准制定新的电气技术制图标准，参照 IEC 60617《电气简图用图形符号》、IEC 61082《电气技术用文件的编制》、IEC 61346《工业系统、成套装置与设备以及工业产品 结构原则和检索代号》等系列标准，颁布了我国国家标准 GB/T 4728《电气简图用图形符号》系列标准，我国国家标准基本与 IEC 电气制图规则一致。我国电气技术文件编制的主要标准见表 1-1。表 1-1 中前 3 项是电气技术文件编制的基本标准；第 4～6 项为结构原则与检索代号；第 7、8 两项为文件和文件编制管理标准；其余为电气图形符号规定等。

表 1-1　电气技术文件的编制标准

序号	标准编号	标准名称
1	GB/T 6988.1—1997	电气技术用文件的编制　第 1 部分：一般要求
	GB/T 6988.2—1997	电气技术用文件的编制　第 2 部分：功能性简图
	GB/T 6988.3—1997	电气技术用文件的编制　第 3 部分：接线图和接线表
	GB/T 6988.4—2002	电气技术用文件的编制　第 4 部分：位置文件与安装文件
	GB/T 6988.5—2006	电气技术用文件的编制　第 5 部分：索引
	GB/T 6988.6—1993	控制系统功能表图的绘制
	GB/T 2900.18—1992	电工术语　低压电器

续表

<table>
<tr><th>序号</th><th>标准编号</th><th>标准名称</th></tr>
<tr><td>2</td><td>GB/T 18135—2000</td><td>电气工程CAD制图规则</td></tr>
<tr><td>3</td><td>GB/T 19045—2003</td><td>明细表的编制</td></tr>
<tr><td rowspan="4">4</td><td>GB/T 5049.1—2002</td><td>工业系统、装置与设备以及工业产品　结构原则与参照代号　第1部分：基本规则</td></tr>
<tr><td>GB/T 5049.2—2003</td><td>工业系统、装置与设备以及工业产品　结构原则与参照代号　第2部分：项目的分类与分类码</td></tr>
<tr><td>GB/T 5049.3—2005</td><td>工业系统、装置与设备以及工业产品　结构原则与参照代号　第3部分：应用指南</td></tr>
<tr><td>GB/T 5049.4—2005</td><td>工业系统、装置与设备以及工业产品　结构原则与参照代号　第4部分：概念的说明</td></tr>
<tr><td>5</td><td>GB/T 18656—2002</td><td>工业系统、装置与设备以及工业产品　系统内端子的标识</td></tr>
<tr><td>6</td><td>GB/T 16679—1996</td><td>信号和连接线的代号</td></tr>
<tr><td>7</td><td>GB/T 19529—2004</td><td>技术信息与文件的构成</td></tr>
<tr><td>8</td><td>GB/T 19678—2005</td><td>说明书的编制　构成、内容和表示方法</td></tr>
<tr><td>9</td><td>GB/T 4026—2004</td><td>人机界面标志标识的基本方法和安全规则　设备端子和特定导体终端标识及字母数字系统的应用通则</td></tr>
<tr><td>10</td><td>GB 4884—1985</td><td>绝缘导线的标记</td></tr>
<tr><td>11</td><td>GB 7947—2006</td><td>人机界面标志标识的基本方法和安全规则　导体的颜色或数字标识</td></tr>
<tr><td>12</td><td>GB/T 5489—1985</td><td>印制板制图</td></tr>
<tr><td>13</td><td>GB/T 7159—1987</td><td>电气技术中的文字符号制订通则(2005年已废止,供参考)</td></tr>
<tr><td>14</td><td>GB/T 7356—1987</td><td>电气系统说明书用简图的编制(2005年已废止,供参考)</td></tr>
<tr><td rowspan="2">15</td><td>GB/T 10609.1—1989</td><td>技术制图　标题栏</td></tr>
<tr><td>GB/T 10609.2—1989</td><td>技术制图　明细栏</td></tr>
<tr><td>16</td><td>GB/T 14689—1993</td><td>技术制图　图纸幅面和格式</td></tr>
<tr><td>17</td><td>GB/T 14691—1993</td><td>技术制图　字体</td></tr>
<tr><td rowspan="3">18</td><td>GB/T 17564.1—2005</td><td>电气元器件的标准数据元素类型和相关分类模式　第1部分：定义—原则和方法</td></tr>
<tr><td>GB/T 17564.2—2005</td><td>电气元器件的标准数据元素类型和相关分类模式　第2部分：EXPRESS字典模式</td></tr>
<tr><td>GB/T 17564.3—1999</td><td>电气元器件的标准数据元素类型和相关分类模式　第3部分：维护和确认的程序</td></tr>
<tr><td>19</td><td>QJ 3154—2002</td><td>计算机辅助设计电气制图基本规定及管理要求</td></tr>
<tr><td>20</td><td>GB/T 5465.1—2007</td><td>电气设备用图形符号基本规则　第1部分：原形符号的生成</td></tr>
<tr><td>21</td><td>GB/T 5465.2—1996</td><td>电气设备用图形符号</td></tr>
<tr><td>22</td><td>GB/T 11499—2001</td><td>半导体分立器件文字符号</td></tr>
</table>

续表

序号	标准编号	标准名称
23	GB/T 4728.1—2005	电气简图用图形符号　第1部分：一般要求
	GB/T 4728.2—2005	电气简图用图形符号　第2部分：符号要素、限定符号和其他常用符号
	GB/T 4728.3—2005	电气简图用图形符号　第3部分：导体和连接件
	GB/T 4728.4—2005	电气简图用图形符号　第4部分：基本无源元件
	GB/T 4728.5—2005	电气简图用图形符号　第5部分：半导体管和电子管
	GB/T 4728.6—2005	电气简图用图形符号　第6部分：电能的发生与转换
	GB/T 4728.7—2008	电气简图用图形符号　第7部分：开关、控制和保护器件
	GB/T 4728.8—2008	电气简图用图形符号　第8部分：测量仪表、灯和信号器件
	GB/T 4728.9—2008	电气简图用图形符号　第9部分：电信：交换和外围设备
	GB/T 4728.10—2008	电气简图用图形符号　第10部分：电信：传输
	GB/T 4728.11—2008	电气简图用图形符号　第11部分：建筑安装平面布置图
	GB/T 4728.12—2008	电气简图用图形符号　第12部分：二进制逻辑元件
	GB/T 4728.13—2008	电气简图用图形符号　第13部分：模拟元件
24	GB/T 16902.1—2004	图形符号表示规则　设备用图形符号　第1部分：原形符号
25	GB/T 20295—2006	GB/T 4728.12 和 GB/T 4728.13 标准的应用

1.2 电气技术文件

电气技术文件包括技术人员熟知的概略图、电路图、电气元件布置图、安装接线图等电气简图，也包括接线表、元件表、说明书等设计文件。绘制完电路图，Elecworks 可以自动生成端子接线图、元件表。

1.2.1 概略图

概略图是表示系统、分系统、装置、部件、设备中各项目间的主要关系和连接的简图，通常用单线表示法。Elecworks 中概略图用布线方框图来表示，示例如图 1-1 所示。

1.2.2 电路图

电路图即电气原理图，也称电气线路图。它是采用标准图形符号按一定的逻辑关系或功能顺序排列，表示系统、分系统、装置、部件、设备等实际电路的连接关系的一种简图。

一个电路通常由电源、开关设备、用电设备和连接线四个部分组成，如果将电源设备、开关设备和用电设备看成元件，则电路由元件与连接线组成，或者说各种元件按照一定的次序用线连接起来就构成一个电路。

Elecworks 中的电路图常选择多线原理图，示例如图 1-2 所示。

1.2.3 电气元件布置图

电气元件布置图用来表明电气设备或系统中所有电气元器件的实际位置，是设备制造、

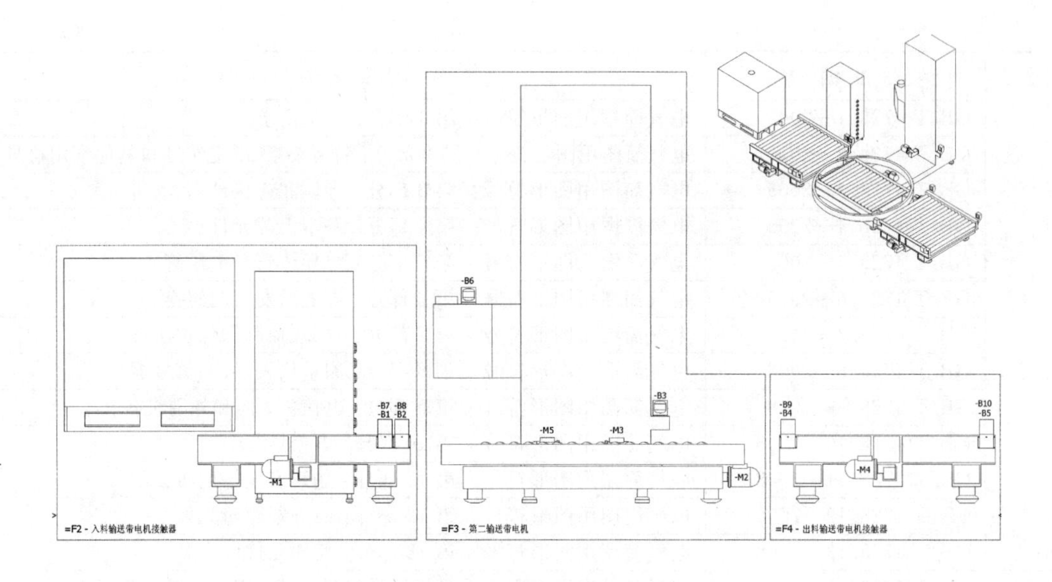

图 1-1 概略图

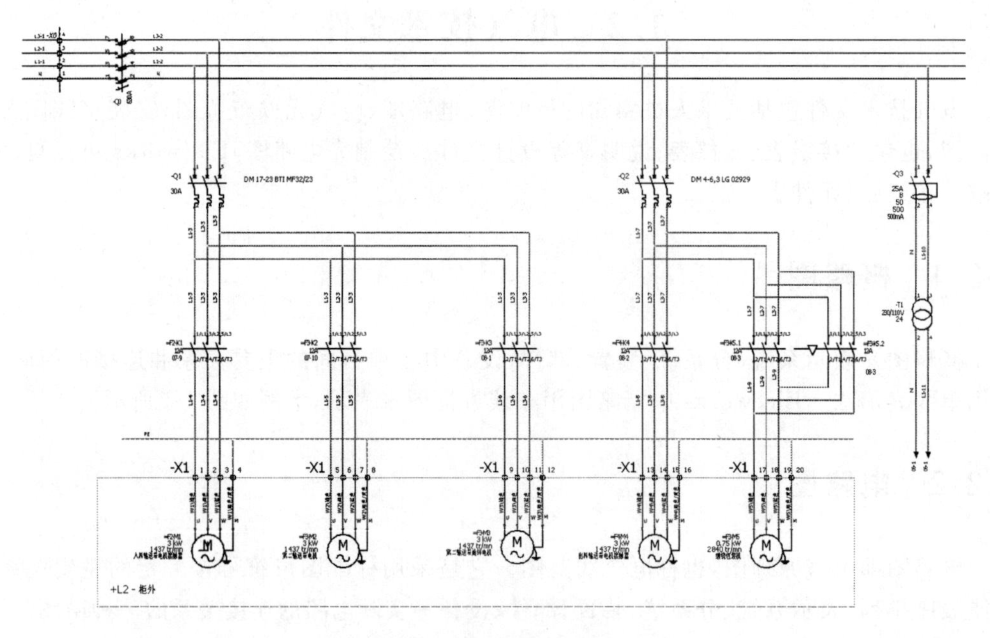

图 1-2 多线原理图示例

安装、维护的必要资料。

电气元件布置图的绘制应遵循如下原则：

(1) 相同类型的电气元件布置时，应将体积较大和较重的安装在控制柜或面板的下方。

(2) 发热的元器件应该安装在控制柜或面板的上方或后方，但热继电器一般安装在接触器的下方，以方便与电动机的接触器连接。

(3) 需要经常维护、整定和检修的电气元件、操作开关、监视仪器仪表，其安装位置应高低适宜，以便工作人员操作。

(4) 强电、弱电应分开走线，注意屏蔽层的连接，防止干扰的窜入。

(5) 电气元件的布置应考虑安装间隙，并尽可能做到整齐美观。

图 1-3 是元件布置图示例。

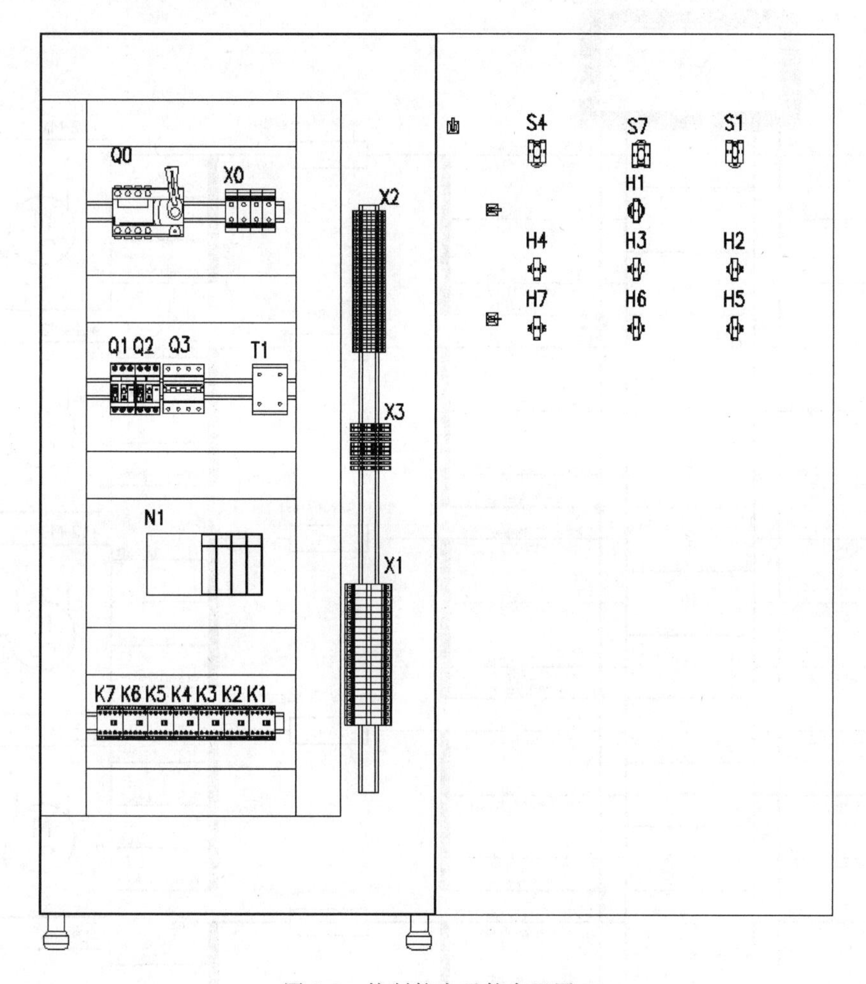

图 1-3　控制箱内元件布置图

1.2.4　安装接线图

电气安装接线图是按电气元件的布置位置和实际接线，用规定的图形符号绘制的图形，是电气装备和电气元件安装、配线、维护和检修电器故障的依据。

绘制原则：

(1) 必须遵循相关国家标准。

(2) 各电气元件的位置、文字符号必须和电气原理图中标注的一致，同一电气元件的各部件必须画在一起，各电气元件的位置必须与实际安装位置一致。

(3) 不在同一安装板或控制柜中的电气元件或信号的电气连接一般应通过端子排

连接。

(4) 走向相同、功能相同的多根导线可以用单线或线束表示。画连接线时，应标明导线的规格、型号、颜色、根数和穿线管的尺寸。

图 1-4 是 Elecworks 生成的安装接线图。

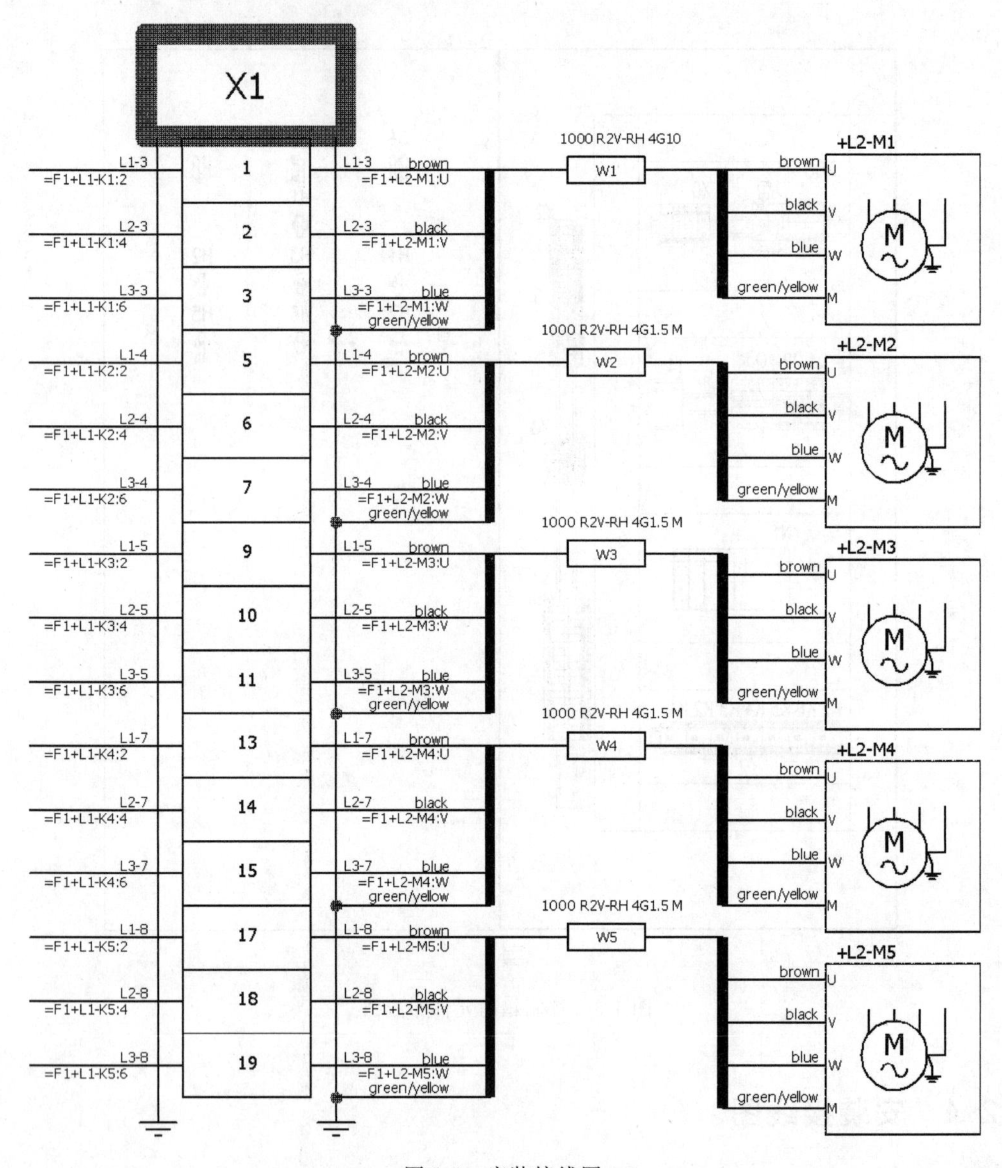

图 1-4 安装接线图

1.3 电气控制技术中常用的图形符号

图形符号是用于表示电气图中电气设备、装置、元器件的一种图形和符号，是电气制图中不可缺少的要素。常用电气制图用图形符号见表 1-2。

表 1-2 常用电气制图用图形符号

类别	标识号	图形符号	说明
符号要素	S00059	形式 1	物件，例如：设备、器件、功能单元、元件、功能
	S00060	形式 2	符号轮廓内应填入或加上适当的符号或代号以表示物件的类别
	S00061	形式 3	如果设计需要可以采用其他形状的轮廓
	S00062		外壳（球或箱） 罩 如果设计需要，可以采用其他形状的轮廓 如果罩具有特殊的防护功能，可加注以引起注意 若肯定不引起混乱，外壳可省略。如果外壳与其他物件有连接，则必须示出外壳符号 必要时，外壳可断开画出
	S00064	- - - - - - - - -	边界线 此符号用于表示物理上、机械上或功能上相互关联的对象组的边界长短线，可任意组合
限定符号	S00120		热效应
	S00123	×	磁场效应或磁场相关性
其他符号	S00148		延时动作 当运动方向是从圆弧指向圆心时动作被延时
	S00169		拉拔操作
	S00170		旋转操作
	S00171	E--	按动操作
	S00192	(M)--	电动机操作
	S00200		接地，一般符号 地，一般符号 如果接地的状况或接地目的表达得不够明显，可加补充信息
	S00203		接机壳 接底板
	S01410		功能等电位联结
导体连接、端子和支路	S00016	•	连接 连接点
	S00017	○	端子
	S00018		端子板 可加端子标志
	S00019	形式 1	T 形连接
	S00020	形式 2	符号中增加连接符号

续表

类别	标识号	图形符号	说　明
电阻器、电容器和电感器	S00555		电阻器,一般符号
	S00557		可调电阻器
	S00558	U	压敏电阻器
	S00559		带滑动触点的电位器
	S00563		带固定抽头的电阻器 示出两个抽头
	S00564		分路器 带分流和分压端子的电阻器
	S00567		电容器,一般符号
	S00583		电感器 线圈 绕组 扼流圈 若表示带磁芯的电感器,可以在该符号上加一条平行线;若磁芯为非磁性材料可加注释;若磁芯有间隙,这条线可断开画
半导体器件	S00641		半导体二极管,一般符号
	S00645		隧道二极管 江崎二极管
	S00646		单向击穿二极管 电压调整二极管 稳压二极管
	S00653		反向阻断三极晶闸管,N型门极(阳极侧受控)
	S00654		反向阻断三极晶闸管,P型门极(阴极侧受控)
	S00657		门极关断三极晶闸管,P型门极(阴极侧受控)
	S00663		PNP晶体管

续表

类别	标识号	图形符号	说明
电机	S00825	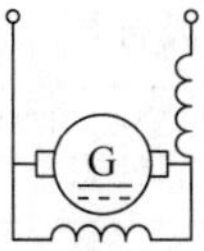	短分路复励直流发电机,示出接线端子和电刷
	S00836		三相笼形异步电动机
变压器和电抗器	S00841	形式 1 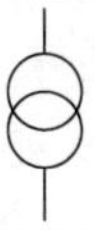	双绕组变压器
	S00842	形式 2 	
	S00848		扼流圈
	S00849		电抗器
开关和保护器	S00227		动合(常开)触点 本符号也可用作开关的一般符号
	S00228		动断(常闭)端点
	S00243	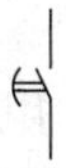	当操作器件被吸合时延时闭合的动合触点
	S00253	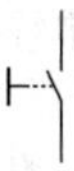	手动操作开关,一般符号
	S00254		具有动合触点且自动复位的按钮开关
	S00284		接触器的主动合触点(在非动作位置触点断开)
	S00287		断路器
	S00311	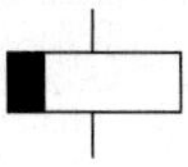	缓慢释放继电器的线圈
	S00362		熔断器一般符号

续表

类别	标识号	图形符号	说明
二进制逻辑元件	S01566		"或"元件，一般符号 当且仅当一个或一个以上的输入处于其"1"状态时，输出才能处于"1"状态
	S01567		"与"元件，一般符号 当且仅当全部输入均处于其"1"状态时，输出才能处于"1"状态
	S01576		非门 反相器(在用逻辑非符号表示器件的情况下) 当且仅当输入处于其外部"1"状态，输出才处于其外部"0"状态

1.4 电气控制技术中常用的文字符号

文字符号是电气图中的电气设备、装置、元器件的种类字符代码和功能字符代码，用以区别各元器件、部件、组件等的名称、功能、状态、特征、相互关系、安装位置等。关于电气图中的文字符号，我国曾颁布国家标准 GB/T 7159—1987《电气技术中的文字符号制订通则》，该标准已于2005年废止，在目前尚无具体替代标准发布前，人们在图样与书中仍习惯采用 GB/T 7159 中规定的文字符号，因此本书对该标准仍予以介绍。该标准规定，采用大写拉丁字母正体字表示，标注在相应的设备、装置、元器件的右上方或近旁。文字符号分基本文字符号和辅助文字符号。基本文字符号用来表示设备、装置、元器件名称，分单字母符号和双字母符号，如表1-3所示。绘制电气图时，应优先选用单字母符号。

表1-3 电气技术中常用基本文字符号

基本文字符号		项目种类	设备、装置、元器件举例
单字母	双字母		
A		组件部件	分立元件放大器、磁放大器、激光器、微波激射器、印制电路板，本表其他地方未提及的组件、部件
	AB		电桥
	AD		晶体管放大器
	AJ		集成电路放大器
	AM		磁放大电路
	AV		电子管放大器
	AP		印制电路板
	AT		抽屉柜
	AR		支架盘

续表

基本文字符号		项目种类	设备、装置、元器件举例
单字母	双字母		
B		非电量到电量变换器或电量到非电量变换器	热电传感器、热电池、光电池、测功计、晶体换能器、送话器、拾音器、扬声器、耳机、自整角机、旋转变压器、模拟和多极数字变换器或传感器(用作测量和指示)
	BP		压力变换器
	BQ		位置变换器
	BR		旋转变换器(测速发电机)
	BT		温度变换器
	BV		速度变换器
C		电容器	电容器
D		二进制元件、延迟器件、存储器件	数字集成电路和器件、延迟线、双稳态元件、单稳态元件、磁芯存储器、寄存器、磁带记录机、盘式记录机
E		其他元器件	本表其他地方未规定的器件
	EH		热元件
	EL		照明灯
	EV		空气调节器
F		保护器件	熔断器、过电压放电器件、避雷器
	FA		瞬动保护器
	FR		热保护器、延动保护器
	FS		瞬动加延动保护器
	FU		熔断器
	FV		限压保护器件
G		发生器、发电机、电源	旋转发电机、旋转变频机、电池、振荡器、石英晶体振荡器
	GS		发生器、同步发电机
	GA		异步发电机
	GB		蓄电池
	GF		函数发生器、变频机
H		信号器件	光指示器、声指示器
	HA		声响指示器
	HL		光指示器、指示灯
K		继电器、接触器	
	KA		继电器
	KL		双稳态继电器
	KM		接触器
	KP		极化继电器
	KR		簧片继电器、逆流继电器
	KT		时间继电器
L		电感器、电抗器	感应线圈、线路陷波器、电抗器(并联和串联)

续表

基本文字符号		项目种类	设备、装置、元器件举例
单字母	双字母		
M		电动机	电动机
	MA		异步电动机
	MS		同步电动机
	MT		力矩电动机
N		模拟集成电路	运算放大器、模拟/数字混合器件
P		测量设备、实验设备	指示、记录、积算、测量器件、信号发生器、时钟
	PA		电流表
	PC		脉冲计数器、动力中心
	PJ		电能表
	PS		转子位置检测器
	PT		时钟、操作时间表
	PV		电压表
Q		电力电路的开关器件	断路器、隔离开关
	QF		断路器、快速断路器
	QM		电动机保护开关
	QS		隔离开关
R		电阻器	可变电阻器、电位器、变阻器、分流器、热敏电阻
	RP		电位器
	RS		分流器
	RT		热敏电阻
	RV		压敏电阻
S		控制电路的开关、选择器	控制开关、按钮、限位开关、选择开关、拨号接触器、连接器
	SA		控制开关、转换开关、选择开关
	SB		按钮
	SL		行程开关、极限开关
	SM		主令开关、伺服电动机
	SP		压力传感器
	SQ		位置传感器、接近开关、限位开关、终端开关
	SR		转速传感器
	ST		温度传感器
T		变压器	变压互感器、电流互感器
	TA		电流互感器
	TC		控制电源变压器
	TG		测速发电机
	TI		逆变变压器
	TM		张力计、电力变压器、力矩电动机、移相同步变压器
	TP		脉冲变压器
	TR		整流变压器
	TS		同步变压器
	TV		电压互感器

续表

基本文字符号		项目种类	设备、装置、元器件举例
单字母	双字母		
U		调制器、变换器	鉴频器、调节器、变频器、编码器、逆变器、变换器、电报译码器
	UD		解调器
	UF		变频器
	UT		译码器
V		电真空器件、半导体器件	电子管、气体放电管、二极管、晶体管、晶闸管
	VC		控制电源整流器、矢量控制
	VD		二极管
	VE		电子管
	VF		场效应晶体管
	VS		稳压管
	VT		晶闸管
W		传输通道、波导、天线	导线、电缆、母线、波导、波导定向耦合器、偶极天线、抛物面天线
X		端子、插头、插座	插头和插座、测试塞孔、端子板、焊接端子片、连接片、电缆封端和接头
	XB		连接片
	XJ		测试插孔
	XP		插头
	XS		插座
	XT		端子排
Y		电气操作的机械装置	制动器、离合器、气阀
	YA		电磁铁
	YB		电磁制动器
	YC		电磁离合器
	YH		电磁吸盘
	YM		电动阀
	YV		电磁阀
Z		终端设备、混合变压器、滤波器、均衡器、限幅器	电缆平衡网络、压缩扩展器、晶体滤波器、网络

基本文字符号中的单字母符号是按拉丁字母将各种电气设备、装置和元器件划分为23大类，每大类用一个专用单字母符号表示，如“K”表示“继电器、接触器”类等。双字母符号由一个表示种类的单字母符号与另一个字母组成，其组合形式应以单字母符号在前、另一字母在后的次序列出。只有当用单字母符号不能满足要求、容易混淆、需要将大类进一步划分时，才采用双字母符号，以便较详细和更具体地表述电气设备、装置和元器件。

辅助文字符号通常表示设备、装置、元器件以及线路的功能、状态和特征，通常也由英文单词的前一两个字母构成，见表1-4，如“AC”表示交流。辅助文字符号也可放在表示种类的单字母符号后边组成双字母符号，如“SP”表示压力传感器。为简化文字符号，若辅助文字符号由两个以上字母组成时，允许只采用其第一位字母进行组合，如“MS”表示同步电动机，是“M”和“SYN”的组合。辅助文字符号还可以单独使用，如“N”表示中性线。

表 1-4 电气技术中常用辅助文字符号

序号	文字符号	名称	英文名称	序号	文字符号	名称	英文名称
1	A	电流	Current	35	M	中	Medium
2	A	模拟	Analog	36	M	中间线	Mid-wire
3	AC	交流	Alternating Current	37	M、MAN	手动	Manual
4	A、AUT	自动	Automatic	38	N	中性线	Neutral
5	ACC	加速	Accelerating	39	OFF	断开	Open,Off
6	ADD	附加	Add	40	ON	闭合	Close,On
7	ADJ	可调	Adjustability	41	OUT	输出	Output
8	AUX	辅助	Auxiliary	42	P	压力	Pressure
9	ASY	异步	Asynchronizing	43	P	保护	Protection
10	B、BRK	制动	Braking	44	PE	保护接地	Protective Earthing
11	BK	黑	Black	45	PEN	保护接地与中性线共用	Protective Earthing Neutral
12	BL	蓝	Blue				
13	BW	向后	Backward	46	PU	不接地保护	Protecive Unearthing
14	CW	顺时针	Clockwise	47	R	右	Right
15	CCW	逆时针	Counter Clockwise	48	R	反	Reverse
16	D	延时	Delay	49	RD	红	Red
17	D	差动	Differential	50	R、RST	复位	Reset
18	D	数字	Digital	51	RES	备用	Reservation
19	D	降	Down,Lower	52	RUN	运转	Run
20	DC	直流	Direct Current	53	S	信号	Signal
21	DEC	减	Decrease	54	ST	启动	Start
22	E	接地	Earthing	55	S、SET	置位，定位	Setting
23	F	快速	Fast	56	STE	步进	Stepping
24	FB	反馈	Feedback	57	STP	停止	Stop
25	FW	正，向前	Forward	58	SYN	同步	Synchronizing
26	GN	绿	Green	59	T	温度	Temperature
27	H	高	High	60	T	时间	Time
28	IN	输入	Input	61	TE	无噪声（防干扰）接地	Noiseless Earthing
29	INC	增	Increase				
30	IND	感应	Induction	62	V	真空	Vacuum
31	L	左	Left	63	V	速度	Velocity
32	L	限制	Limiting	64	V	电压	Voltage
33	L	低	Low	65	WH	白	White
34	M	主	Main	66	YE	黄	Yellow

文字符号适用于电气技术领域中图样和技术文件的编制，也可标注在电气设备、装置和元器件上或其近旁，以标明它们的名称、功能、状态或特征；作为电气技术中项目代号中的种类字母代码和功能字母代码；作为限定符号与电气图用图形符号中一般符号组合使用，以派生各种新的图形符号等。

1.5 项目代号

这里的项目是指在图上通常用一个图形符号表示的基本件(零件、元件或器件)、部件、组件、功能元件、设备、系统等,如电阻器、继电器、发电机、放大器、电源装置、开关设备等都可称为项目。项目代号是用以识别图、图表、表格和设备上的项目种类,并提供项目的层次关系、实际位置等信息的一种特定代码。

完整的项目代号包含 4 个代号段:高层代号、位置代号、种类代号和端子代号。

1. 标注次序

第 1 段 高层代号(标明项目被包容的层次关系)

第 2 段 位置代号(标明项目所处在的实际位置)

第 3 段 种类代号(标明项目供识别的种类区分)

第 4 段 端子代号(标明项目外引连的端子标号)

2. 前缀符号

为使各个代号段能以适当的方式进行组合,在各个代号段的前面可分别添注区分用的前缀符号。

高层代号的前缀符号为 =

位置代号的前缀符号为 +

种类代号的前缀符号为 -

端子代号的前缀符号为 :

3. 字符

每个代号段的字符应包括拉丁字母或阿拉伯数字,或者由字母和数字两者组成。具体标注字母时,除了端子标记外,用大写字母和小写字母具有同等的意义,但是优先使用大写字母。

4. 简化

为了避免图面拥挤,图形符号附近的项目代号可以恰当简化,只要能识别这些项目即可。例如,经加注说明省略项目代号中的高层代号段。在不至于引起识别上的混淆时,省略前缀符号。

1.5.1 高层代号

1. 构成

高层代号也应是由其前缀符号、字母代码和数字所构成。例如:第 2 号泵装置的高层代号可标为 =P2;第 5 部分 S5 的泵装置 P2 的高层代号可标为 =S5=P2,简化标为 =S5P2。

2. 高层代号和种类代号的组合

设备中的任一项目均可用高层代号和种类代号组合构成一个项目代号。例如：第5部分S5的泵装置P2的断路器Q2的项目代号应标为＝S5＝P2－Q2，简化标为＝S5P2－Q2。

1.5.2 位置代号

1. 构成

位置代号可由成套控制柜的柜列字母代码和柜体数字序号所构成。例如：安装在106控制室中的C列控制柜中的第3台柜体的位置代号，可标为＋106＋C＋3。

当成套设备中的柜体又要分为分柜体、抽屉和印制电路板组等时，其位置代号则由其前缀符号加上表示位置的字母代码和数字交替组成。例如，分柜A中一块印制电路板的位置代号的完整形式表示为图1-5所示。

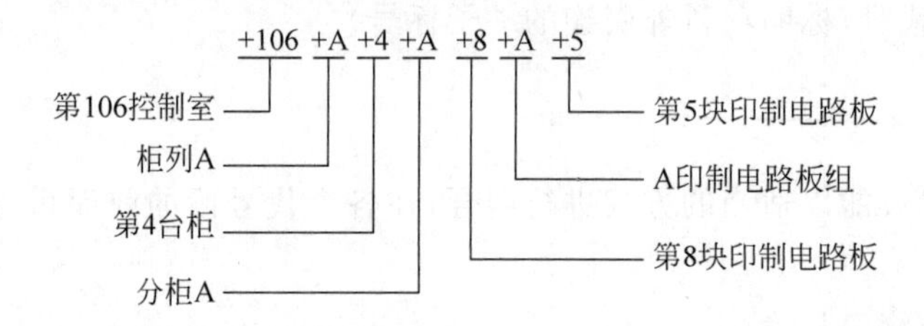

图1-5 位置代号示例

若不引起混淆，代号中间的前缀符号可予省略，可将其简化标为＋106A 4 A8 A5。

如需要给出更为详尽的位置代号，则可按网格坐标定位系统进行标注。例如，位于垂直方向25格距和水平方向41格距处的B安装包的位置代号，可标为＋B 2541。其装于＋106＋C＋3上的位置代号，则标为＋106＋C＋3＋B 2541。

2. 位置代号和种类代号的组合

将位置代号和种类代号组合在一起，可形成给定项目所在位置的项目代号。例如，装于＋106＋C＋3＋B 2541上的继电器站A1中的继电器K2的项目代号，应标为＋106＋C＋3＋B 2541－A1－K2。

3. 高层代号、种类代号和位置代号的组合

在大型复杂系统或成套设备中，在设计工作的初期可先将高层代号与种类代号组合，以提供项目之间的功能关系。然后，再添上位置代号，以提供项目所处的位置信息。其所表现的示例形式：如先标为＝SP52－A4K3，后再补标为＝SP52－A4K3＋16QA2B31。

1.5.3 种类代号

1. 方法一

项目种类的字母代码加数字。项目种类字母代码可由一个或几个字母组成，但通常多选用表 1-3 中由 GB/T 5094—1985 所给出的一个字母代码。为区分具有相同项目种类字母代码的不同项目，在表 1-3 选标的字母代码的后面应增注指定数字，如表 1-5 中所列举的方法一示例。

2. 方法二

标数字序号，即给每个项目规定一个数字序号，并将这些数字序号和它所代表的项目排列成表置于图中或附于图后，如表 1-5 中所列举的方法二示例。

表 1-5 相同项目种类字母代码间的区分数字标法

项目种类	方法		
	一	二	三
压力变换器	-B1	-1	-1
信号灯	-H1 -H2 -H3 -H4	-2 -3 -4 -5	-11 -12 -13 -14
接触器、继电器	-K1 -K2 -K3 -K4 -K5	-6 -7 -8 -9 -10	-21 -22 -23 -24 -25
电动机	-M1	-11	-31

3. 方法三

标指定数字组，即按不同种类的项目分组编号，并将这些数字序号和它所代表的项目排列成表置于图中或附于图后，如表 1-5 中所列举的方法三示例。

4. 同一项目的相似部分的代号

在一张图上分开表示的同一项目的相似部分（如用分散表示法表示继电器触头），可用圆点（.）隔开的辅助数字来区分标示（例如，-K4.3）。

5. 功能代号

当需要补充标明种类代号的项目功能特征时，可在种类代号段的后面再后缀一个被称为功能代号的字母代码（应在图上或其他文件中说明该字母代码和其表示的含义）。例如，-K3M 表示功能为 M（如监视或测量）的 K3 继电器（此时 K3 前面的前缀符号不得省掉）。

6. 复合项目的种类代号

在一个由若干项目所组成的复合项目（如部件等）中，每个项目的种类代号应由其前缀符号、一个字母代码和一个数字所构成（如果其中的某几个项目被看成是一个单元，它也可使用同一个种类代号)。此间,各个项目的种类代号的完整标注形式应是:先标复合项目的种类代号,再标该项目的种类代号(如在部件断路器 Q2 中的电动机 M1 的种类代号,应标为 -Q2-M1)。

当每个种类代号仅由前缀符号加一个字母代号和一个数字构成时,为不致引起混淆,可省略代号中间的前缀符号(例如:在部件 A2 中的部件 A1 中的电容器 C1 的种类代号,可简化标为 -A2A1C1)。

1.5.4 端子代号

当项目的端子有标记时,端子代号必须与项目上端子的标记相一致。当项目的端子无标记时,应在图上设定端子代号。端子代号通常选用数字或大写字母。例如:=S5P2-Q1:3 表示=S5P2-Q1 隔离开关的第 3 号端子。

1.6 通用表示方法

在电气工程中,图样的种类很多,但在绘制这些图样时还会遇到一些共性问题。

1.6.1 图线的画法

电气图用图线主要有 4 种,箭头形式有 3 种,分别见表 1-6 和表 1-7。

表 1-6 图线的形式和应用范围

图线名称	图线形式	一般应用	图线宽度/mm
实线	————	基本线、简图主要内容(图形符号及连接)用线、可见轮廓线、可见导线	0.25、0.35、0.5、0.7、1.0、1.4、2.0
虚线	-------	辅助线、屏蔽线、机械(液压、气动等)连接线、不可见导线、不可见轮廓线	
点画线	—·—·—	分界线(表示结构、功能分组用)、图框线、控制及信号线路(电力及照明用)	
双点画线	—··—··—	辅助围框线	

表 1-7 箭头的形式及意义

箭头名称	箭头形式	意义
空心箭头	——>	用于信号线、信息线、连接线,表示信号、信息、能量的传输方向
实心箭头	——►	用于说明非电过程中材料或介质的流向
普通箭头	——▸	用于说明运动或力的方向,也用作可变性限定符、指引线和尺寸线的一种末端

指引线用于将文字或符号引注至被注释的部位，用细实线画成，并在末端加注标记。如末端在轮廓线内，加一黑点；如末端在轮廓线上，加一实心箭头；如末端在连接线上，加一短斜线或箭头。

1.6.2　布局

布局通常采用功能布局法和位置布局法。功能布局法是按功能划分，以便使绘图元件在图上的布置及功能关系易于理解。在系统图、电路图中常采用功能布局法。位置布局法是使绘图元件在图上的布置能反映实际相对位置的一种布局方法。位置布局法常用在系统安装简图、接线图和平面布置图中。

绘制时应做到布局合理、排列均匀，使图面清晰地表示出电路中各装置、设备和系统的构成以及组成部分的相互关系，以便于看图。

布置图纸时，首先要考虑如何识别各种逻辑关系和信息的流向，重点要突出信息流及各级逻辑间的功能关系，并按工作顺序从左到右、从上到下排列。表示导线或连接线的图线都应是交叉和折弯最少的直线。图线水平布置时，各个类似项目应纵向对齐；图线垂直布置时，各个类似项目应横向对齐。功能相关的项尽量靠近，以使逻辑关系表达得清晰；同等重要的并联通路，应按主电路对称布置；只有当需要对称布置时，才可采用斜交叉线。图中的引入线和引出线，应画在图边沿或图样边框附近，以便清楚地表达输入/输出关系，以及各图间的连接关系，尤其是大型图需要绘制在几张图上时更为重要。

1.6.3　连接线的表示方法

电气图中的各种设备、元器件的图形通过实线连接线连接。连接线可以是导线，也可以是表示逻辑流、功能流的图线。一张图中的连接线宽度应保持一致，但为了突出和区别某些功能，也可用不同粗细的连接线突显，如在电动机控制电路中，主电路、一次电路、主信号通路等采用粗实线表示，测量和控制引线用细实线表示。无论是单根还是成组连接线，其识别标记一般标注在靠近水平连接线的上方或垂直连接线的左侧。允许连接线中断，但中断两端应加注相同的标记。导线连接交叉处若易误解，则应加实心圆点，否则可不加实心圆点。

1.6.4　围框

电气图中的围框有点画线围框和双点画线围框两种。当需要在图上显示出图的某一部分，如功能单元、结构单元、项目组(继电器等)时，可用点画线围框表示。为了图面的清晰，围框的形状可以是不规则的。在表示一个单元的围框内，对于在电路功能上属于本单元而结构上不属于本单元的项目，可用双点画线围框围起来，并在框内加注释说明。

1.6.5　电气元件的表示方法

同一电气设备、元件在不同类型的电气图中往往采用不同的图形符号表示。如具有机械的、磁的、光的功能联系的元件，在驱动部分和被驱动部分之间具有机械连接关系的器件和元件等，在电气图中可将相关部分用集中表示法、半集中表示法和分离表示法表示，见表 1-8。

表 1-8 器件和元件集中、半集中、分离表示方法的比较

方 法	表 示 方 法	特 点
集中表示法	元件的各组成部分在图中靠近集中绘制。如继电器线圈及其触头	易于寻找项目的各个部分，适用于较简单的图
半集中表示法	元件的某些部分在图上分开绘制，并用虚线表示相互关系，虚线连接线可以弯折、交叉和分支。如复合按钮及其触头	可以减少连线往返和交叉，图面清晰，但会出现穿越图面的连接线
分离表示法	元件的各组成部分在图上分开绘制，不用连接线而用项目代号表示相互关系，并表示出在图上的位置	可减少连线往返和交叉，连接线不穿越图面，但是为了寻找被分开的各部分，需要采用插图或表格

1.6.6 元器件技术数据的表示方法

元器件技术数据，如元器件型号、规格、额定值等，可直接标在图形符号近旁，必要时可放在项目代号的下方。技术数据也可标在仪表、集成块等的方框符号或简化外形符号内。技术数据也常用表格形式给出。

第2章

常用低压电器及控制器

本章主要介绍电气控制线路中常用的低压电器以及可编程逻辑控制器(PLC),主要包含元件的结构组成、工作原理、型号规格(参数)、图形文字符号以及选用原则,为从事电气图纸的设计打下基础。

低压电器按功能可以分为5类。①控制电器:用于各种控制电路和控制系统的电器,如接触器、继电器等。②主令电器:用于自动控制系统中发送控制指令的电器,如按钮、行程开关等。③保护电器:用于保护电路及用电设备的电器,如熔断器、热继电器等。④配电电器:用于电能的输送和分配的电器,如低压断路器、隔离器等。⑤执行电器:用于完成动作或传动功能的电器,如电磁铁、电磁离合器等。限于篇幅,本书只介绍控制电路中最为常见的几种。

2.1 主令电器

按钮、开关可以称为主令电器,是在自动控制系统中发出指令或信号的电器,用来控制接触器、继电器或其他电气元件,使电路接通或分断,从而改变控制系统的工作状态。主令电器种类很多,主要有按钮、行程开关、接近开关、万能转换开关、紧急开关等。

2.1.1 按钮

按钮是一种结构简单、应用广泛的手动操作电器。在低压控制电路中,通过按钮短时接通或断开小电流的控制电路,在可编程控制器的电路中按钮是常用的输入信号元件。

通常按钮由按钮帽、复位弹簧、桥式动静触头和外壳组成,当按下按钮帽时其动断触头先断开然后动合触头闭合(即先断后合),松开按钮帽后,在复位弹簧的作用下其动合触头和动断触头便恢复原来的状态。

按钮的结构也有多种形式,除上述的普通按钮外,还有紧急式、自锁式、旋钮式及钥匙式等,自锁式按钮在第一次操作后仍然保持转换的状态,要再操作一次才恢复原状;还有带指示灯的,它的按钮帽用不同颜色的透明塑料制成,兼作指示灯罩。按钮式有两个或三个工作状态。

按钮通常安装在电控设备的操作部位,为了便于识别按钮的功能,通常将按钮做成红、绿、黄、蓝、黑、白等颜色，一般红色表示停止按钮，绿色表示起动按钮，红色蘑菇头表示紧急停止按钮等。

选择时应根据所需的触头数、使用的场所及颜色来确定。常用的 LA18、LA19、LA20 系列按钮开关，适用 AC500V、DC440V，额定电流 5A，控制功率为 AC300W、DC70W 的控制回路中。

按钮对颜色有一定要求：

(1)“停止”和“急停”按钮必须是红色。当按下红色按钮时，必须使设备停止工作或断电。

(2)“起动”按钮的颜色是绿色。

(3)“起动”与“停止”交替动作的按钮必须是黑色、白色或灰色，不得用红色和绿色。

(4)“点动”按钮必须是黑色。

(5)“复位”(如保护继电器的复位按钮)必须是蓝色。当复位按钮还有停止的作用时，则必须是红色。

用文字符号“SB”表示按钮，图 2-1 是按钮的原理图和符号。

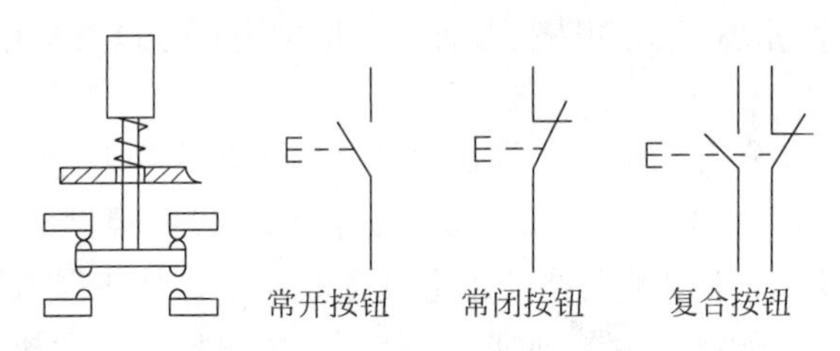

图 2-1 按钮的原理图与符号

2.1.2 行程开关

行程开关又称限位开关或位置开关，它利用生产机械某个运动部件的碰撞来发出控制信号，主要用于生产机械运动方向转换、行程大小控制或位置保护等。

行程开关的种类很多，按其头部结构可分为直动、杠杆、单轮、双轮、弹簧轮等；有的不能自动复位，有的动作距离很小被称为微动开关。

行程开关的字母符号是“SQ”，其电路图符号及外形如图 2-2 所示。

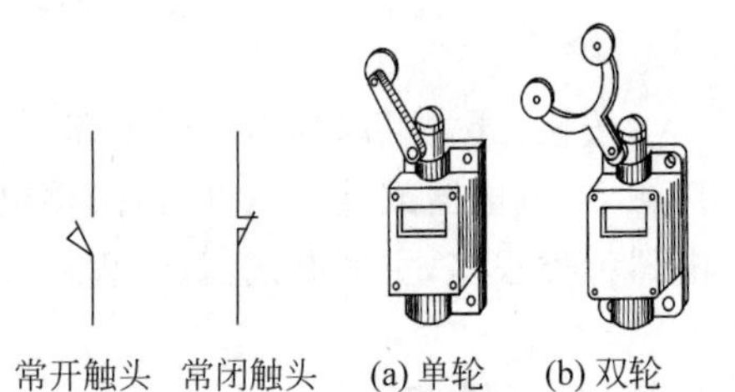

图 2-2 行程开关符号及外形

2.1.3 接近开关和光电开关

接近开关是一种非接触式、无触头行程开关，当运动着的物体与它接近到一定距离时就发出信号，控制电路执行相应的动作。接近开关不仅能代替上述有触头行程开关完成行程控制和限位保护，还可用来测速、液位检测等。接近开关不受机械力的作用，工作可靠、寿命长，定位精度高，能适应恶劣的工作环境，在工业生产领域应用日益普遍。

接近开关按其工作原理可分为高频振荡型、电容型、霍尔效应型、永久磁铁型(干簧管式)等。主要技术参数有：动作距离、重复精度、操作频率、工作电压、电流等。

光电开关是另一种类型的非接触式检测装置，它由一个红外光发射器和一个接收器组成，根据两者的位置和光的接收方式的不同，可分为对射式和反射式两种，作用距离从几厘米到几十米不等。

2.1.4 万能转换开关

万能转换开关是一种多挡式、控制多回路的主令电器，外形和单层结构如图 2-3 所示。万能转换开关主要用于各种控制线路的转换，电压表、电流表的换相测量控制，配电装置线路的转换和遥控等，还可以用于直接控制小容量电动机的起动、调速和换向。

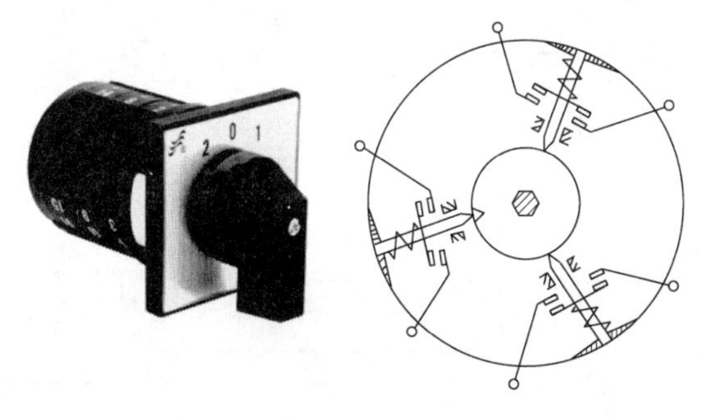

图 2-3 万能转换开关外形和单层结构示意图

常用产品有 LW5 和 LW6 系列。LW5 系列可控制 5.5kW 及以下的小容量电动机；LW6 系列只能控制 2.2kW 及以下的小容量电动机。用于可逆运行控制时，只有在电动机停车后才允许反向起动。LW5 系列万能转换开关按手柄的操作方式可分为自复式和自定位式两种。所谓自复式是指用手拨动手柄于某一挡位时，手松开后，手柄自动返回原位；定位式则是指手柄被置于某挡位时，不能自动返回原位而停在该挡位。

万能转换开关的手柄操作位置是以角度表示的，电路图中的图形符号如图 2-4(a)所示。不同型号的万能转换开关的手柄有不同的触点，由于其触点的分合状态与操作手柄的位置有关，所以，除在电路图中画出触点图形符号外，还应画出操作手柄与触点分合状态的关系，

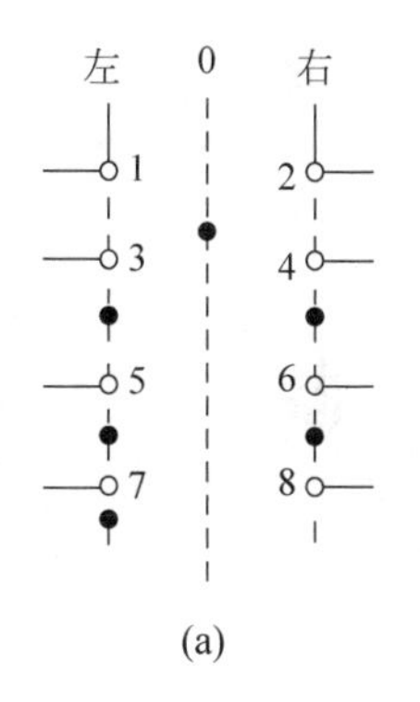

(a)

线路编号	触头	45°	0	45°
1	1-2		×	
2	3-4	×		×
3	5-6	×		×
4	7-8	×		

(b)

图 2-4 转换开关接线图

示例如图 2-4(b)。图中当万能转换开关打向左 45°时,触点 3-4、5-6、7-8 闭合,触点 1-2 打开；打向 0°时,只有触点 1-2 闭合,右 45°时,触点 3-4、5-6 闭合,其余打开。

2.2 低压断路器

低压断路器又称自动空气开关,它既有手动开关作用,又能自动进行失压、欠压、过载和短路保护。

低压断路器可用来分配电能,不频繁地启动异步电机,对电源线路及电动机等实行保护,当它们发生严重的过载或短路及欠电压等故障时能自动切断电路。其原理可参考图 2-5。

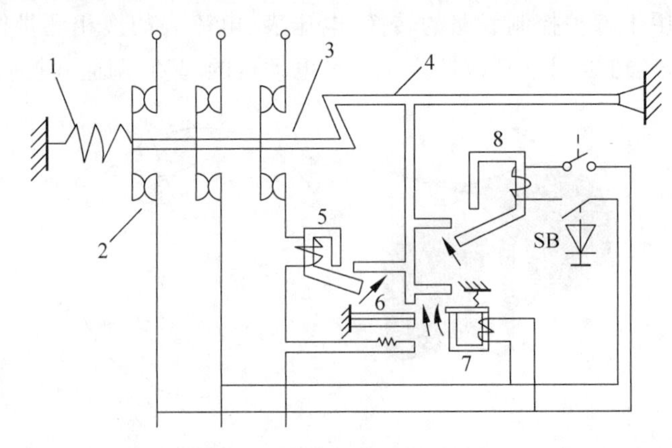

图 2-5 低压断路器原理图

1—弹簧；2—触点；3—连杆 4— 扣杆；5—过电流脱扣器；6—过载脱扣器；7—失压脱扣器；8—分励脱扣器

用字母“QF”表示空气开关,常用型号有 DZ15、DZ20、DZ47 等系列,其实物及电气符号见图 2-6。

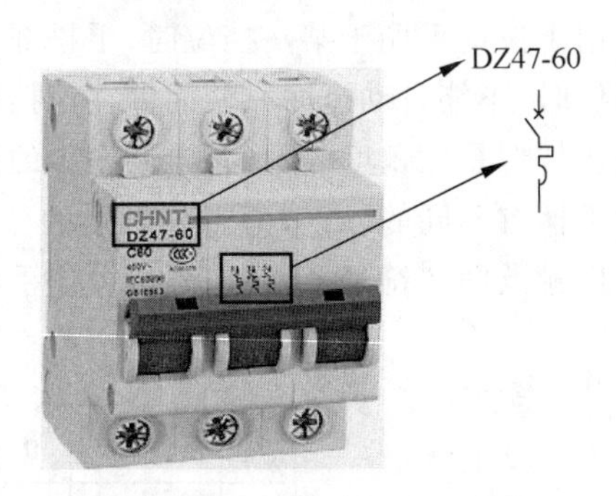

图 2-6 空气开关实物及符号

2.3 继 电 器

2.3.1 热继电器

热继电器是利用电流通过元件所产生的热效应原理进行工作且具有反时限动作特性的

继电器。常用的热继电器有JR0、JR2、JR9、JR10、JR15、JR16、JR20、JR36等几个系列，对于同一热继电器可以选择不同的热元件。表2-1列举了JR36-20系列热继电器可以选择的热元件规格。

表2-1　JR36-20可以选配的热元件

型号	额定电流/A	热元件规格	
		额定电流/A	电流调节范围/A
JR36-20/3	20	0.35	0.25～0.35
		0.5	0.32～0.5
		1.6	1.0～1.6
		5.0	3.2～5.0
		11.0	6.8～11
		22	14～22

用文字符号“FR”表示热继电器，其符号见图2-7。

2.3.2　中间继电器

中间继电器的功能是将一个输入信号变成多个输出信号或将信号放大即增大触头容量，其实质是电压继电器，但它的触头数量较多(可达8对)，触头容量较大(5～10A)、动作灵敏。当其他电器的触头对数不够用时，可借助中间继电器来扩展它们的触头数量，也可以实现触点通电容量的扩展。

中间继电器的文字符号是“KA”，电气图形符号参见图2-8，在电路图中常将线圈和触头绘制在不同的回路中。

图2-7　热继电器符号　　　图2-8　中间继电器符号

2.4　交流接触器

交流接触器控制容量大，可以快速切断交流电，经常运用于电动机控制，也可用于控制工厂设备、电热器、工作母机等电力负载，交流接触器不仅能接通和切断电路，而且还具有低电压释放保护作用，适用于频繁操作和远距离控制，是自动控制系统中的重要元件之一。在工业电气中，接触器的型号很多，额定电流一般可在5～1000A内变化。交流接触器最高操作频率可达每小时1200次，机械寿命通常为数百万次至一千万次，电寿命一般则为数十万次至数百万次。

交流接触器一般由线圈、动铁芯(衔铁)、静铁芯、主触头和辅助触头组成，如图2-9所示。主触头用于通断主电路，辅助触头用于控制电路中。主触头一般是常开接点，而辅助触头常有两对常开接点和常闭接点，小型接触器的辅助触头也经常作为中间继电器配合主电路使用。交流接触器的触点由银钨合金制成，具有良好的导电性和耐高温烧蚀性。交流接触器动作的动力源于交流电通过带铁芯线圈产生的磁场，电磁铁芯由两个“山”字形的硅钢片叠成，其中一个套有线圈为静铁芯；另一半是动铁芯，用以带动主接点和辅助接点的闭合断开。为了使磁力稳定，铁芯的吸合面加上有短路环。交流接触器失电后，依靠弹簧复位。20A 以上的接触器加有灭弧罩，利用电路断开时产生的电磁力快速拉断电弧，保护接点。

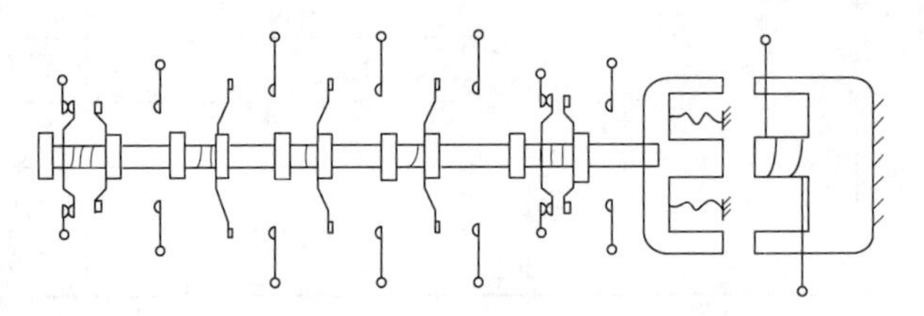

图 2-9 交流接触器结构

交流接触器的文字符号是“KM”，图形符号见图 2-10。

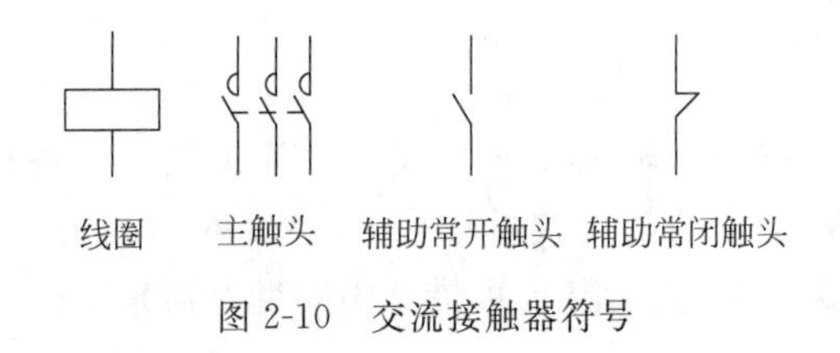

图 2-10 交流接触器符号

2.5 可编程逻辑控制器

可编程序控制器(简称 PLC)是计算机技术、通信技术与工业控制技术相结合的高科技产品。世界上第一台 PLC 是 1969 年美国 DEC 公司研制成功的，首先用在通用汽车公司的汽车装配线上，此后随着世界科学技术的迅速发展，PLC 的软硬件功能不断扩大，多年来一直是工业自动化的重要技术支柱。目前全球制造厂家超过 200 家，年产值近 200 亿美元，年增长率达 10%以上。

2.5.1 PLC 的分类

全世界几百个厂家在几十年里研制生产的 PLC 种类数不胜数，没有形成统一的分类标准，一般从结构形式、控制规模进行分类。

从 PLC 的硬件结构上看，可以将其分为整体式和组合式(模块式)。整体式 PLC 的 CPU、存储器、电源和输入、输出点都安装在同一机体内，其特点是结构简单紧凑，价格低廉，控制规模和功能固定，灵活性较差。组合式 PLC 采用总线式结构，在一块总线底板(又称基板)上有若干个总线槽，除 CPU 和电源模块有固定的安装位置外，各种功能模块如输入、输出、模拟量、位置及运动控制、温度检测及控制、阀位控制、PID 运算、通信处理等可以根据控制系统的需要进行选用，分别安装在某个槽位上，而且还有多种扩展方式可以扩大控制规模，可以与上位机联网等因而系统构成灵活性很高，可以适应不同控制对象的需要，当然价格也较高。

PLC 的控制规模通常是指开关量的输入/输出点数和模拟量的输入/输出点数，但主要以开关量的点数计算，一路模拟量相当于 8～16 点开关量。根据 I/O 控制点数不同，PLC 大致可以分为：

微型机——控制点数在 100 以内；

小型机——控制点数在 100～512 点之间；

中型机——控制点数在 513～2048 点之间；

大型机——控制点数在 2048 以上；

超大型机——控制点数可达万点以上。

还应指出，这两种分类也有相通之处，微型 PLC 都采用整体式结构，中型机以上都是组合式结构，不同厂家生产的小型机往往是整体式、组合式兼而有之。

2.5.2 可编程序控制器的应用概况

(1) 开关量的开环控制

开关量的开环控制是 PLC 的最基本控制功能，PLC 的指令系统具有强大的逻辑运算能力，很容易实现定时、计数、顺序（步进）等各种逻辑控制方式。大部分 PLC 就是用来取代传统的继电接触器控制系统。

(2) 模拟量闭环控制

对于模拟量的闭环控制系统，除了要有开关量的输入输出外，还要有模拟量的输入输出点，以便采样输入和调节输出实现对温度、流量、压力、位移、速度等参数的连续调节与控制。目前的 PLC 不但大型、中型机具有这种功能外，还有些小型机也具有这种功能。

(3) 数字量的智能控制

控制系统具有旋转编码器和脉冲伺服装置（如步进电动机）时，可利用 PLC 实现接收和输出高速脉冲的功能，实现数字量控制，较为先进的 PLC 还专门开发了数字控制模块，可实现曲线插补功能，近来又推出了新型运动单元模块，还能提供数字量控制技术的编程语言，使 PLC 实现数字量控制更加简单。

(4) 数据采集与监控

由于 PLC 主要用于现场控制，所以采集现场数据是十分必要的功能，在此基础上将 PLC 与上位计算机或触摸屏相连接，既可以观察这些数据的当前值，又能及时进行统计分析，有的 PLC 具有数据记录单元，可以用一般个人电脑的存储卡插入到该单元中保存采集到的数据。PLC 的另一个特点是自检信号多，利用这个特点，PLC 控制系统可以实现自诊断式监控，减少系统的故障，提高系统的可靠性。

(5) 联网、通信及集散控制

PLC 的联网、通信能力很强，可实现 PLC 与 PLC 之间的联网和通信，也可实现与上位计算机之间的联网和通信，由上位机来对 PLC 实施管理和编程。PLC 也能与智能仪表、智能执行器装置（如变频器）进行联网和通信、互相交换数据实现并对其进行控制。

利用PLC的联网通信功能，将分散在控制现场的PLC组成网络，实现PLC站点之间和上下层之间通信，从而达到“分散控制、集中管理”的目的，这样的系统实际上就是PCS(过程控制)系统。

2.5.3 常用机型简介

前文已经提到PLC品种繁多，大部分厂家都有若干个系列产品。当前在我国市场上占有较大份额的品牌还是为数有限的，在这里选择几个作简单的介绍，供读者参考，如需要深入了解请向网络查询或直接向生产厂方或经销商索取详细资料。

(1) 西门子公司

早期推出的SIMATIC S5系列产品有：小型机S5-90U、S5-95U、S5-100U，中型机S5-115U，大型机S5-135U、S5-155U等，这些产品在我国钢铁、汽车、化工等行业中广泛应用。现在市场主流机型SIMATIC S7系列产品体积更小，性能更好，其中S7-200系列是小型机；S7-300是中型机；S7-400是大型机。西门子的小型机体积小、安装方便，很受欢迎。

(2) 日本OMRON公司

该公司生产的微型机有CPM1A、CPM2A；小型机CQM1H；中型机C2000H、CV2000、CSI等。其产品各具特色，在中国和世界市场上占有一定的份额。

(3) 日本三菱公司

该公司是最早进入中国的PLC市场的厂家之一，20世纪80年代是F1、F2系列；90年代有FX系列；目前推出FX1N、FX2N等。它的中大型机为A系列。

(4) 施耐德MODICON公司

该公司兼并了MODICON公司，早期生产984等系列PLC，现在的品种很多，小型机如Nano、Micro，中型机如Premium，大型机如Quantum等。

(5) 罗克韦尔A-B公司

该公司兼并了A-B公司，生产PLC-5、SLC-500等系列，近期推出Control Logix系列大型机。

(6) 美国GE公司

该公司生产的90-20、90-30、90-70等系列产品相当著名，近期推出的Versa Max系列产品都很有特色。

上述公司在我国都建立了销售和技术服务网络，其中OMRON和A-B公司在我国建立了合资或独资生产企业，可以生产部分产品供应市场。

2.5.4 PLC控制电路绘制

PLC以及其他控制器用符号“N”表示，图2-11是利用Elecworks绘制的施耐德PLC控制电路示例。

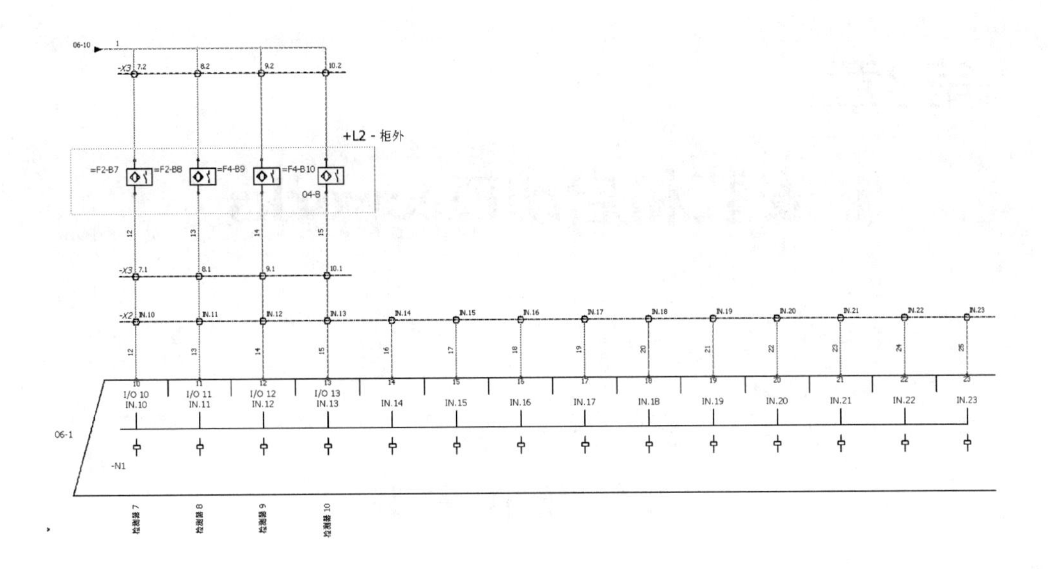

图 2-11 PLC 电路图示例

第3章

安装和启动Elecworks

3.1 软件安装

3.1.1 安装说明

安装 Elecworks，需要安装盘或者下载安装文件，安装文件允许安装两个应用程序：Elecworks (electrical CAD 2D application)，Elecworks for SolidWorks (the Elecworks add-in for SolidWorks)。

对计算机的要求：

(1) 客户端系统：Windows XP SP3，Vista 或 Windows 7 系统。

(2) 内存：RAM 2GB；Vista 要求 3GB。

(3) 硬盘：3GB 空闲 (服务器或单机数据库存储)＋200MB 空间(客户端)。

(4) Elecworks 64 位与 Office 2010 32 位无法兼容。

3.1.2 安装过程

如果使用光盘安装，直接将光盘放入光驱，安装程序将自动运行。如果不使用光盘安装，则运行文件 install. exe。

安装文件自动解压缩提取出安装光盘中的文件，运行文件 install_elecworks_xxx. exe，它将自动解压并开始安装。安装程序初始界面如图 3-1 所示。

有两种类型的安装可供选择，如图 3-2 所示：①单机安装，安装一台计算机终端。②用户/服务器安装，安装多个计算机工作终端，共享数据。无论是单机安装还是用户/服务器安装，都需要提供许可证号。

选择单机安装，单击【下一步】按钮，出现如图 3-3 所示界面，选择安装组件。

单机安装用于只安装一个计算机终端，所有数据将存储在此终端上，用户可以同时工作于 Elecworks 和 SolidWorks 上，但是不能与本单位其他用户分享数据。安装时需选择应用程序和数据存储目录。在更改数据存储目录前，请确保具有对磁盘的写入权。如果使用 Windows Vista，不可以选择路径 C:\Program Files\. . . 。

图 3-1　安装初始界面

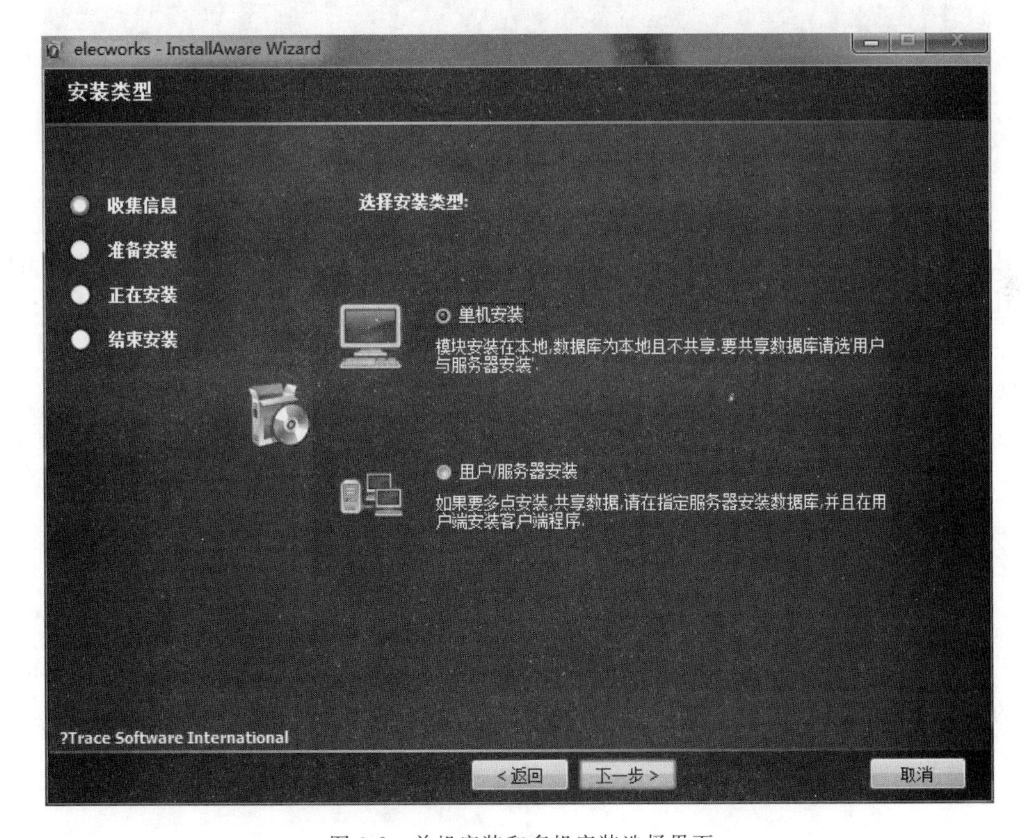

图 3-2　单机安装和多机安装选择界面

用户/服务器安装允许多用户共享数据库(符号库、制造商、设备库等),完成同一项目的协同设计。用户/服务器安装过程与单机安装类似,这里不再赘述。

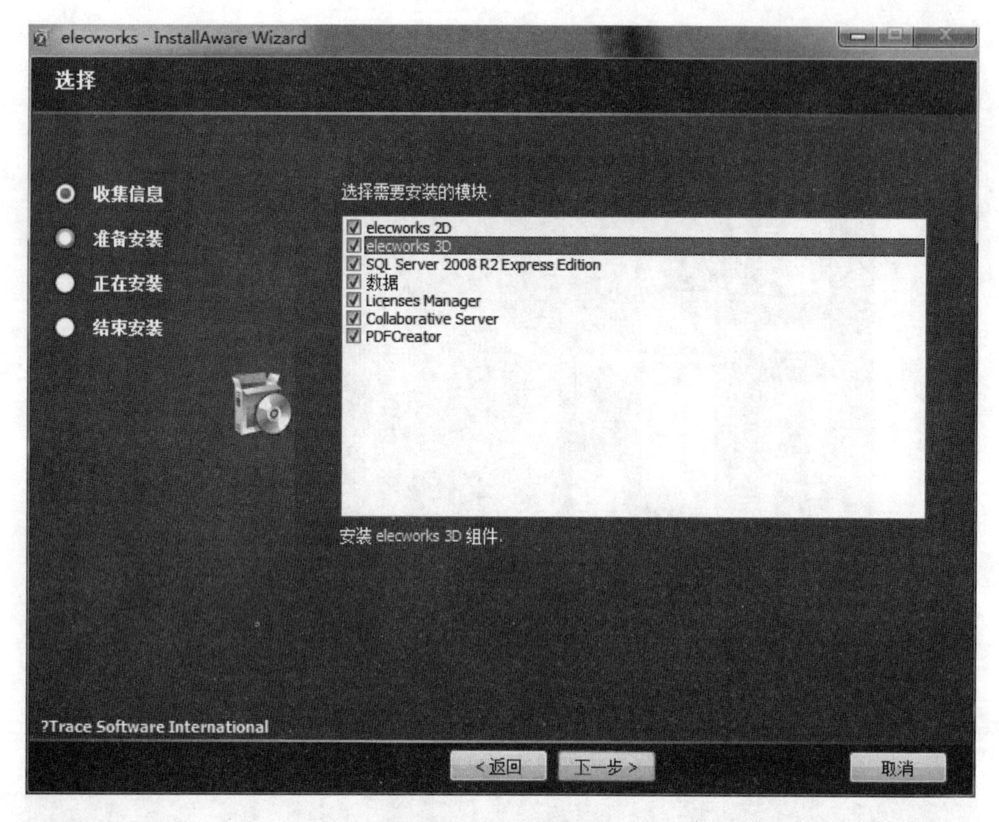

图 3-3 组件选择窗口

在图 3-3 中单击【下一步】按钮继续安装，为了使软件升级更新更加方便，建议保留所有默认操作，直接单击安装窗口中的【下一步】按钮。最后窗口显示“elecworks 成功，请重新启动计算机使修改生效”，重启后出现在桌面上的 Elecworks 快捷方式如图 3-4 所示。

图 3-4 Elecworks 安装完成后桌面上的快捷方式

3.2 授权激活与转移

使用 Elecworks 需要先激活许可。找到如下图标（如图 3-5 所示），双击打开如图 3-6 所示的对话框。

图 3-5 许可证管理图标

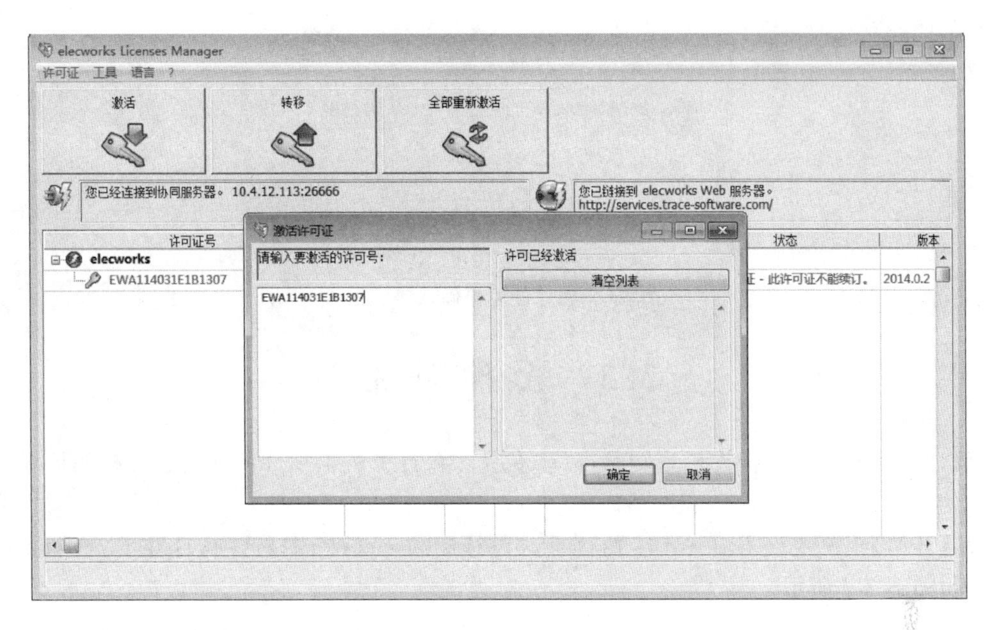

图 3-6　许可证管理窗口

单击【激活】按钮，输入要激活的许可号，如有多个许可号要激活，需要按 Enter 键来分隔，单击【确定】按钮后出现图 3-7 所示的窗口，安装完成。

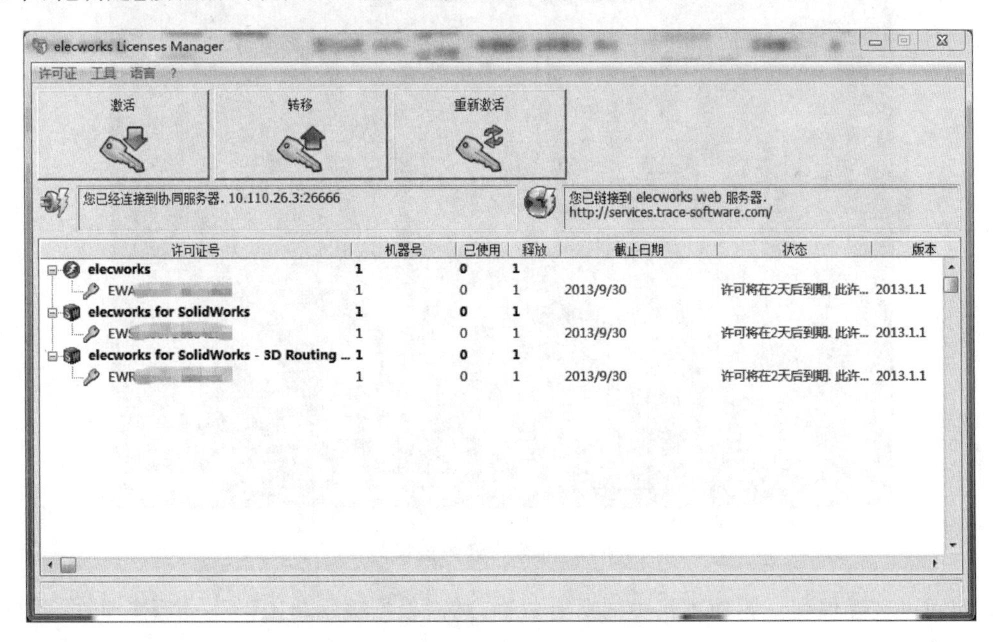

图 3-7　已经激活的许可证管理窗口

当需要在另外一台计算机上使用 Elecworks 时，可采取转移本机许可证，然后在另一台计算机重新激活这种方式。在如图 3-7 所示的许可证管理窗口中，先选择要转移的许可证号，然后单击【转移】按钮，出现如图 3-8 所示的提示框，单击【是】按钮即可完成许可证的转移。

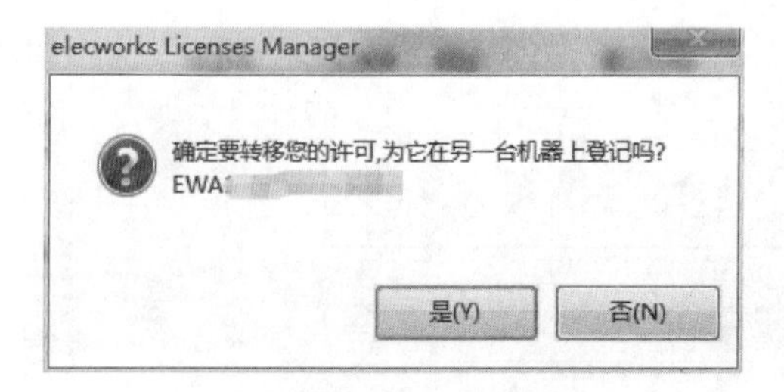

图 3-8　转移许可证确认提示框

3.3　软件卸载

软件卸载时应当先把许可证转移,以防在另一台计算机出现许可证无法授权的情况,详见 3.2 节。

从【开始】菜单找到 Elecworks 的目录,选择【卸载 elecworks】选项,打开 Elecworks 维护界面,如图 3-9 所示。

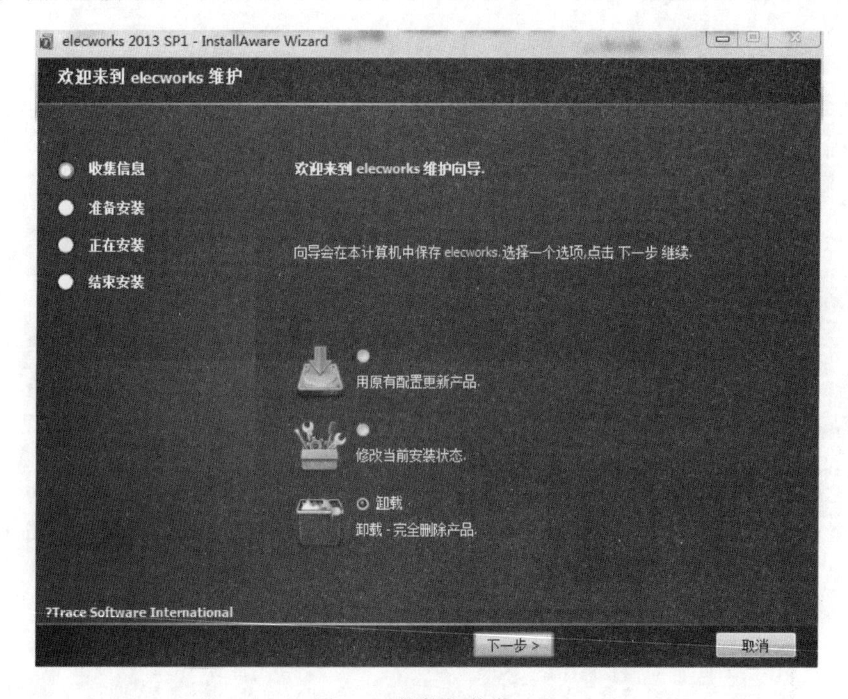

图 3-9　软件卸载窗口

期间可选择保留或删除本机中的所有数据,然后根据提示单击【下一步】按钮,即可卸载 Elecworks,重启生效。

第4章

新建工程模板

4.1 新建工程

4.1.1 新工程的创建

打开 elecworks 软件，即出现如图 4-1 所示的工程管理器界面，图中显示所有已保存工程。

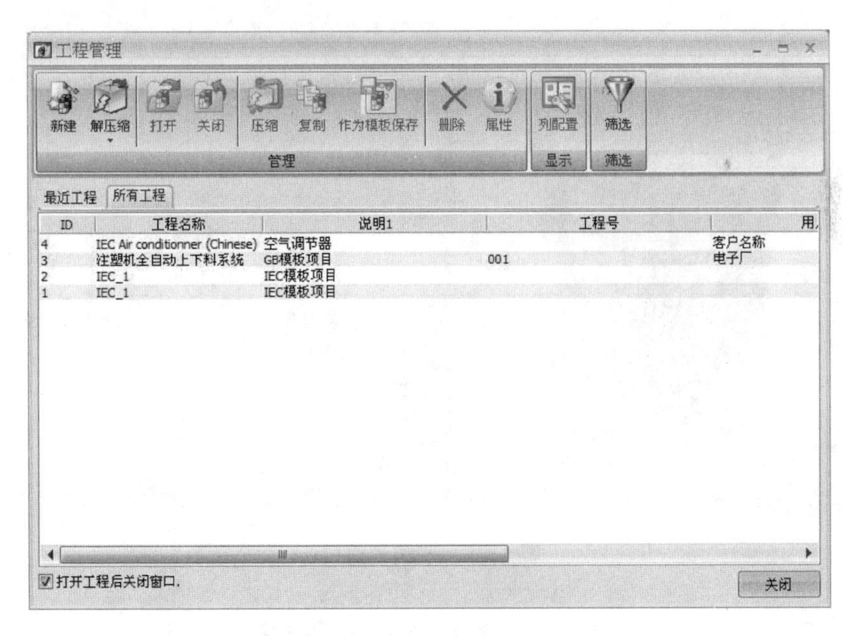

图 4-1 工程管理器界面

图 4-1 中选项的含义如下：

【打开】：要打开工程，选择工程并单击打开，工程将自动加入至工程导航器中。

【关闭】：选择要关闭的工程，单击关闭。

【压缩】：压缩可以用于保存工程。当工程中所有图纸处于关闭状态时可以对该工程进行压缩，选中要压缩的工程，单击【压缩】将工程压缩为 ZIP 格式文件，文件包含了工程的所有元素。

【作为模板保存】：用于将已有工程保存为模板，工程将保存在 elecworks 目录中，用于在新建工程时调用。

【删除】：此功能用于删除工程目录中的工程，要删除工程必须在现在工程导航器中将其关闭。

4.1.2 选择工程模板

单击图 4-1 中的【新建】按钮，将出现图 4-2 所示的选择工程模板对话框。对话框中有 4 种标准模板可供选择：ANSI——美国国家标准，GB_Chinese——中国国家标准，IEC——国际标准，JIS——日本工业标准。

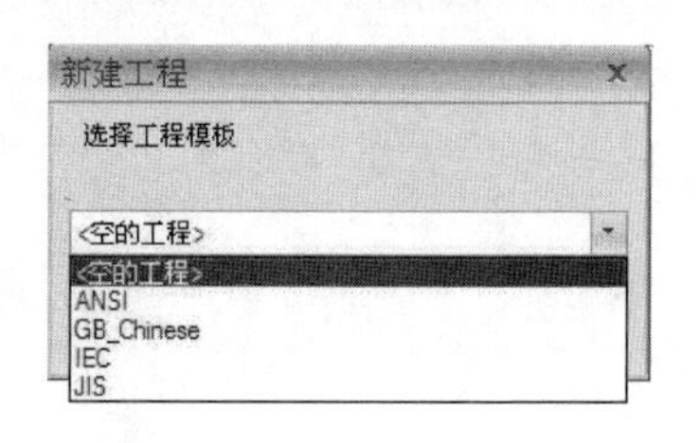

图 4-2 选择工程模板对话框

4.1.3 工程属性设定

选择好模板后，打开如图 4-3 所示对话框，对工程属性进行设置，设置后单击【确定】按钮即可关闭对话框并打开新工程。如需要更改可选中工程，再单击图 4-1 中的【属性】按钮。

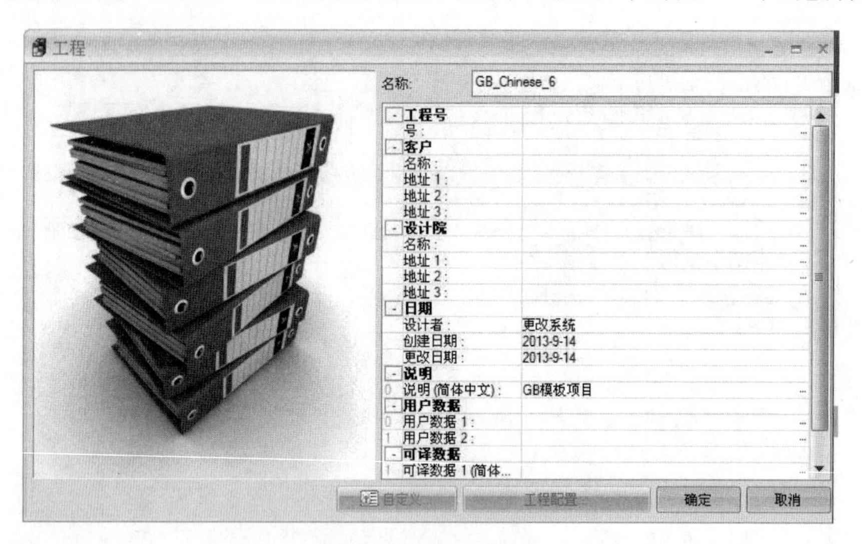

图 4-3 工程属性窗口

4.2 工作窗口介绍

软件工作窗口可以分为 3 个区域：菜单区、侧控制面板和图形区，如图 4-4 所示。

1. 菜单区

菜单区包括用于原理图设计的所有功能指令。功能分别用于不同的菜单栏，菜单栏根

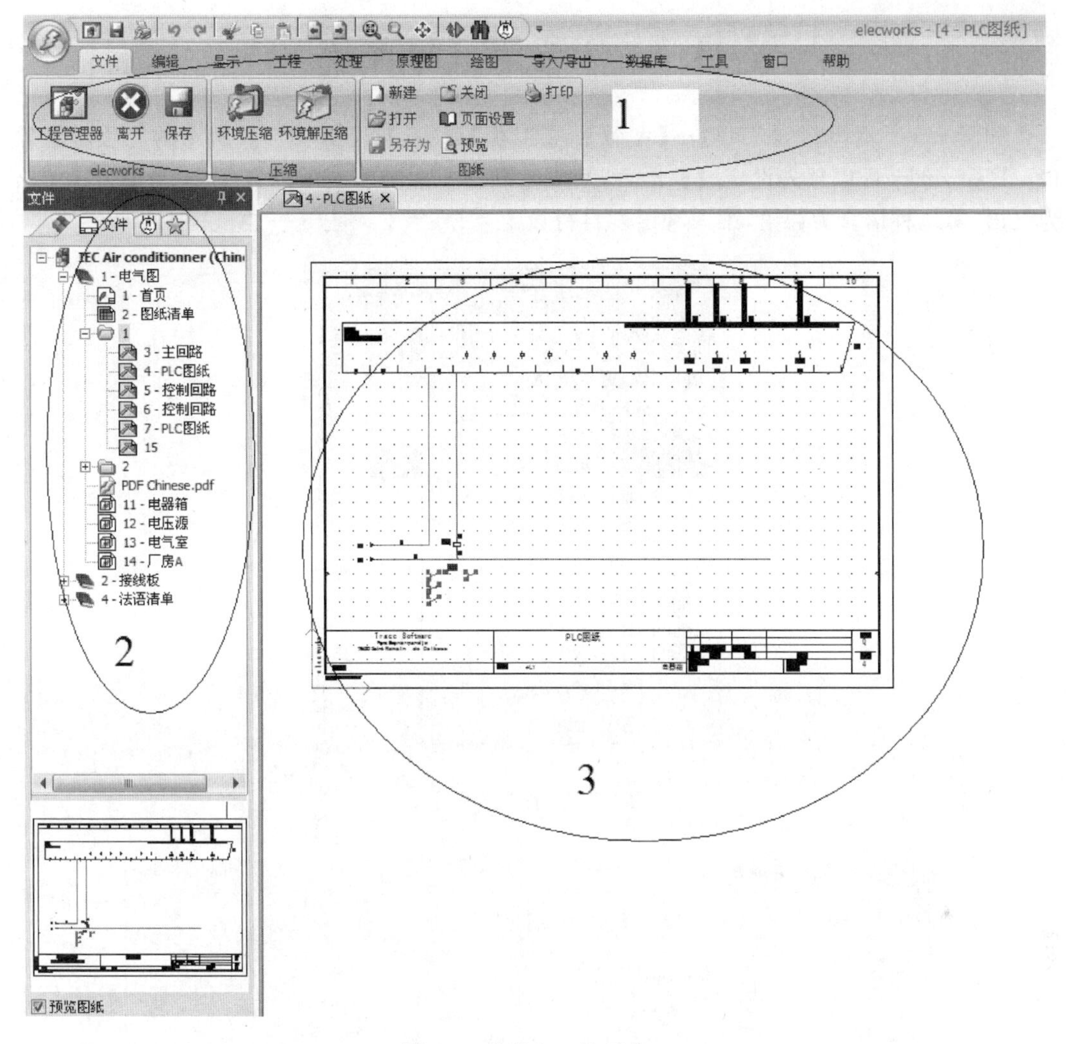

图 4-4 软件各工作区窗口

据图形区中所打开的图纸类型而变化。某些菜单键内含下拉菜单,可通过下拉箭头打开。

2. 侧控制面板

侧方控制面板显示工程的控制栏,包含 4 个选项卡:

【元件】:显示工程中的元件(组件)列表。

【宏】:显示宏列表,宏可以直接添加至图纸中。

【符号】:显示符号库,符号可以直接添加至图纸中。

【文件】:显示工程图纸及文档列表。

3. 图形区

图形区显示项目中的图纸的图形信息,图形区可以打开多个图纸,当前所见图纸称做当前图纸。关闭窗口时图纸自动保存。

4.3 工程语言配置

如图 4-5 所示，选择【工程】→【配置】→【工程】命令，打开如图 4-6 所示的工程配置窗口。Elecworks 可以预先设定三种语言，其中基础语言为当前显示语言（图中当前显示语言为汉语，第二种语言为德语，第三种语言自行设定）。

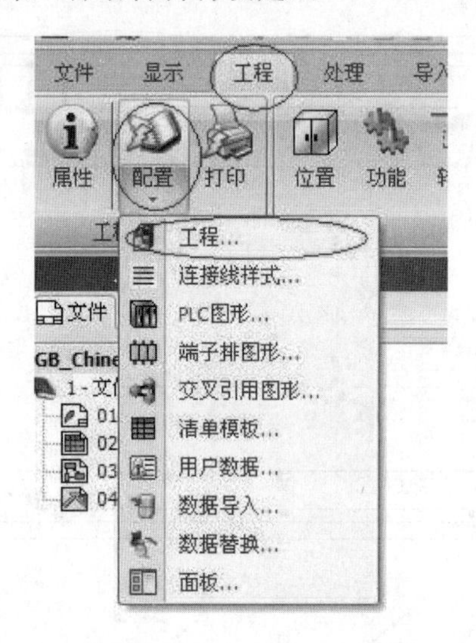

图 4-5 工程配置命令

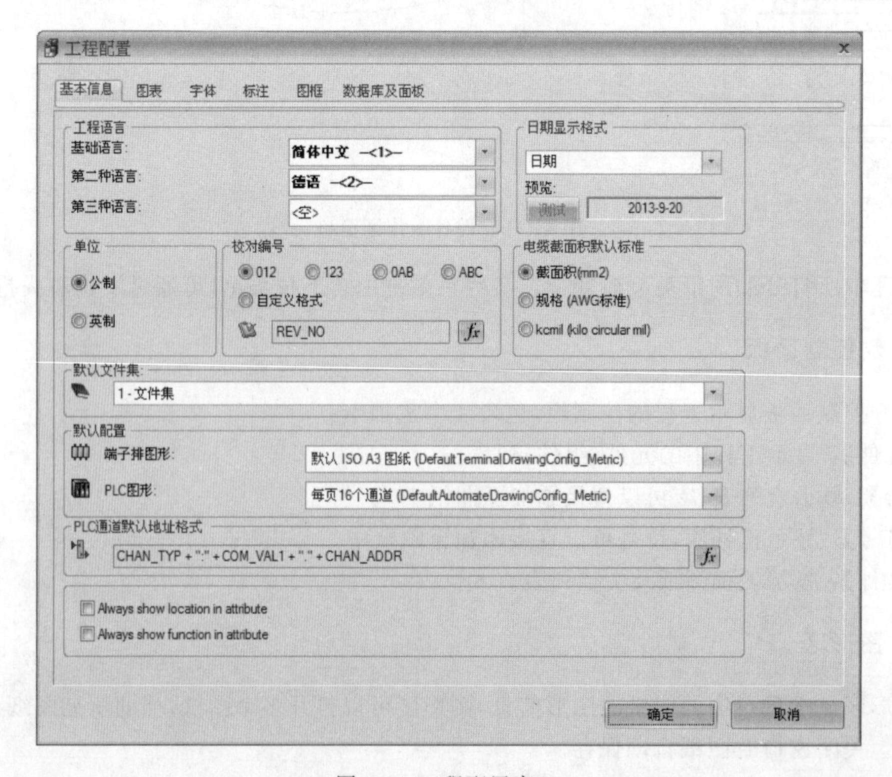

图 4-6 工程配置窗口

4.4 选择图框

1. 方法一

(1) 在图 4-7 中右击选择需要更改的模板，选择【属性】选项打开图纸对话框，如图 4-8 所示。

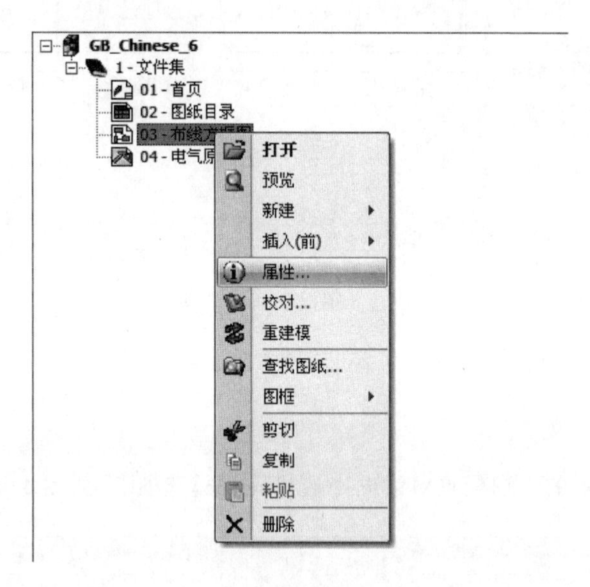

图 4-7　模板属性命令

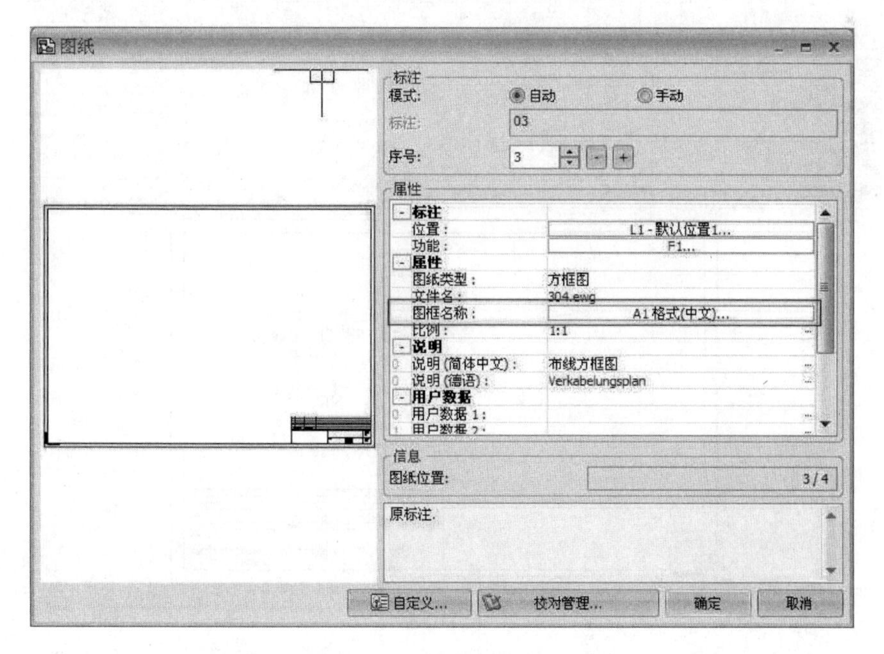

图 4-8　图纸管理器窗口

(2) 在图4-8中单击【图框名称】选项，打开图框选择管理器，如图4-9所示。

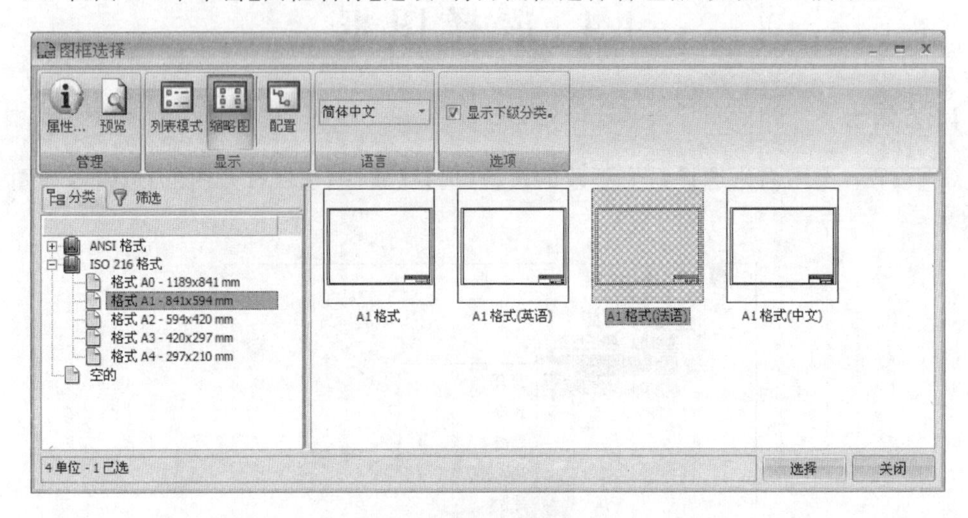

图4-9 图框管理器窗口

(3) 在图框选择管理器中选择所需要的图框，单击【选择】按钮。

2. 方法二

(1) 在图4-6所示的工程配置对话框中选择【图框】选项卡，如图4-10所示。

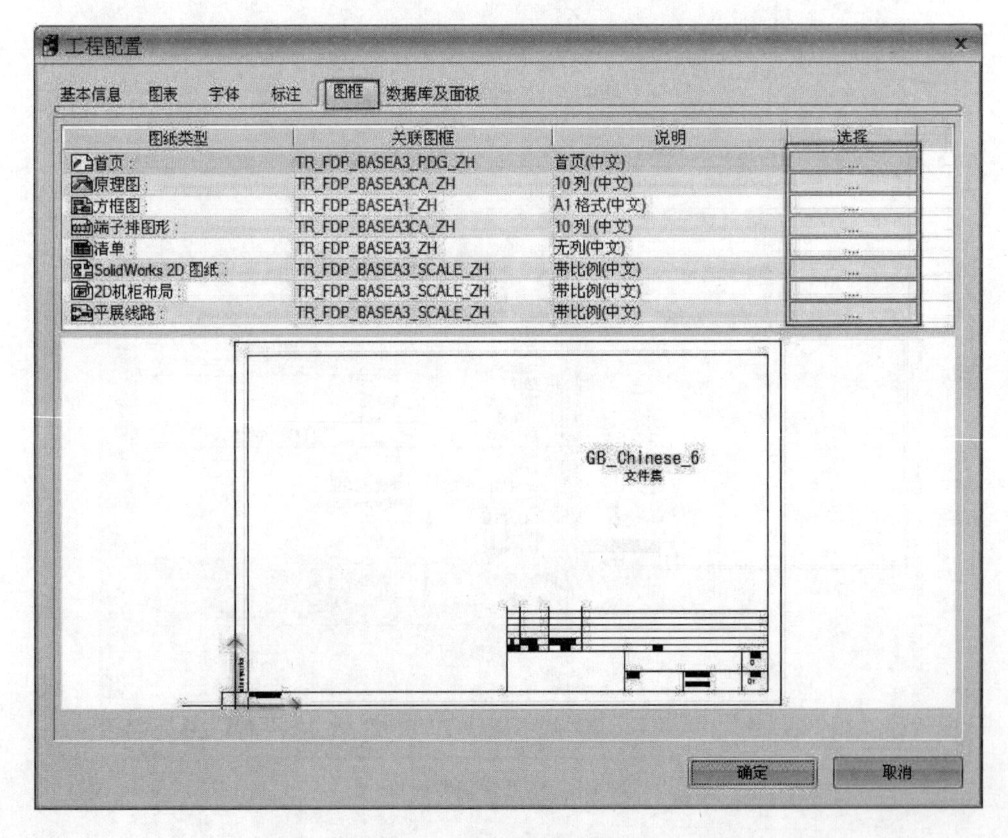

图4-10 工程配置图框窗口

(2) 单击【选择】下的【……】按钮进行图框选择。选择完毕后出现图 4-11 所示的对话框,进行更改确认。

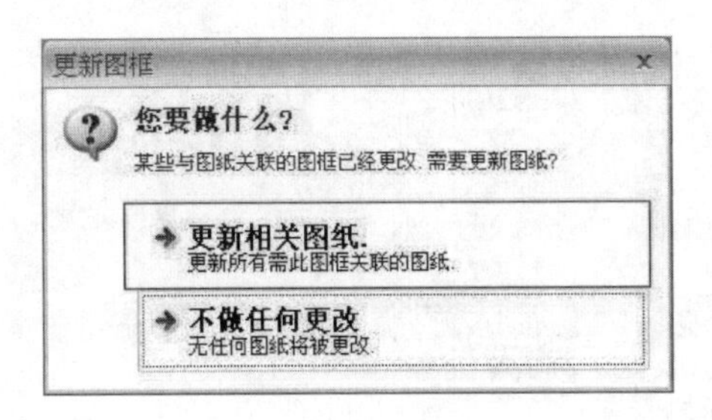

图 4-11　图框更新命令

说明:方法一更改模板图框仅能更改当前图框,方法二可修改所有模板图框样式,包括新创建的模板。

4.5　各图纸的区别与作用介绍

4.5.1　布线方框图

布线方框图是将电气图中各设备之间的连接用方框图的方式直接直观地表现在图纸上。使用方框图可以直接对设备和电缆定义,并估算工程的基本造价。方框图中的基本信息能够自动反馈到电气图纸中。

4.5.2　原理图

原理图是电气系统中一次、二次回路的重要体现,是用于绘制各位置、接线板、元器件之间(电缆)具体的相互连接的图纸。

4.5.3　清单

清单可以导出所有存储在工程中的数据。这些数据可以用图纸格式表示,也可以导出 Excel 格式或文本文字类型文字,清单根据清单模板导入数据。Elecworks 包含标准清单模板,也可以根据需要自己创建模板。

4.6　工程的压缩及解压缩

在 Elecworks 设计中,图纸将自动保存在安装目录下的 Projects 文档中,如要另存,可通过压缩与解压缩进行。

4.6.1　压缩

将图纸利用压缩功能另存为压缩文档。如图 4-12 所示,在工程管理器中选择要压缩的工程，单击【压缩】按钮，选择保存路径即完成压缩任务。压缩时必须将要压缩的工程关闭才可以进行压缩。

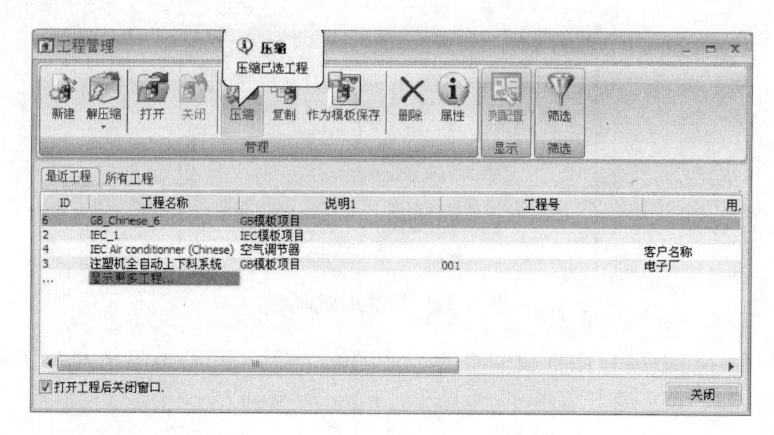

图 4-12 压缩命令

4.6.2 解压缩

如图 4-13 所示，在工程管理器中单击【解压缩】按钮，选择要解压缩的工程单击【打开】按钮即可。

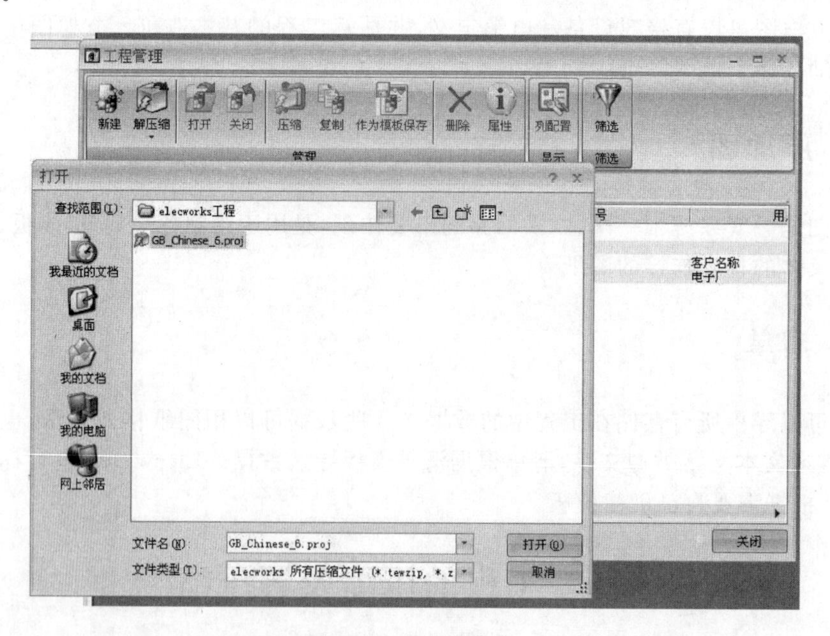

图 4-13 解压缩命令

4.7 文件夹管理

文件夹可以看作为存放图纸或其他文件的目录，它可以帮助用户对不同图纸文件进行分类存放。

4.7.1　新建文件夹及文件集

如图 4-14 所示，右击文件集，选择【新建】→【文件夹】命令，建立新文件夹。如果在图中工程名称上右击，进行相应的操作可建立新文件集。

4.7.2　编辑文件夹属性

如图 4-15 所示，右击文件夹，选择【属性】命令，打开编辑文件夹属性命令对话框，如图 4-16 所示，可在该对话框中添加【说明】等内容。

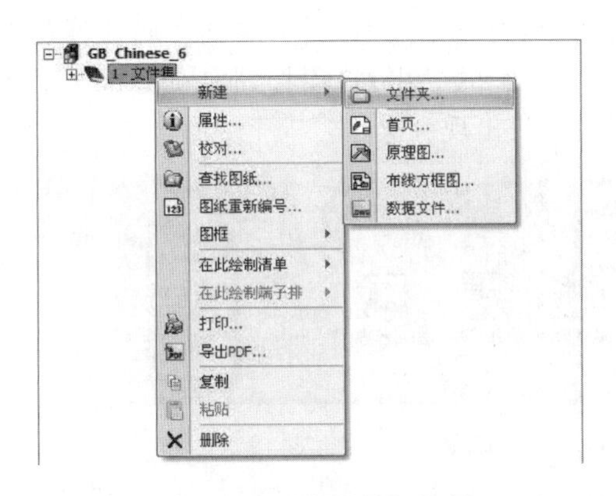

图 4-14　新建文件夹命令

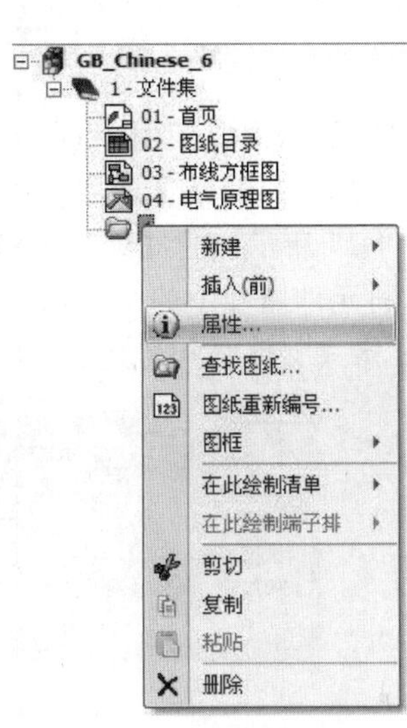

图 4-15　文件夹属性命令

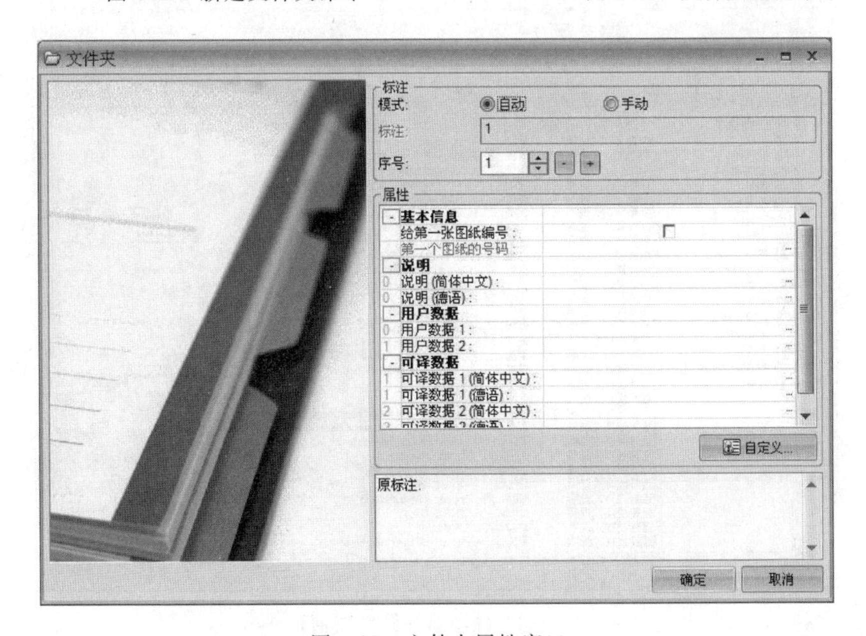

图 4-16　文件夹属性窗口

4.8 安装目录下文件夹介绍

工程图档地址：

X:\Documents and Settings\All Users\ElecworksData\Projects

Elecworks 数据库地址：

X:\Documents and Settings\All Users\ElecworksData\Block

SolidWorks 数据库地址：

X:\Documents and Settings\All Users\ElecworksData\SolidWorks \sldPrt

4.9 翻译管理器

很多情况下，需要使用 Elecworks 录入多种语言的数据（在工程配置中设置），所有翻译的数据信息都将在翻译管理器中存在并集中显示。

如图 4-17 所示，选择【处理】→【翻译】命令，打开图 4-18 所示的翻译属性管理器，录入或更改不同元件属性中的文字信息。图中【导入】和【导出】选项将词典在工程文字和 Excel 或 Access 格式文件之间传送（词典的相同文字只出现一次）。

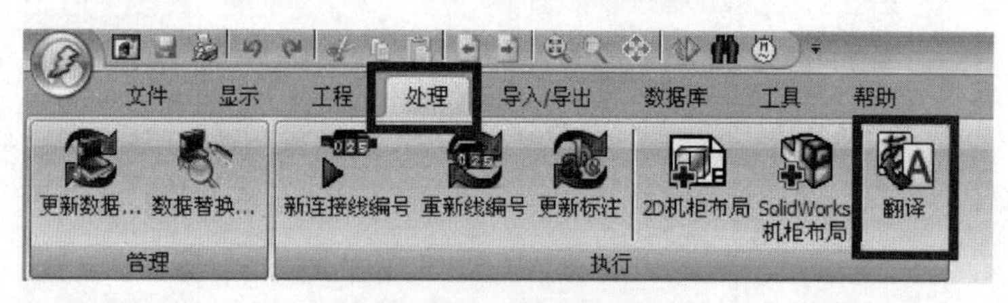

图 4-17 翻译命令

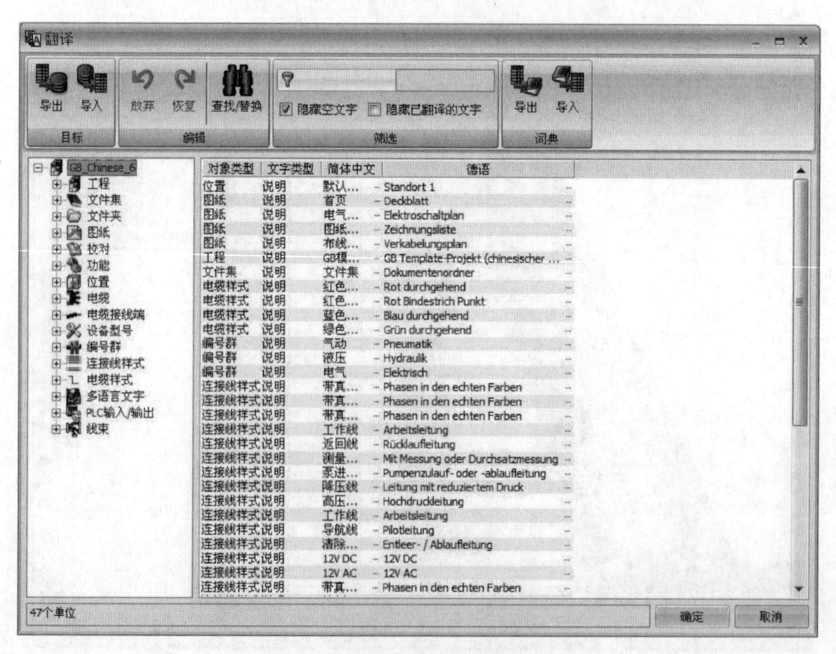

图 4-18 翻译属性管理器窗口

4.10　应 用 配 置

应用配置用来设定软件初始设定，单击图 4-19 中【工具】→【应用配置】命令打开应用配置窗口，如图 4-20 所示。

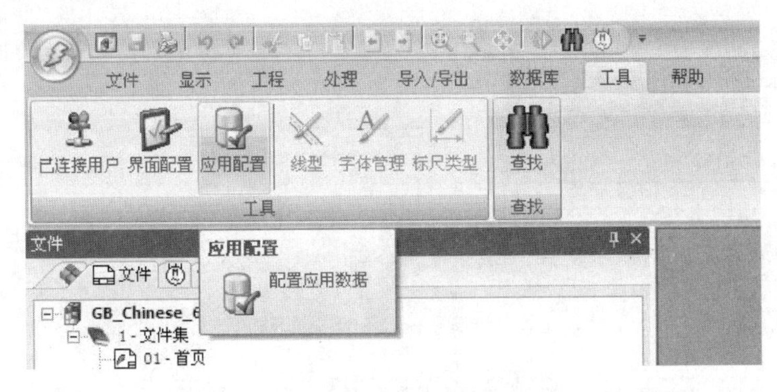

图 4-19　应用配置命令

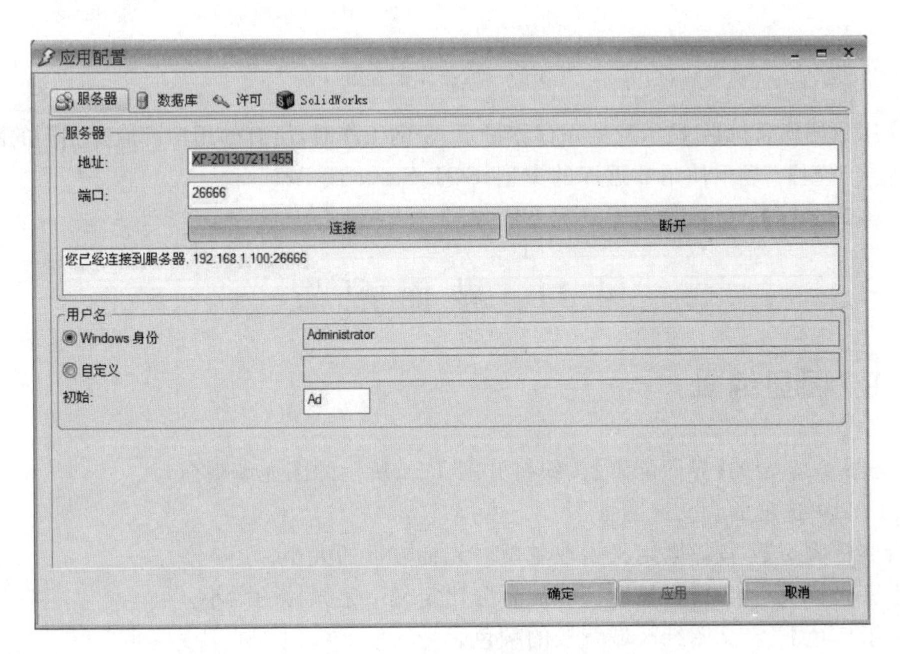

图 4-20　服务器配置窗口

4.10.1　服务器配置

服务器配置用来配置服务器的地址、端口等的参数。

4.10.2　数据库配置

图 4-21 中选项含义说明如下：

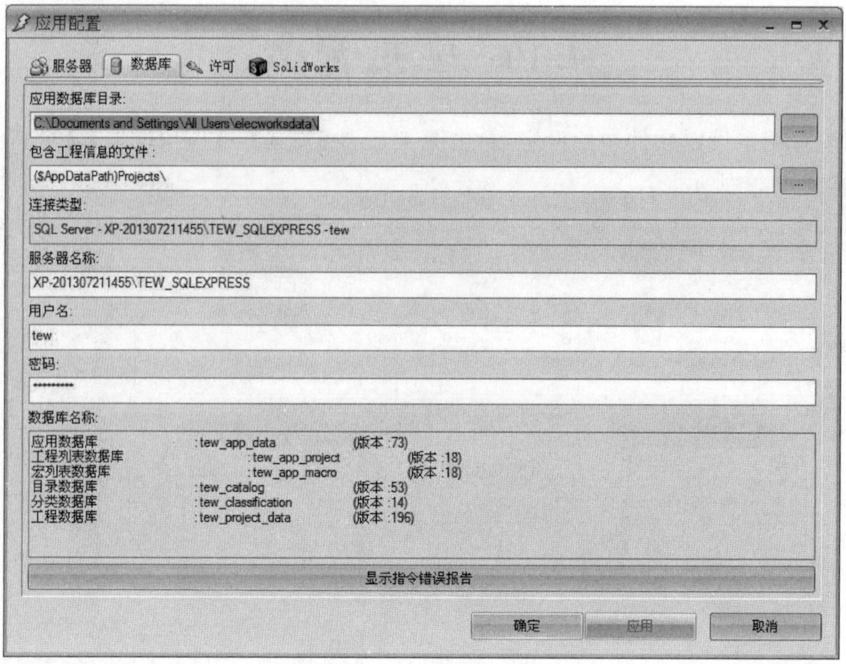

图 4-21　数据库配置窗口

【应用数据库目录】：显示数据库存储目录，联网工作时，所有的用户都应有相同的路径。

【连接类型】：显示使用数据库的类型，SQL Sever 或 Access。

【数据库名称】：显示数据库名称及版本号。

4.11　界面配置

4.11.1　图显编辑

单击图 4-19 中的【界面配置】按钮打开图 4-22 所示的图显编辑窗口。

图 4-22 中选项的含义说明如下：

【拾取框大小】：按像素定义拾取单位时光标方框的大小。

【十字光标大小】：按占显示区域的百分比定义十字光标的大小。

【图纸底色】：定义图纸区域背景的颜色。

【光标颜色】：定义光标的颜色。

【标签位置】：定义显示区域图纸标签的位置。

【样式】：定义主题样式。

【单位】：定义项目图纸中所应用的单位模式。

4.11.2　应用语言配置

用于应用语言的定义，也可用于数据库及目录管理中的语言定义。如图 4-23 所示，在选项界面语言中，选取 Elecworks 应用语言，单击【确定】按钮，重启后生效。

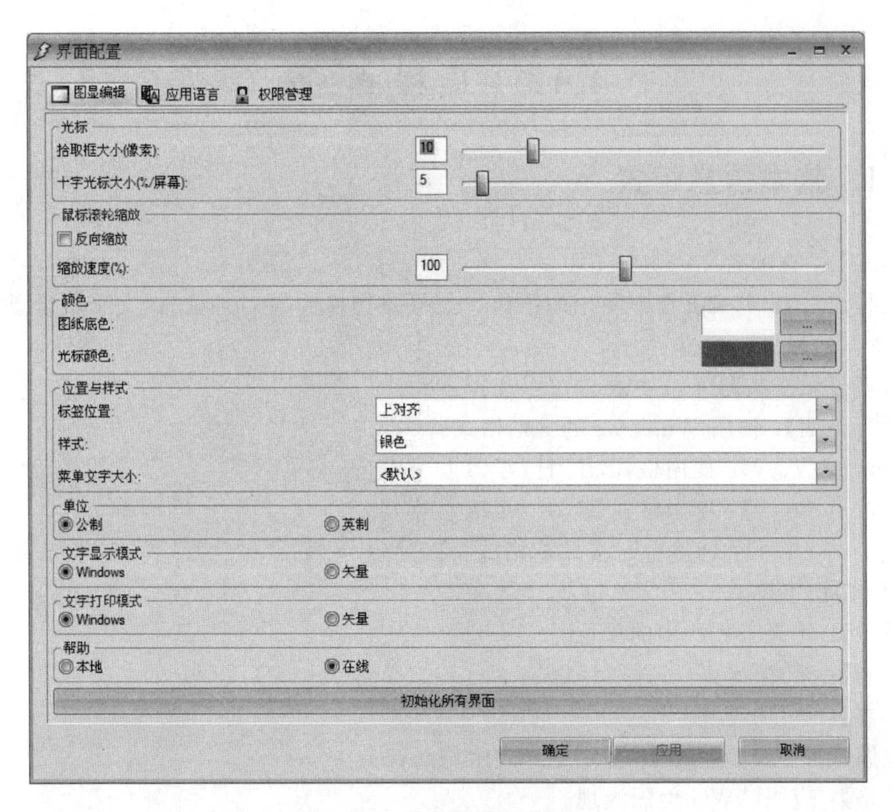

图 4-22　图显编辑配置窗口

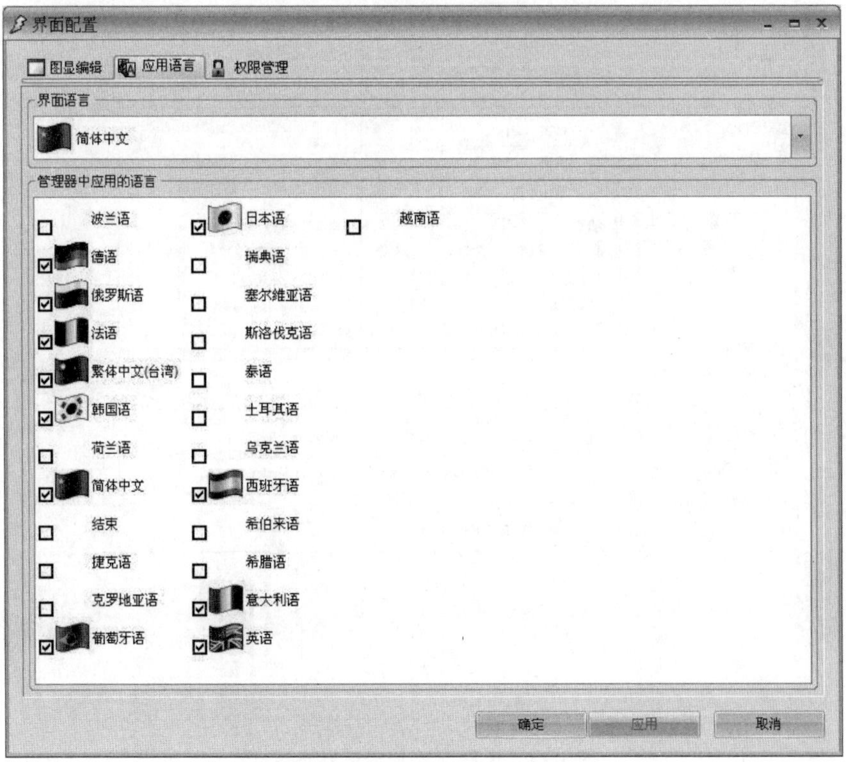

图 4-23　应用语言配置窗口

4.12 工程配置

4.12.1 基本信息配置

图 4-24 中选项含义说明如下：

【工程语言】：定义工程中使用的语言。如果要切换到另一种语言，文字将自动完成到第一种语言的翻译。

【日期显示格式】：有 4 种格式可以选择。

【系统日期】：使用 Windows 的日期格式。

【mm/dd/yyyy】：使用格式 月/日/年(4 位字符)。

【dd/mm/yyyy】：使用格式 日/月/年(4 位字符)。

【%d-%m-%y】：创建自定义日期格式(变量%d=日，%m=月，%y=年(2 位字符)，%Y=年(四位字符))。

【单位】：定义工程所用的单位。

【公制】：米，毫米。

【英制】：英尺，英寸。

【电缆截面积默认标准】：应用毫米表示截面积。

【规格】：应用 AWG 美国线规。

【kcmil】：应用 MCM 标准。

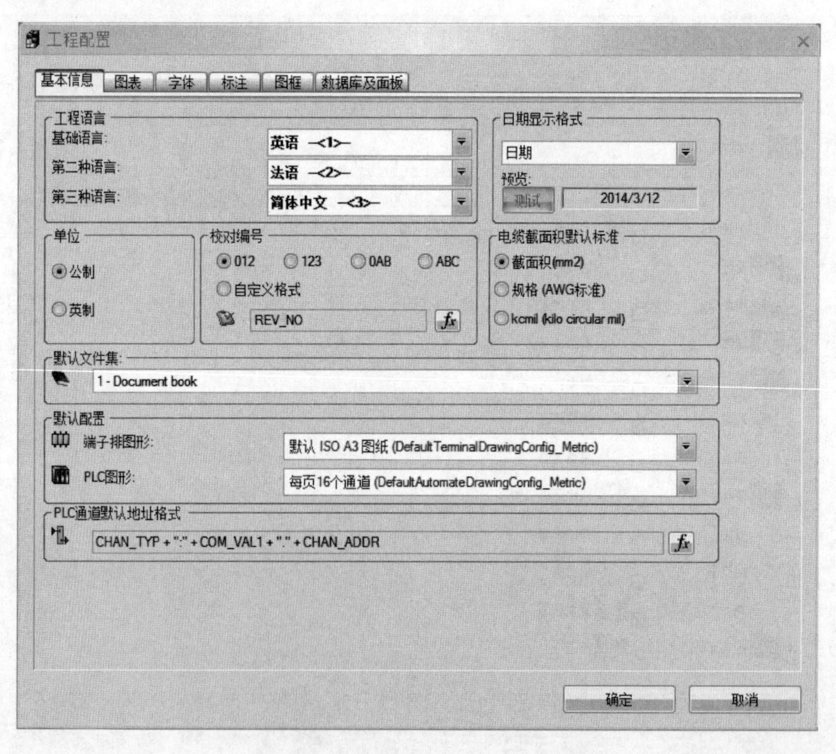

图 4-24 工程配置基本信息对话框

【校对编号】：定义校对号码的显示模式、数字顺序或字母顺序，是否从“0”开始。

【默认文件集】：指自动生成图纸（接线板，清单，SolidWorks 装配体）时所在的文件集。

【默认配置】：可为端子排图形和 PLC 图形选择默认格式配置文件。

4.12.2　图表信息配置

图 4-25 中选项的含义如下：

【功能】：定义功能轮廓线的线型以及颜色。

【位置】：定义位置轮廓线的线型以及颜色。

【接线板】：定义原理图中接线端子轴线的线型以及颜色。

【电缆的接线端】：定义原理图中电缆线的线型以及颜色。

【线接点】：选中“显示节点”复选框可以激活或关闭显示两根线交会处的节点。可以定义它的直径和颜色。

【符号接点】：选中“显示节点”复选框可以激活或关闭显示符号与电线交会处的节点。可以定义它的直径和颜色。

【多语言文字】：定义多语言文字的字体、高度、模式以及颜色。

【线号冲突】：当连接两个不同线号的电线时会出现线号冲突，可以选中复选框激活此功能，也可以同时选择冲突时所显示的线类型以及颜色。

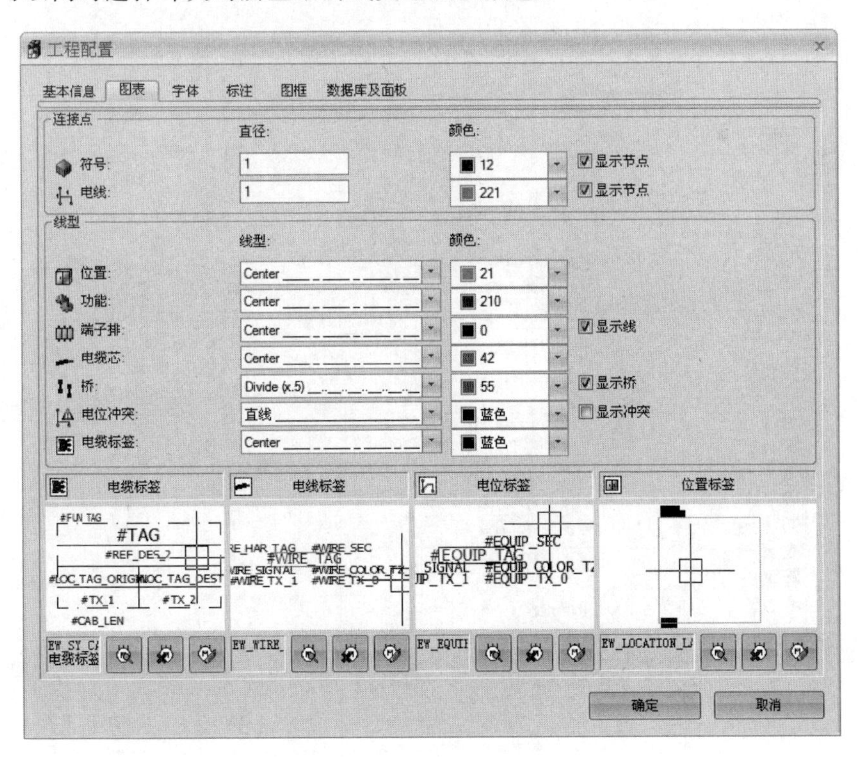

图 4-25　图表配置对话框

4.12.3 标注样式配置

图 4-26 中选项的含义说明如下：

【文件标注生成格式】：定义输入文件集，文件及图纸的格式。此格式可由变量及文字构成，需在变量前添加“＋”号。例如，格式 捆＋BUNDLENO 将会显示：捆 1。

【中断转移标注】：定义转移文字的格式。

【标注唯一】：管理标注的唯一性。

【设备】：下拉列表中表示元件标注唯一的范围。例如选择“位置”，表示在同一位置下将不会有两个元件含有相同的标注，但是在此位置外可以拥有与先前元件相同的元件标注。

【端子排】：可参见元件标注说明。

【电缆】：管理电缆标注唯一性。

【顺序号唯一】：当选中时，在标注格式中所使用的“顺序号”将是连续的（整个工程中）；未选中时，当更改了标注唯一性时，“顺序号”将从 1 重新开始计数。

例如，元件标注唯一选择了“位置”，在位置 L1 中，添加元件 Q1，若未选中“顺序号唯一”，无论符号添加在哪个位置中，第二个符号标注都将从 Q2 开始；相反如果选中“顺序号唯一”，若在不同位置中添加相同符号时，标注将从 Q1 开始，若在位置 L1 中添加相同符号，则标注从 Q2 开始。

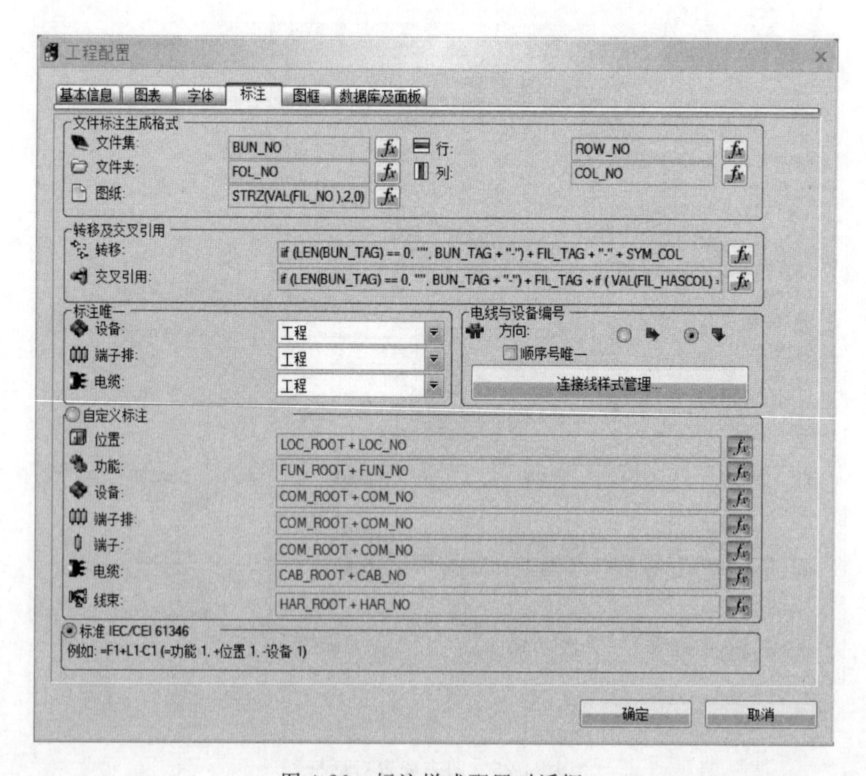

图 4-26 标注样式配置对话框

【自定义标注】：允许自定义元件标注的格式。

【标准 IEC/CEI 61346】：根据 IEC 标准运用以下格式的标注：＝功能＋位置－标注（例：＝F1＋A1－KA1）。

4.12.4　图框配置

此功能用作定义创建的每个图纸的背景，要更改背景图纸，可单击【...】按钮，如图 4-27 所示，背景图库将打开可供选择合适的背景图框，对于工程中的已有图纸，将自动更新相关联的图框。

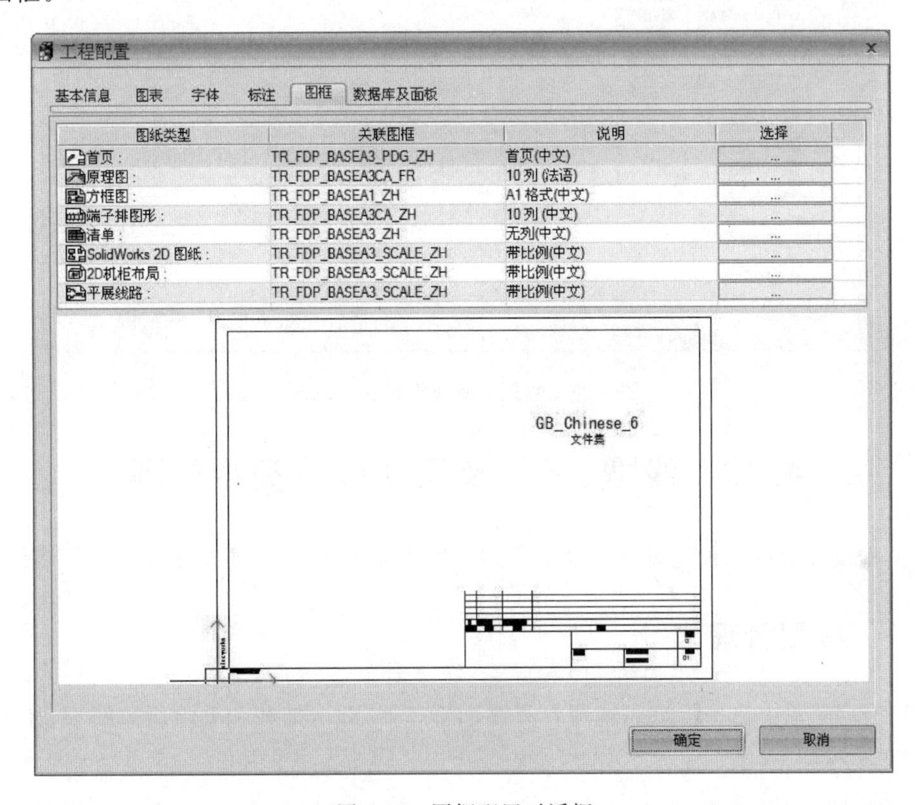

图 4-27　图框配置对话框

4.12.5　数据库及面板配置

如图 4-28 所示，窗口上方部分可供选择数据库。例如，符号库（含有所有标准的符号）可以选择在原理图中添加符号时，筛选并只显示 IEC 标准的符号。勾选想要使用的符号库即可。

窗口下方部分可供选择想使用的控制面板（侧方控制栏中显示）。在下拉菜单中从 5 种类型的控制面板中选择合适的面板。

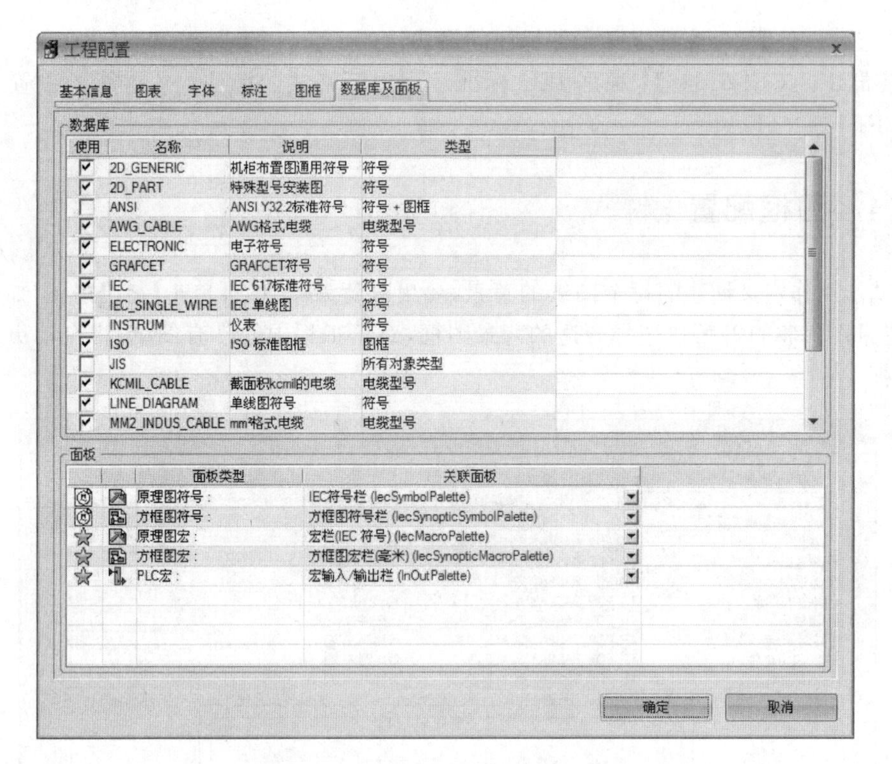

图 4-28 数据库及面板配置对话框

4.13 线型、字体及尺寸标注类型管理

在工程设计前可以预先设计好线型字体及尺寸标注类型，以便在设计中进行调用。

4.13.1 线型管理

在【工具】菜单中选择【线型】选项打开线型管理器，即可加载和删除所需线型，如图 4-29 和图 4-30 所示。

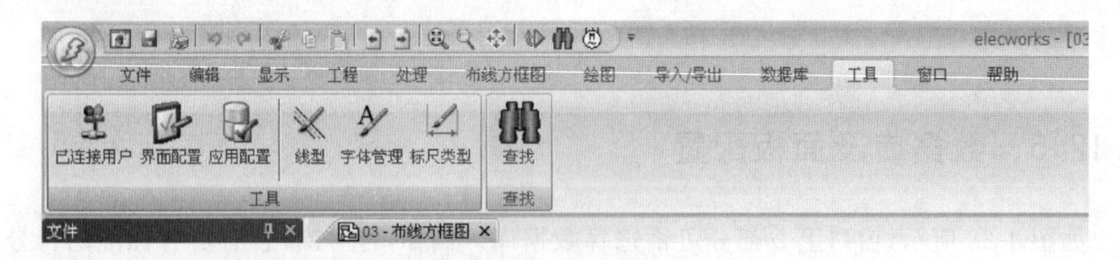

图 4-29 线型管理命令

4.13.2 字体管理

在【工具】菜单中选择【字体管理】选项，打开如图 4-31 所示字体管理窗口，可以通过新增和删除来增减文本数量，单击单个文本可以更改其字体样式。

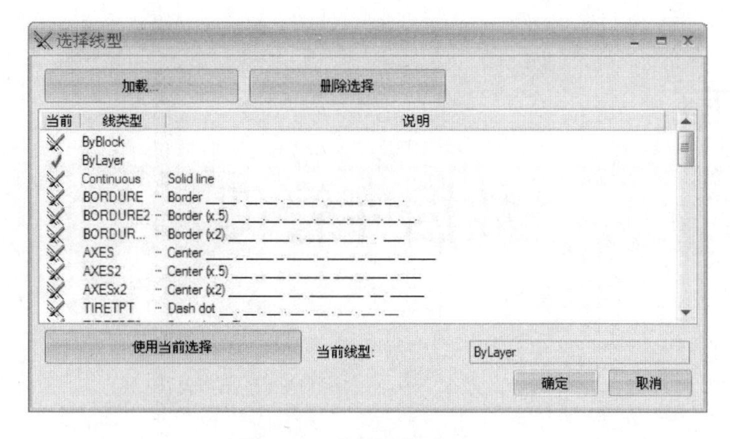

图 4-30　线类型选择窗口

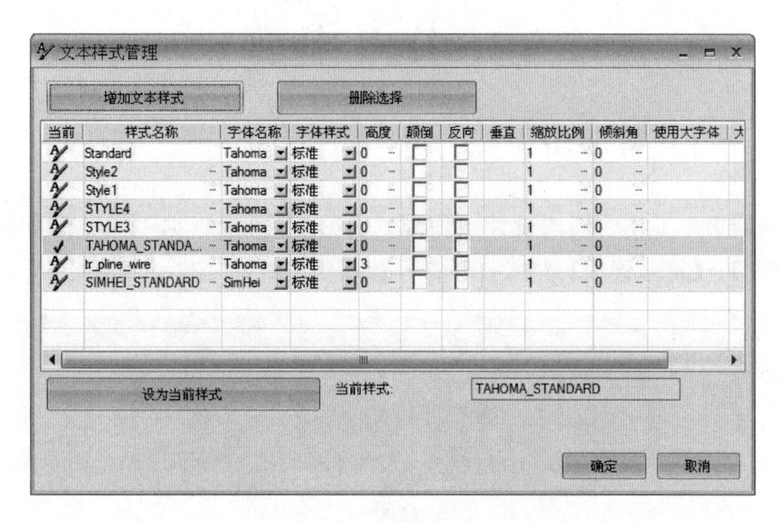

图 4-31　文本样式管理窗口

第5章

数据库管理

5.1 符号管理

5.1.1 打开符号管理器

符号管理器集中了在原理图设计中用到的符号，并可以根据不同类型分类。在图 5-1 中选择【数据库】→【符号管理】命令，打开符号管理器窗口，如图 5-2 所示。

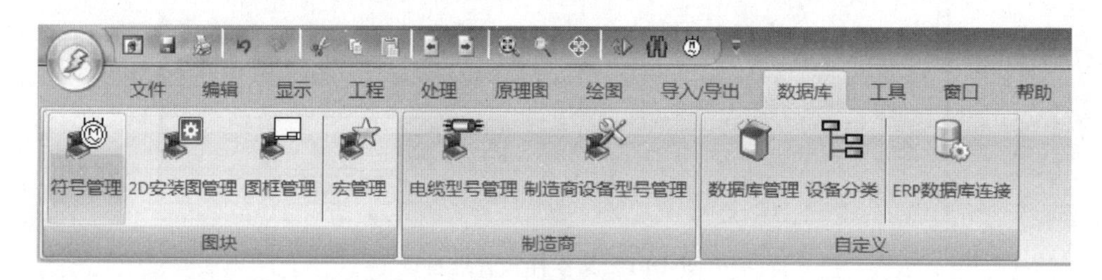

图 5-1 符号管理命令

在图 5-2 所示窗口中，可以进行符号的新建、编辑、删除等操作。

管理器左侧有两个选项卡：【分类】指按系列分类符号，选中一个系列，管理器自动过滤出此系列的符号并显示，图 5-2 就是按照【分类】来显示符号的。【筛选】指按输入内容自动筛选出对应符号，单击图 5-2 中的【筛选】选项出现图 5-3 所示的筛选选项卡。

符号管理器右侧显示出对应的符号，有【列表模式】或者【缩略图】两种显示方式，图 5-4 中左边是【列表模式】的效果，右边是【缩略图】的效果。

5.1.2 添加新符号

在图 5-5 所示的菜单符号管理窗口中，单击【新建】按钮，出现图 5-6 所示符号的属性窗口，用来添加新的符号。

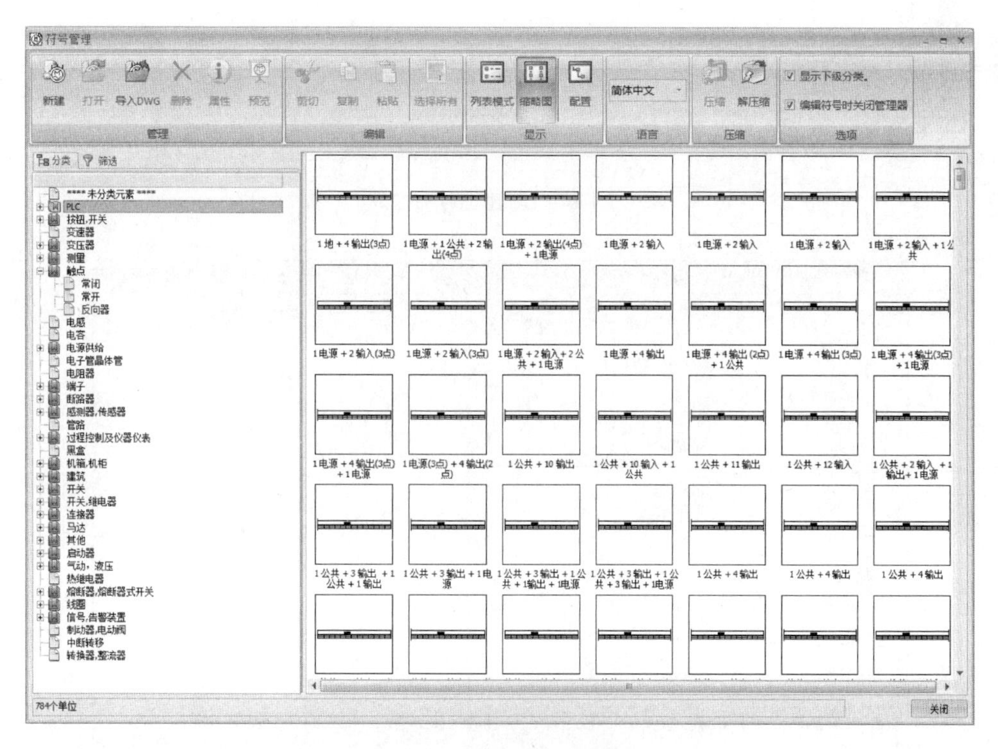

图 5-2　符号管理器窗口

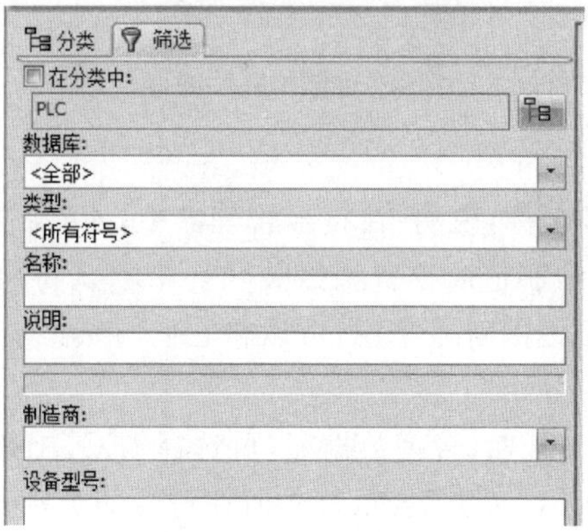

分类　筛选
在分类中:
PLC
数据库:
<全部>
类型:
<所有符号>
名称:
说明:
制造商:
设备型号:

图 5-3　筛选选项卡

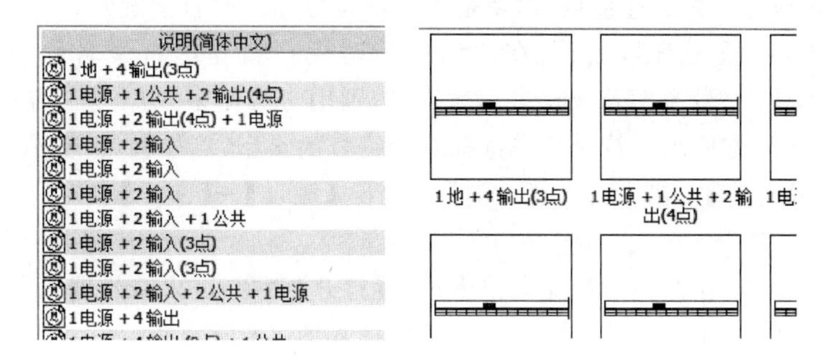

图 5-4　符号库显示模式

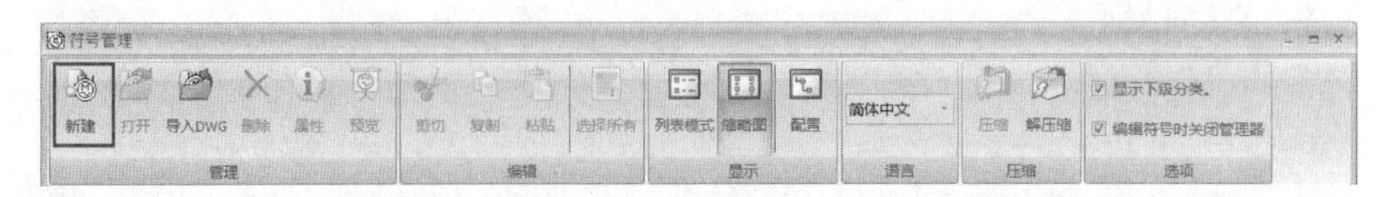

图 5-5 新建符号命令

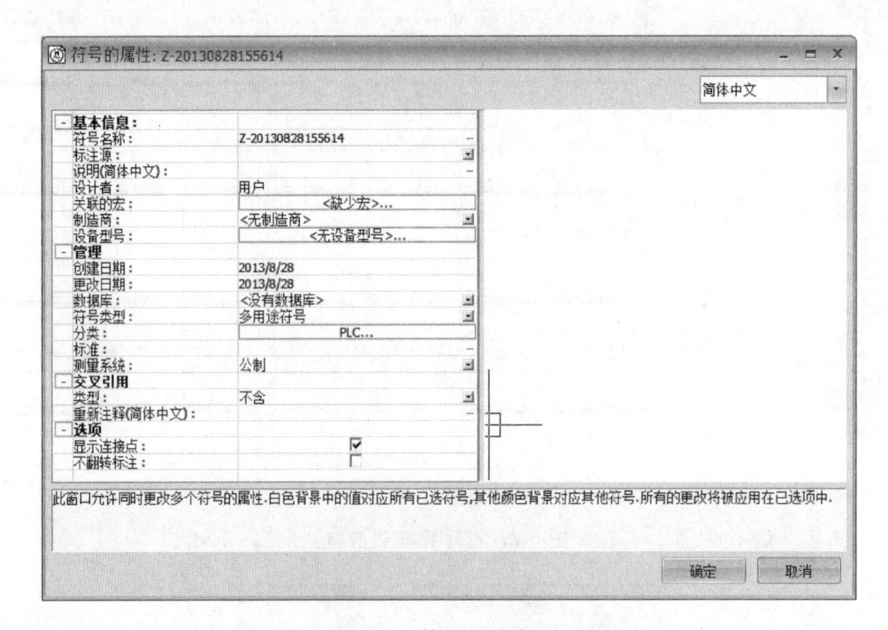

图 5-6 符号属性窗口

操作说明:

【基本信息】: 管理符号名称,说明(在符号管理器中,缩略图模式下,说明信息显示在符号下方)以及设计者。可以给制造商设备型号关联一个默认符号,当添加此符号时,设备型号会自动关联。对于布线方框图符号来说,可以将它们与宏关联,宏可以在左侧控制栏收藏夹中快速添加。

【管理】: 创建日期,更改日期,管理数据库(可选择 IEC、ANSI 等),符号类型(多用途符号、方框图符号、转移符号等),"分类"表示符号所在符号的类别。

【交叉引用】: 定义新的交叉引用(父、子、无等)。

【选项】: 管理是否显示连接点,以及是否允许符号插入时自动旋转。

一般情况下,不改变符号名称,在说明中填写用户新建的符号名称,数据库可选择 USER-创建自用户,符号类型若选择多用途符号,则用于绘制多线原理图,若选择方框图符号,则用于绘制布线方框图。符号分类选择新建符号的类型,例如触点-常开。

填完后单击【确定】按钮,可以在【分类】方式下,【触点】→【常开】中找到新建的符号,如图 5-7 所示。

右击新建的符号,在弹出的快捷菜单中选择【打开】命令,进入符号编辑页面。右击页面右下角的【栅格】按钮,从弹出的快捷菜单中选择进入图 5-8 所示的绘图参数对话框。

将【无捕捉】数值改为 2.5,【无栅格】数值改为 5.0,单击【关闭】按钮。用菜单栏【绘图】选项卡中的工具绘制新符号,如图 5-9 所示。

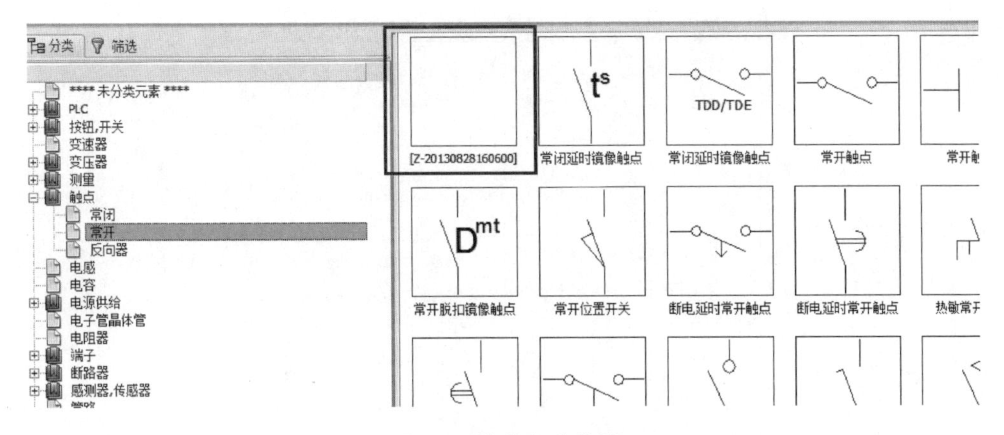

图 5-7 定位新建符号

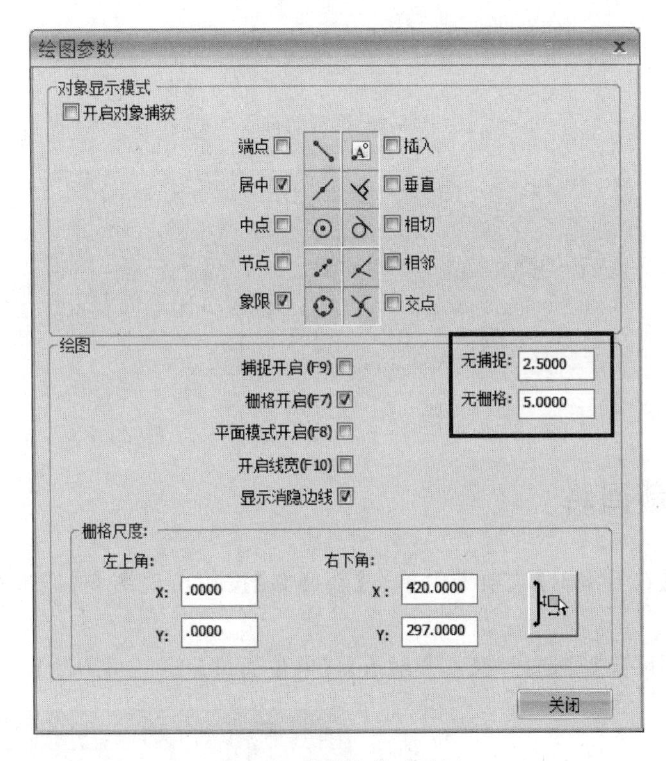

图 5-8 绘图参数对话框

5.1.3 添加插入点

符号插入点对应添加符号时跟随光标的点，一般认为，插入点对应连接电线处的连接点。在图 5-10 中选择【符号编辑】→【插入点】命令。

在图形中，单击插入点位置，自动添加 X 型标记。要确认打开“捕捉”模式，否则插入点位置可能存在偏差。

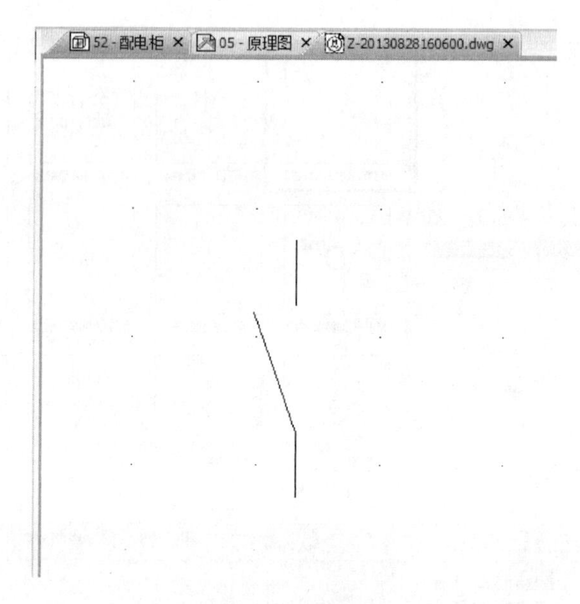

图 5-9 绘制新符号

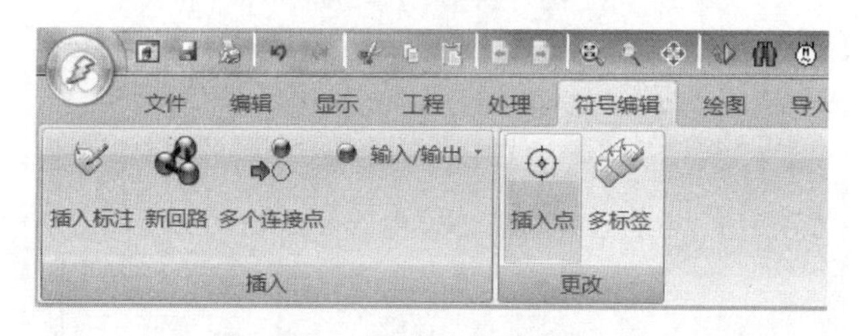

图 5-10 插入点命令

5.1.4 添加新回路

在图 5-11 的【符号编辑】选项卡中单击【新回路】按钮出现图 5-12，进行符号电气属性更改。

图 5-12 中【回路类型】选择为【常开触点】，【电位通过】选择【可中断】。

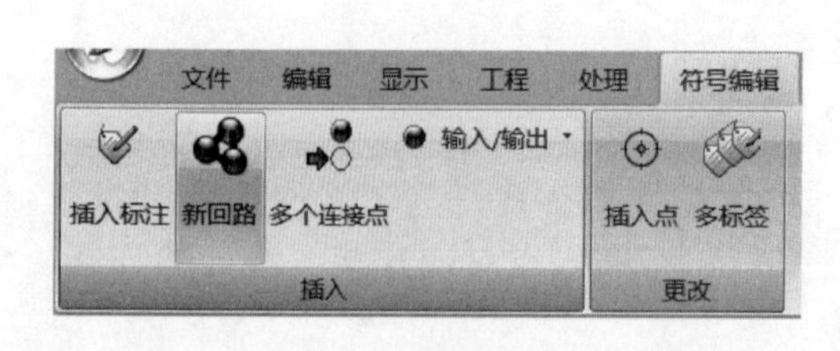

图 5-11 新回路命令

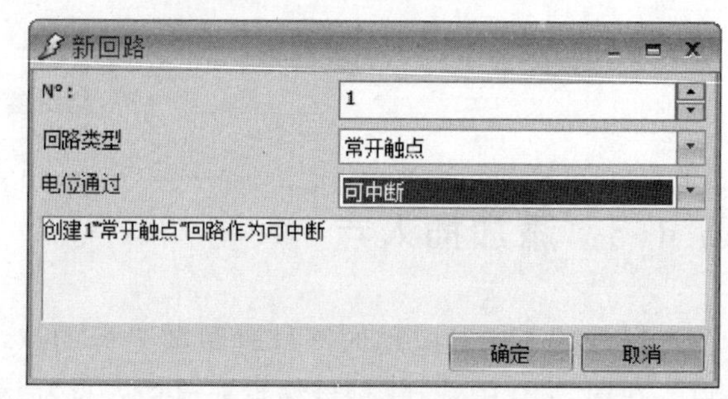

图 5-12 新回路属性设置

图 5-12 中各选项的含义解释如下：

【N°】：表示回路号码(不可修改)。回路号码从 0 到 n，一般是自左向右(或自上向下)

的排列在符号上。

【回路类型】：对应回路关联的符号类型，如果要查看所有回路类型，选择“多回路类型”，再查找有关联的回路类型。Elecworks 含有多种类型的回路，对应不同种类的电气设备。符号中含有的回路与符号关联的制造商设备回路关联。

【电位通过】：定义回路是否允许某些信息通过，例如等电位号码等。

【电位中断】：只允许相位通过。

【通过】：允许电位号通过。

【连续通过】：允许电位号连续通过两个相同标注的符号(例如接线端子、插头)。

【电位转移】：此模式只对“转移”符号有效。

所选回路的属性信息可在如图 5-13 所示的控制栏中查看。

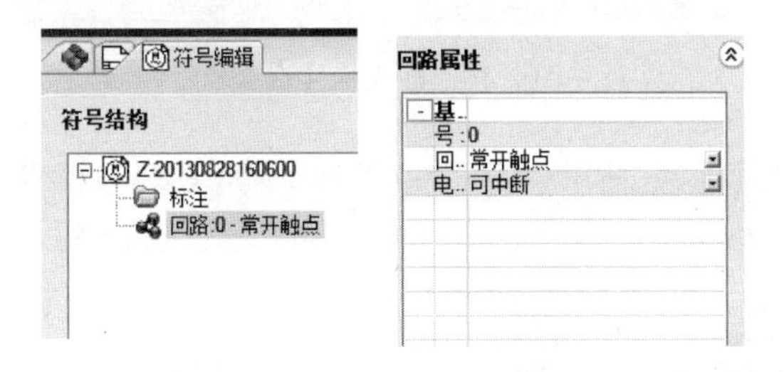

图 5-13　符号回路属性

5.1.5　新建连接点

当在线路中插入符号时，连接点会自动切断连接线。同样当所绘制的线路穿过符号时，也会自动切断，此功能只在符号中含有连接点时有效。在放置符号时，连接点需要与线路重合。连接点处含有管脚号标识，显示符号对应设备的管脚号信息。

插入连接点指令可单击【输入/输出】按钮，如图 5-14 所示。

有三种类型的连接点：

【输入/输出】(默认)：此连接点可用于所有符号，带有方向的转移符号除外。

【输入】和【输出】连接点：此连接点含有方向(入/出)，只能用作对带有方向的中断转移符号的定义。

添加连接点时，确保“捕捉”模式开启，栅格距离与符号回路间的距离保持一致。

连接点放置的位置就是符号切断线路的位置。插入连接点，先在控制栏选择回路，调整连接点方向(单击空格键或右击鼠标调整方向)，单击放置，如图 5-15 所示。

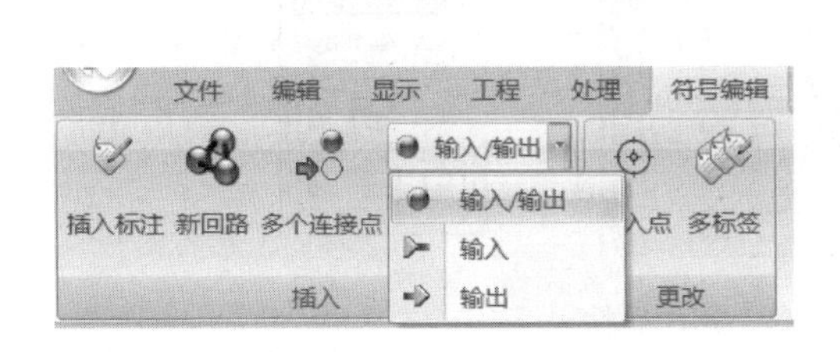

图 5-14　添加连接点命令

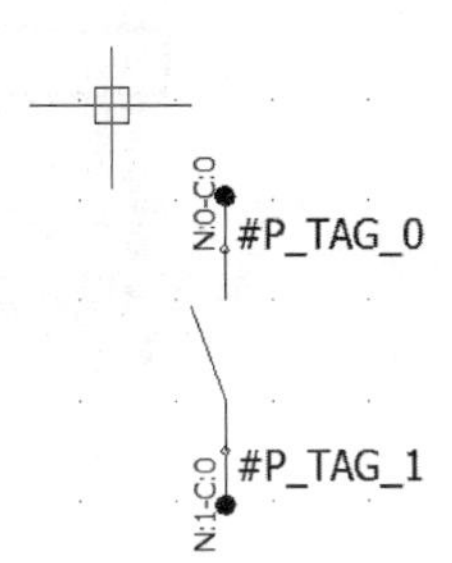

图 5-15　添加连接点

5.1.6 插入标注

插入标注命令可通过单击【符号编辑】菜单中的【插入标注】按钮来进行(见图 5-16),打开图 5-17 所示的窗口,列出所有可用标注,选中所需要的符号。

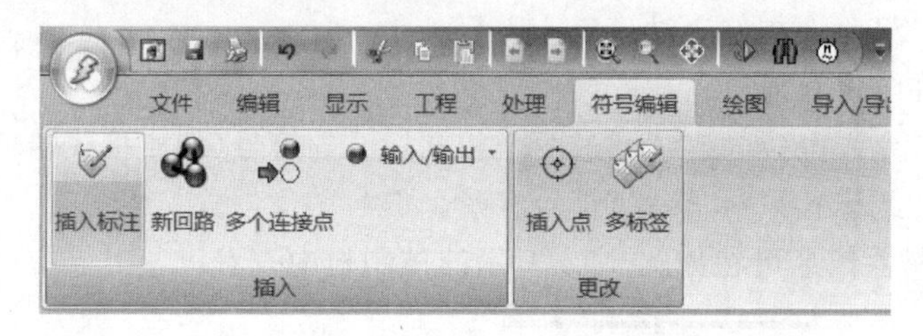

图 5-16 插入标注命令

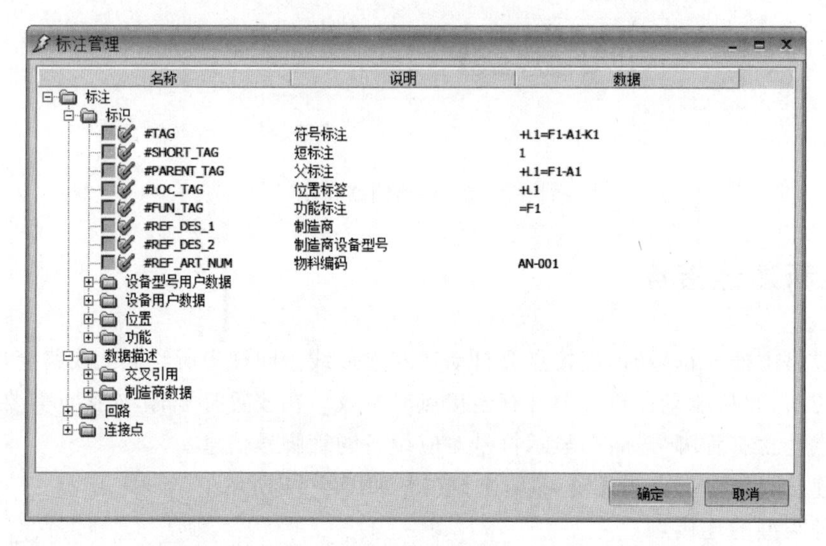

图 5-17 标注管理窗口

界面左侧窗口帮助定义标注的摆放规则和顺序,在单击【确定】按钮之前,先设置好变量的顺序和间距等参数,对齐方式选择右对齐。

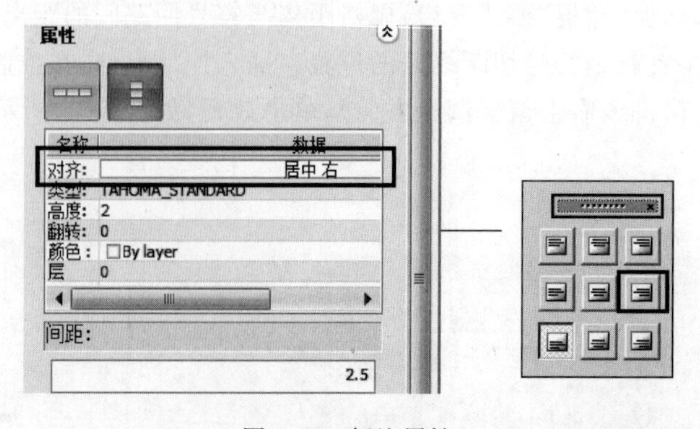

图 5-18 标注属性

添加了 4 个标注的符号如图 5-19 所示。

选中相应的标注,可进行替换或修改,如图 5-20 所示。

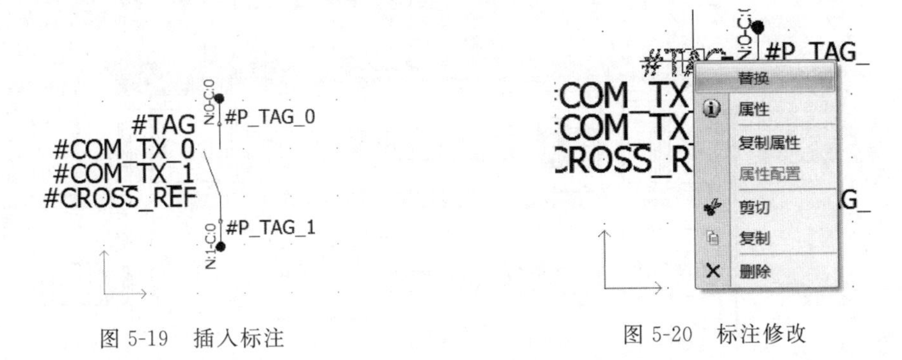

图 5-19 插入标注　　　　图 5-20 标注修改

符号的新建同样可从其他文档导入 DWG 格式,或通过解压导入其他已建成的数据,以上设定完成保存后就可在设计中调用。

5.2 2D 安装图管理

5.2.1 打开 2D 安装图形管理器

2D 安装图形管理器集中了所有在设计 2D 安装布局图时用到的图形符号。

如图 5-21 所示,2D 安装图形管理器命令在【数据库】选项卡中。

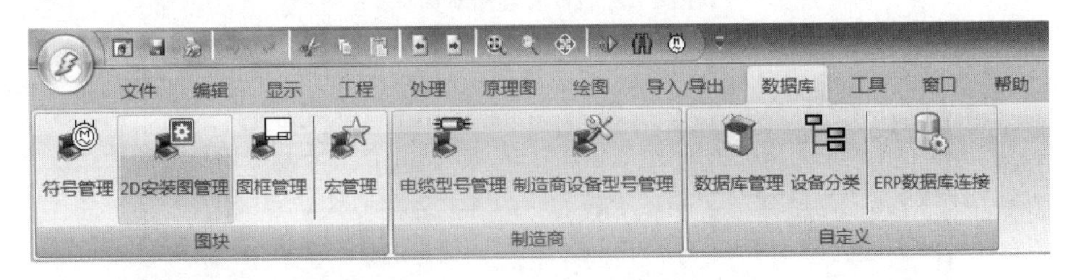

图 5-21 2D 安装图管理命令

打开 2D 安装图形管理器对话框如图 5-22 所示,在该对话框中可以添加、编辑以及删除 2D 安装图形。

管理器左侧有两个选项卡,如图 5-23 所示。

【分类】:显示 2D 图形的分类,选择不同的分类,则显示当前分类中的图形。

【筛选】:可以通过输入文字筛选 2D 图形,如图 5-24 所示。

根据左侧列表中输入的名称得到在右侧显示的相应的图形。

如图 5-25 所示为 2D 安装图形在【列表模式】和【缩略图模式】两种模式下的效果图。

5.2.2 新建 2D 安装图形

在安装图对话框下单击【新建】按钮,添加 2D 图形功能,如图 5-26 所示。

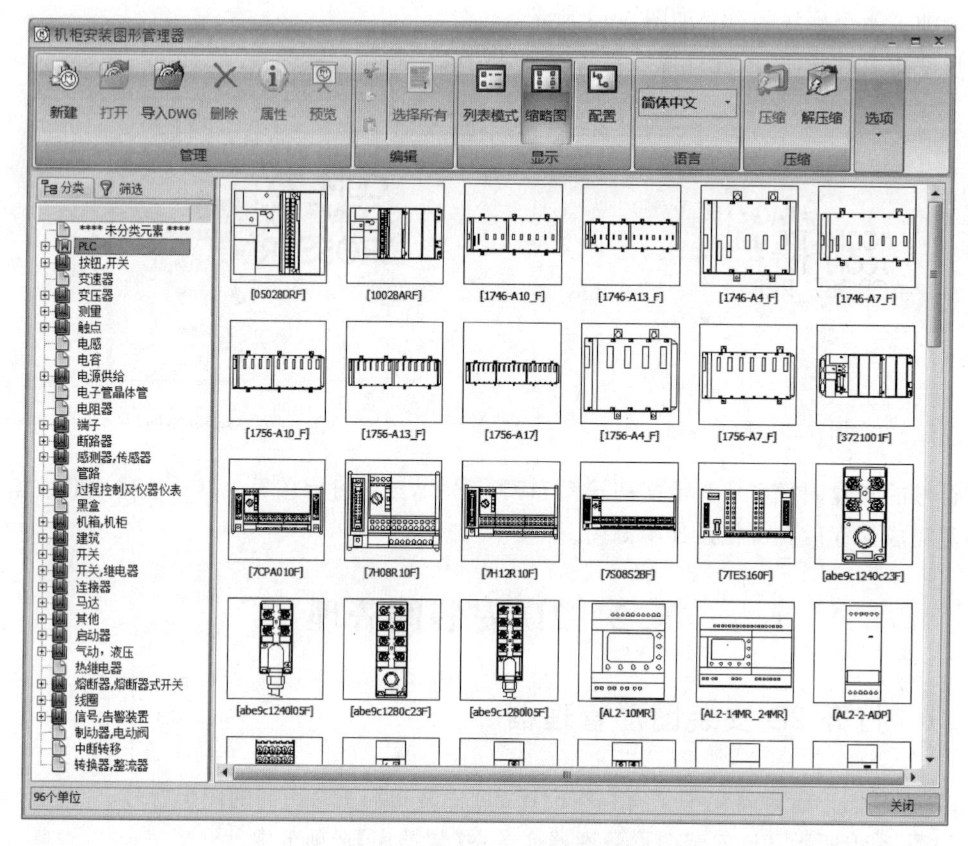

图 5-22　2D 安装图对话框

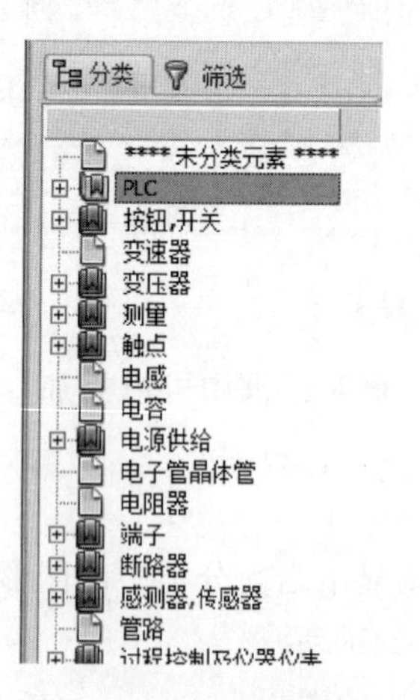

图 5-23　分类选项卡

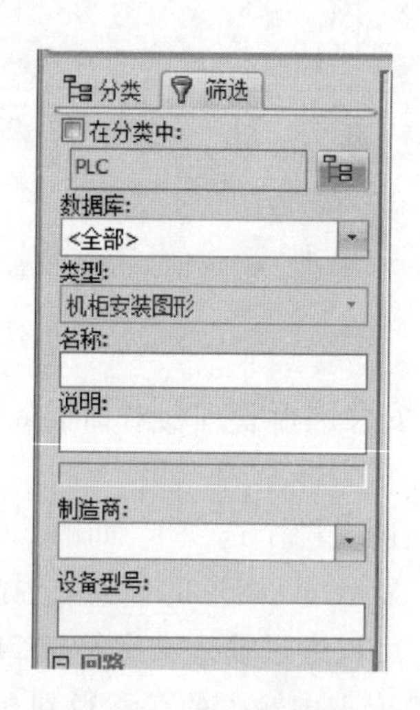

图 5-24　筛选选项卡

2D 图形符号属性窗口打开，显示图形符号属性参数，如图 5-27 所示。

图 5-27 中各选项的含义如下：

【基本信息】：符号名称，说明（在【缩略图】模式下，显示在符号下方），设计者。

【管理】：创建日期，更改日期，数据库（IEC、ANSI 等），符号类型（机柜安装图形），符号

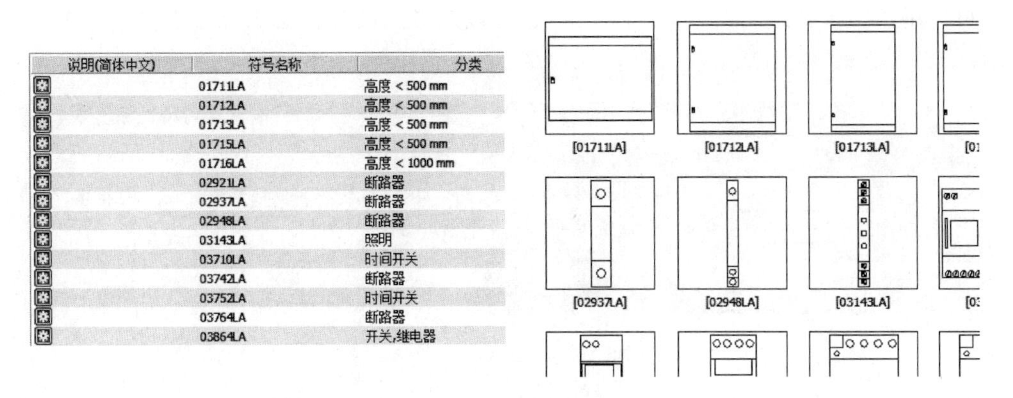

图 5-25 安装图显示模式

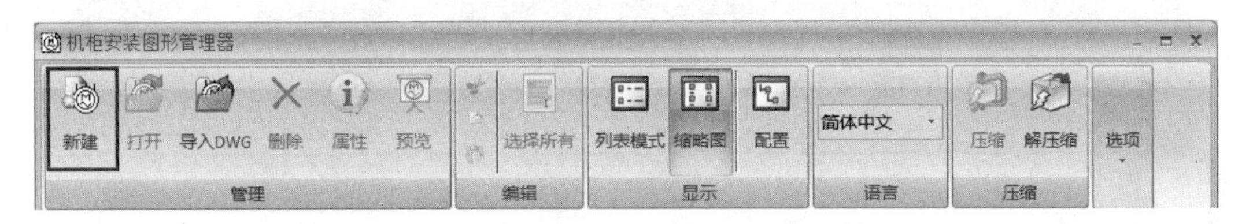

图 5-26 新建 2D 安装图形命令

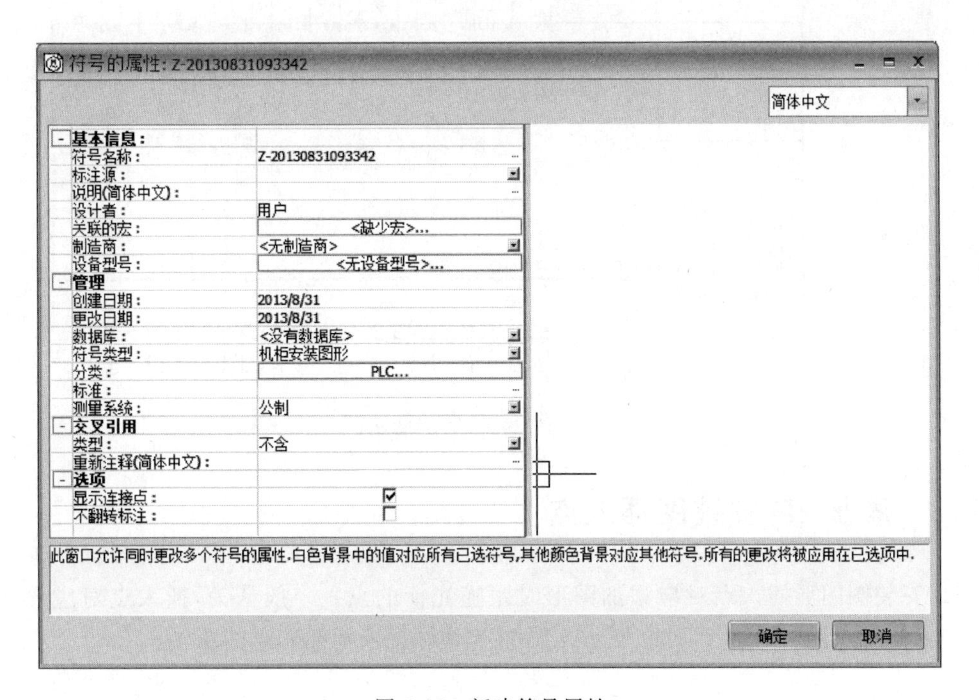

图 5-27 新建符号属性

分类。

【交叉引用】:定义交叉引用的等级(父、子、无等)。

【选项】:是否显示连接点,是否对符号方向锁定。

单击【确定】按钮后找到新建的符号,右击打开,进入符号编辑页面。

可以用绘图工具绘制新2D安装图形，也可以用导入图片的方式新建新图形，如图5-28所示。

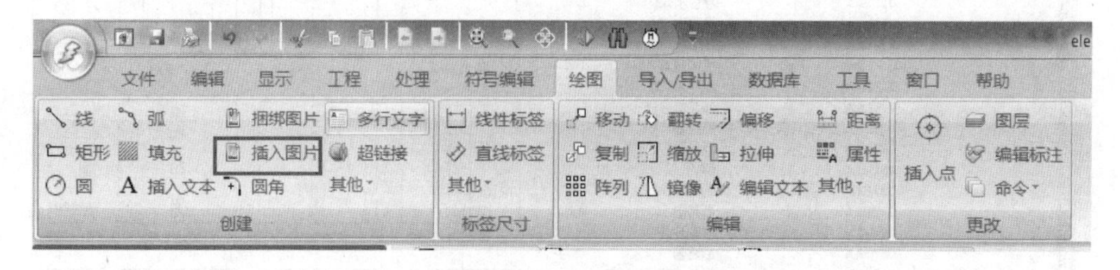

图5-28　插入图片命令

图5-29是插入图片后的PLC安装图，可通过【缩放】命令来调整图片的大小。

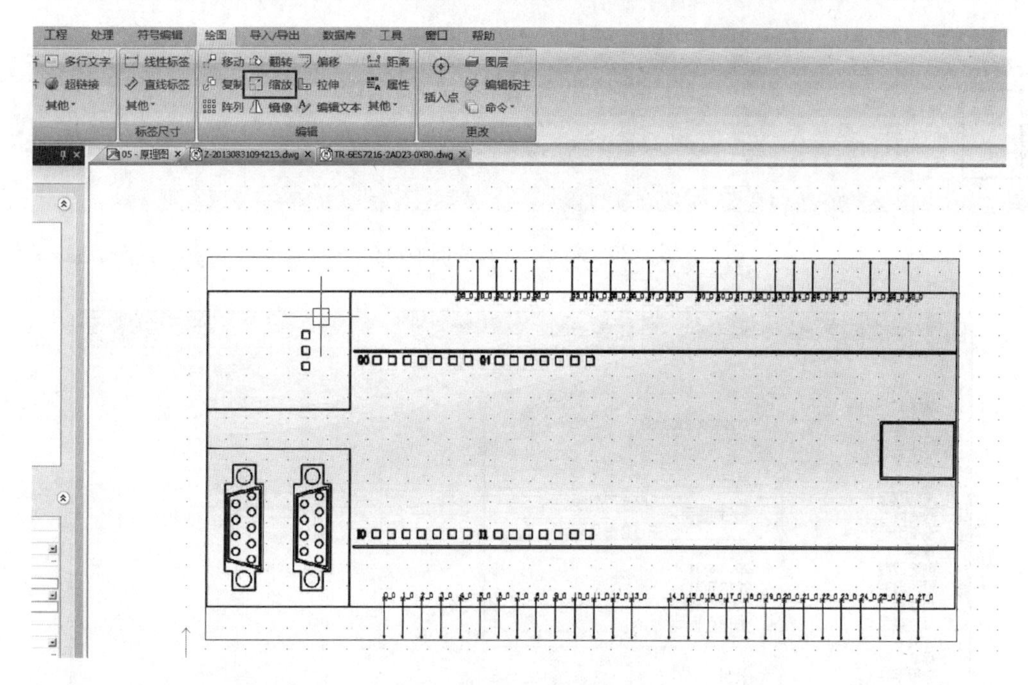

图5-29　新建2D安装图

5.2.3 添加2D安装图插入点

2D安装图图形插入点对应添加图形时跟随光标的点。一般认为，插入点对应导轨的轴，单击【插入点】按钮，如图5-30所示。图中X型标记表示插入点的位置。

5.2.4 插入2D安装图标注

安装图标注关联并显示出数据库中存储的设备标注。

插入标注命令可单击【符号编辑】菜单中的【插入标注】按钮完成，如图5-31所示。

将图5-32所示的窗口打开，列出所有可用标注，选中所需要的符号至相应位置。

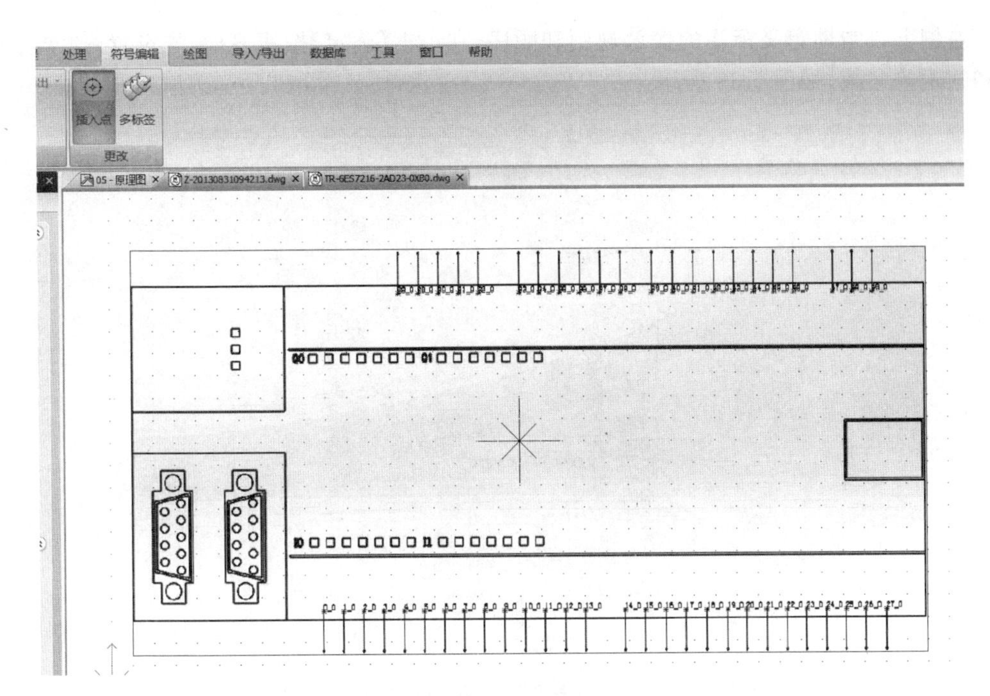

图 5-30　添加插入点

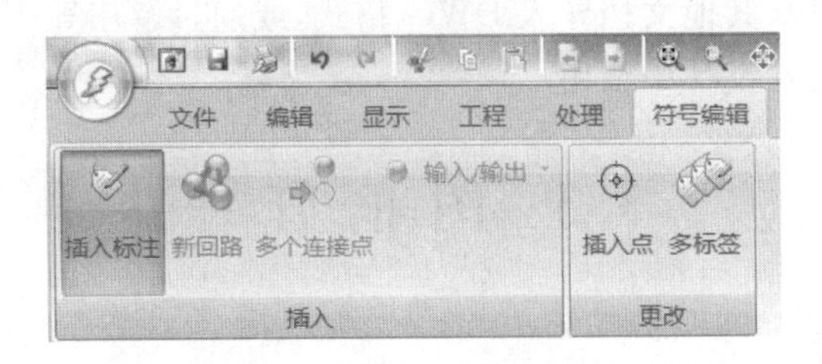

图 5-31　插入标注命令

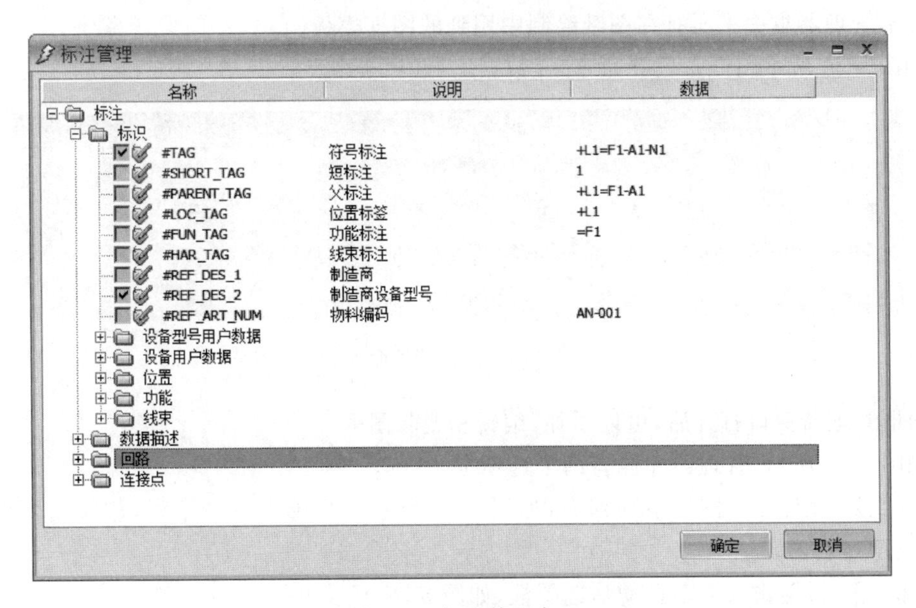

图 5-32　标注管理窗口

左侧窗口帮助定义标注的摆放规则和顺序，在单击【确定】按钮之前，先设置好变量的顺序和间距等参数，如图 5-33 所示。

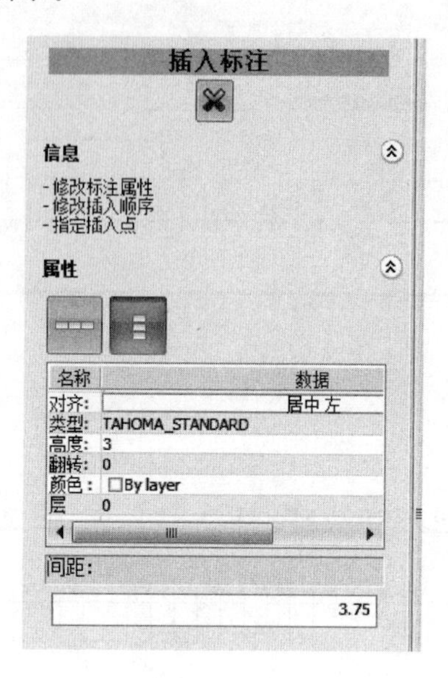

图 5-33 标注设置

符号的新建同样可从其他文档导入 DWG 格式，或通过解压导入其他已建成的数据，以上设定完成保存后就可在设计中调用。

5.3 图框管理

5.3.1 新建图框

图框管理器集中了所有在图纸绘制中用到的图框模板。

如图 5-34 所示图框管理器命令在【数据库】选项卡中。

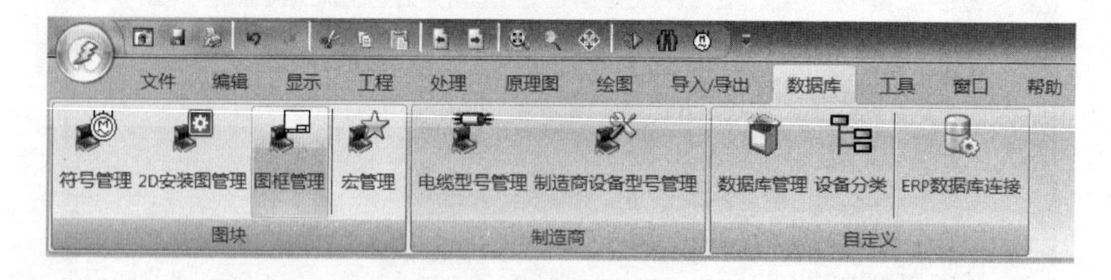

图 5-34 图框管理命令

图框管理器窗口打开后，可以添加、编辑和删除图框。

如图 5-35 所示，管理器左侧有两个选项卡。

【分类】：允许显示图框系列列表，如图 5-36 所示。当选中一个系列，相应图框将被筛选出，显示在右侧。

【筛选】：根据输入文字自动筛选图框，如图 5-37 所示。

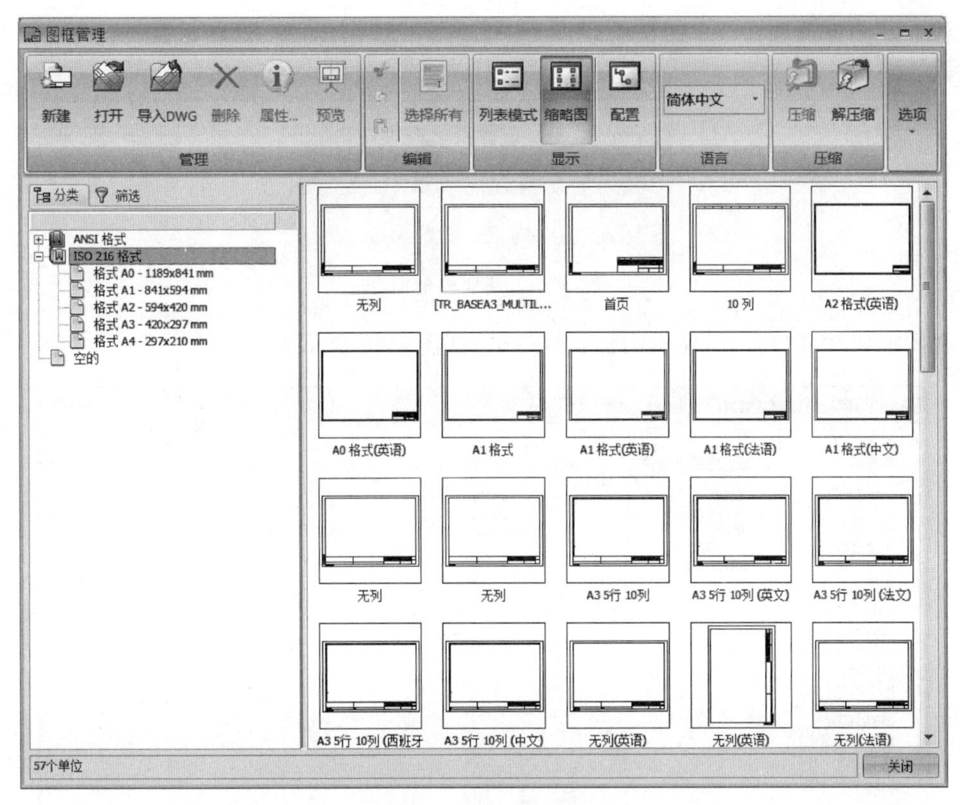

图 5-35 图框管理窗口

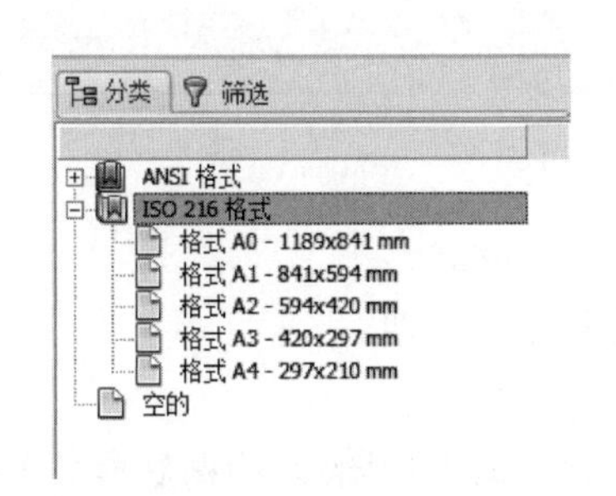

图 5-36 分类选项卡

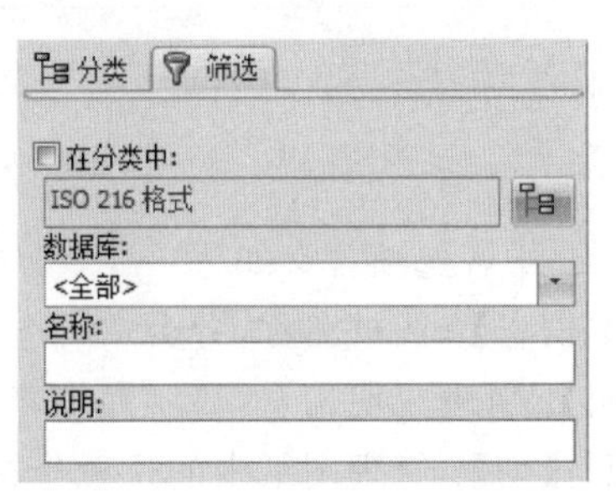

图 5-37 筛选选项卡

管理器窗口右侧显示对应的图框。

图框可以显示为【列表模式】或【缩略图模式】两种模式，如图 5-38 所示。

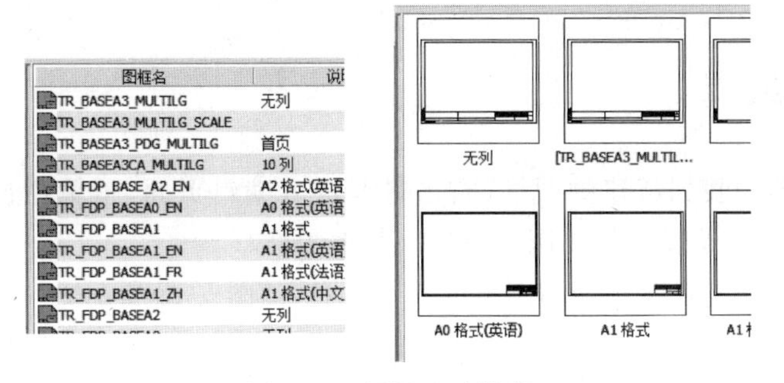

图 5-38 图框显示模式

添加新图框功能在菜单图框管理界面中，如图 5-39 所示，单击【新建】按钮。

图 5-39 新建图框命令

将图框属性窗口打开，显示图框属性参数，如图 5-40 所示。

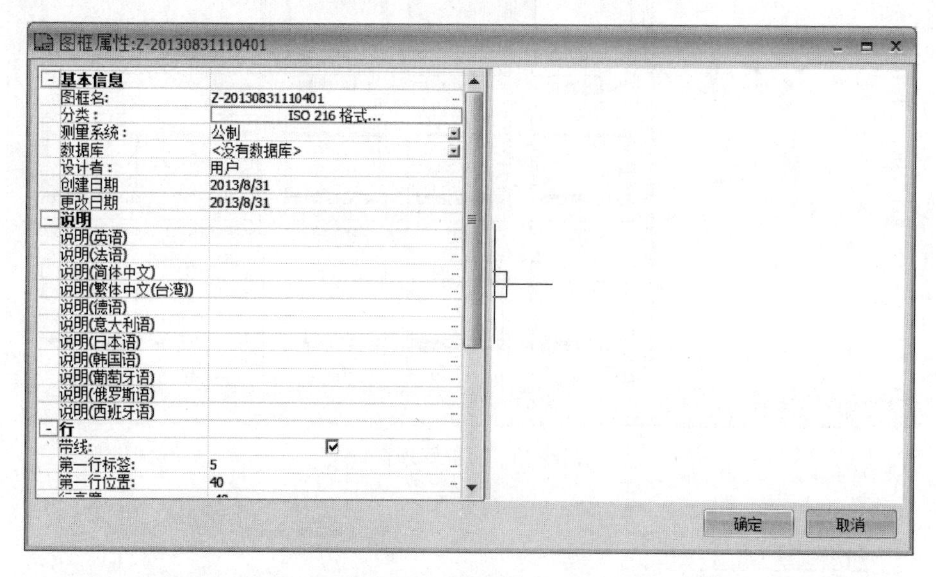

图 5-40 图框属性窗口

图 5-40 中各选项含义如下：

【基本信息】：图框名称，分类，单位，以及创建者和更改日期。

【说明】：管理说明信息，显示在缩略图下方。

【行】与【列】：管理图纸中的位置坐标信息，应用到交叉引用图形、中断转移符号等。

【选项】：交叉引用界限管理"父图表"类型的交叉引用符号的位置，比例对应到添加到图纸中符号的比例，此比例参数只用于 2D 安装布局图。

此时，只创建了图框属性参数，单击【确定】按钮后，需要在编辑器中打开此图框文件，编辑新图框。

5.3.2 图框编辑

在图框管理器中找到新建的图框，右击打开进入编辑页面，菜单栏自动调整到绘图菜单，如图 5-41 所示，在绘图中绘制图框或导入其他图框。

控制栏自动调整并显示出当前图框的参数信息，如图 5-42 所示。

图 5-41 绘图菜单栏

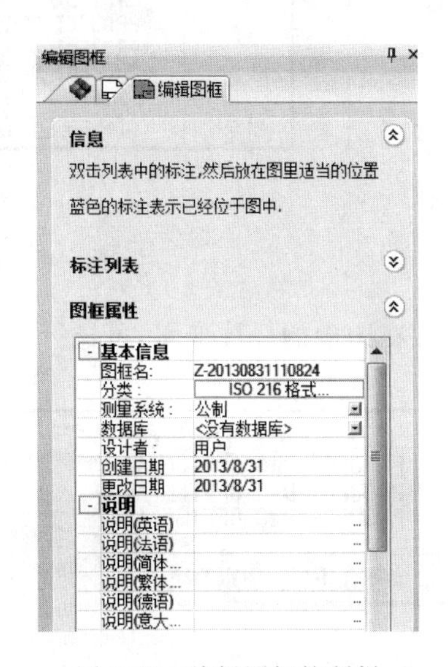

图 5-42 编辑图框控制栏

5.3.3 添加插入点

插入点对应图框的左下基准点,一般来说,为了确保数据的准确性(如交叉引用图形的位置及中断转移信息),建议将插入点定义在图框的坐标“0,0”处。新建插入点命令在【绘图】菜单中,如图 5-43 所示。

图 5-43 新建插入点

5.3.4 插入标注

图框的标注变量允许将数据库中的信息显示在图纸中,标注变量列表在控制栏中供选择,已经添加过的变量用蓝色显示,在图 5-44 中双击左键选择想要添加的项,然后在图 5-45

中单击鼠标左键将它放置在合适的位置。

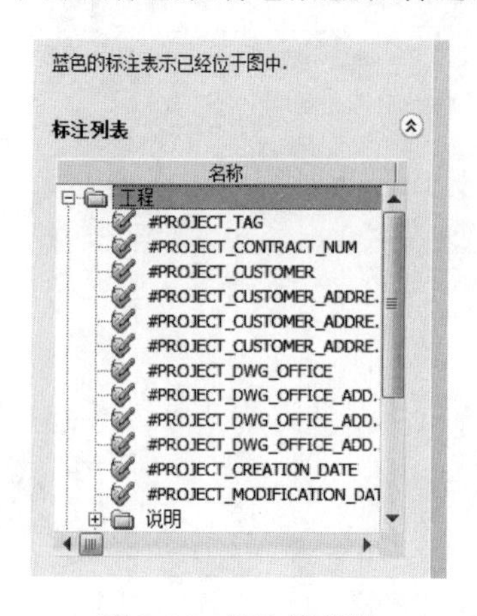

图 5-44　标注管理栏

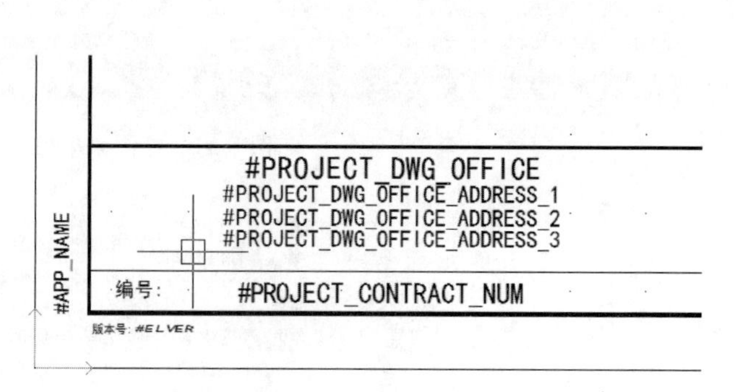

图 5-45　插入标注

如图 5-46 所示，右击已添加在图中的标注变量，可进行其他操作。

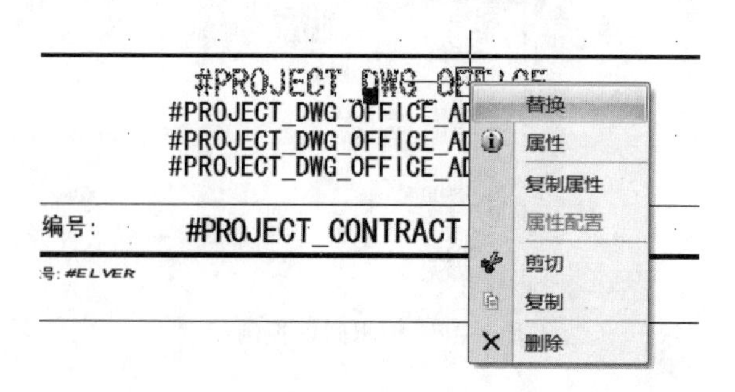

图 5-46　管理标注

关闭图纸时，图框自动保存。

5.4 电缆管理

5.4.1 添加电缆型号

电缆型号存储在唯一的数据库中，可以通过多种方式查找电缆。

电缆型号管理命令在【数据库】选项卡中的【电缆型号管理】选项中，如图 5-47 所示。

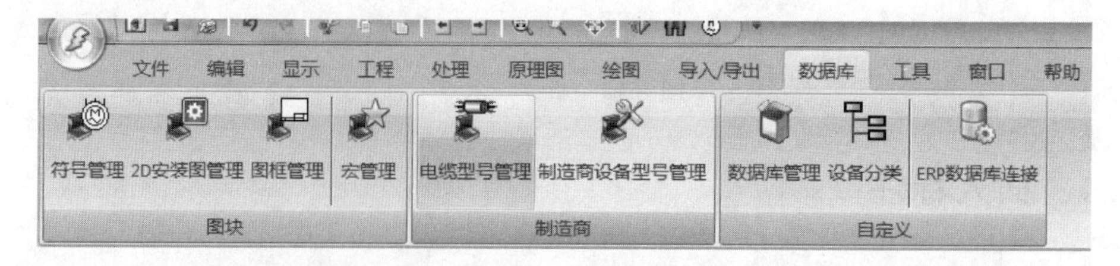

图 5-47　电缆型号管理命令

打开电缆型号管理窗口,如图 5-48 所示。

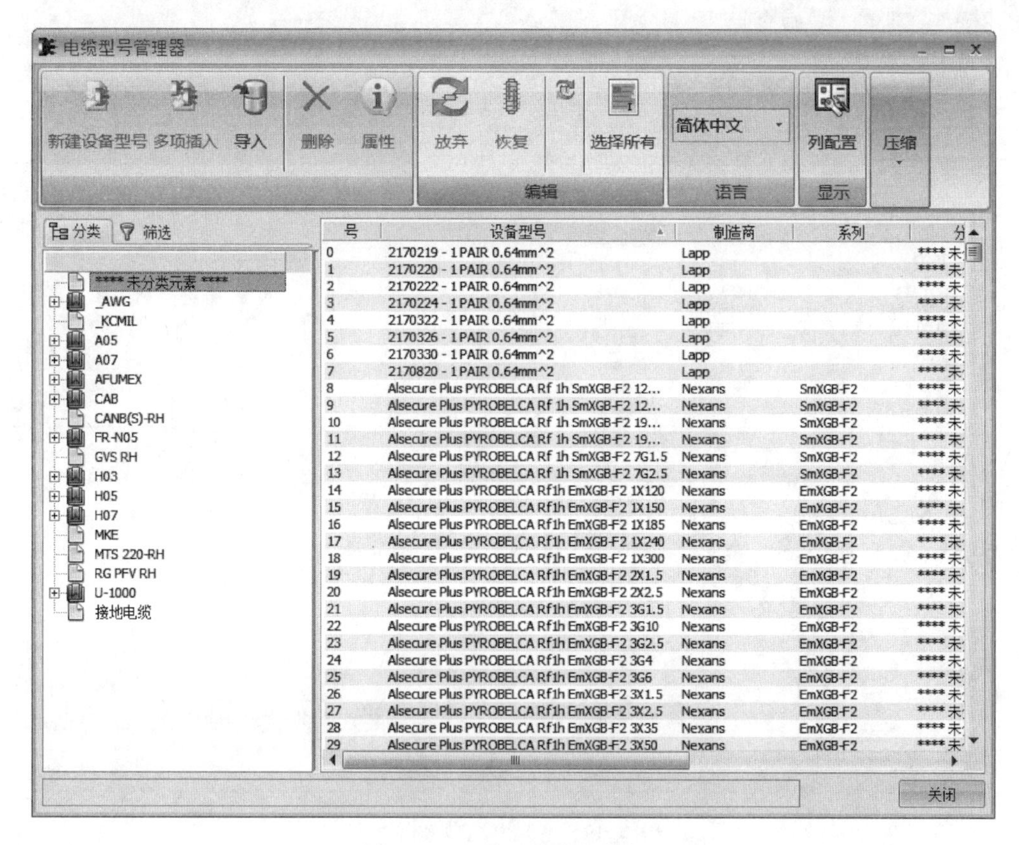

图 5-48 电缆型号管理器窗口

在该窗口左侧,【分类】选项卡显示分类列表,【筛选】选项卡根据输入查找电缆,窗口右侧显示出对应的电缆。

先在管理器窗口左侧选择相应分类,然后单击【新建设备型号】按钮。也可以选择一个电缆型号(管理器窗口右侧),当新建型号窗口弹出时,它将自动调用已选型号的参数属性,如图 5-49 所示。

图 5-49 中【电缆属性】选项的含义如下:

【设备型号】:制造商产品型号。

【制造商】:电缆制造商名称。

【分类】:电缆所处的类别,要更改分类类别,单击【分类】右边图框会弹出选择对话框。

【数据库】:选择电缆型号所保存在的数据库。

【系列】:允许选择或新建系列,便于归类电缆型号。

【标准】:电缆标准。

【创建日期】:自动生成型号首次创建的日期。

【更改日期】:自动生成最后一次修改日期。

【特性】:输入电缆的不同参数,例如电缆直径、颜色或缆芯截面积。

【接线端】:选项可定义电缆内的导线信息。

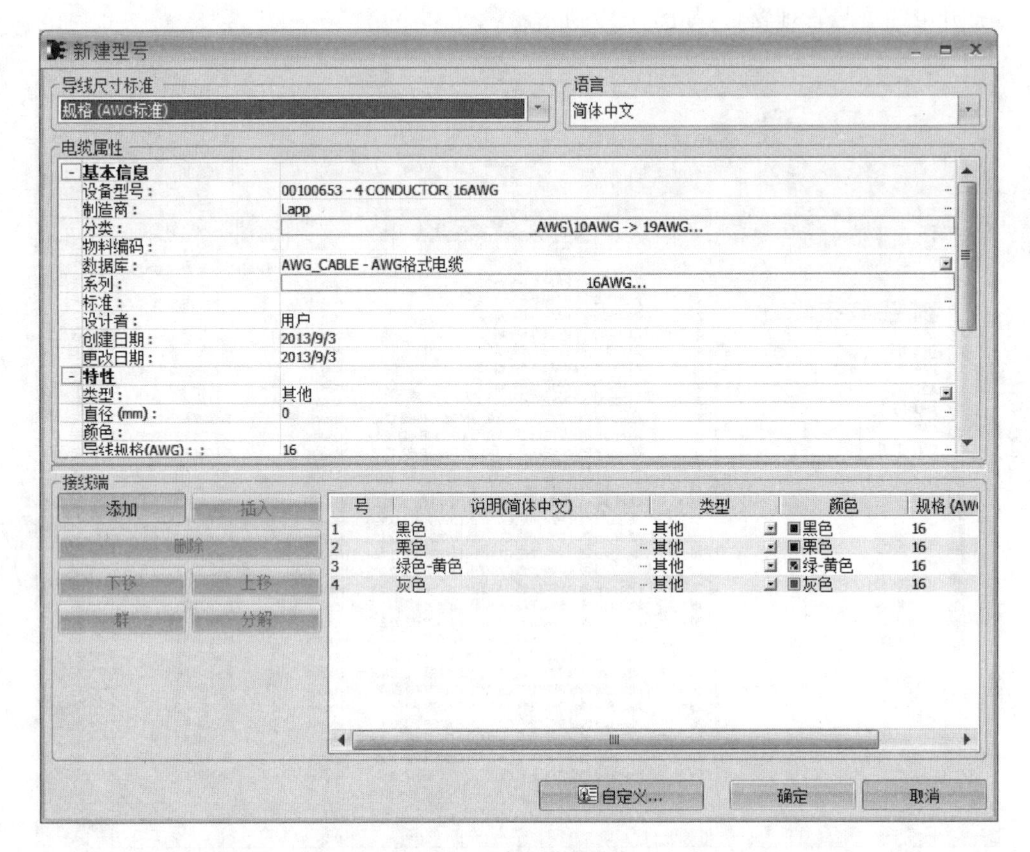

图 5-49 新建电缆型号窗口

【添加】：可在列表末端添加一个导线。

【插入】：在所选导线的上方添加一个导线。

【删除】：删除所选的导线。

【上移】/【下移】：调整导线的排列顺序。

【群】/【分解】：将所选导线分组或分解。

填入相应的参数，单击【确认】按钮即可。

5.4.2 导入电缆型号

可以在电缆型号管理器中通过导入命令导入电缆型号，如图 5-50 所示。

图 5-50 导入电缆型号命令

通过导入命令可以将外部电缆型号等数据导入到电缆数据库中，如图 5-51 所示，执行【导入】命令后导入助手打开，选择要导入的数据文件，按照提示操作即可。

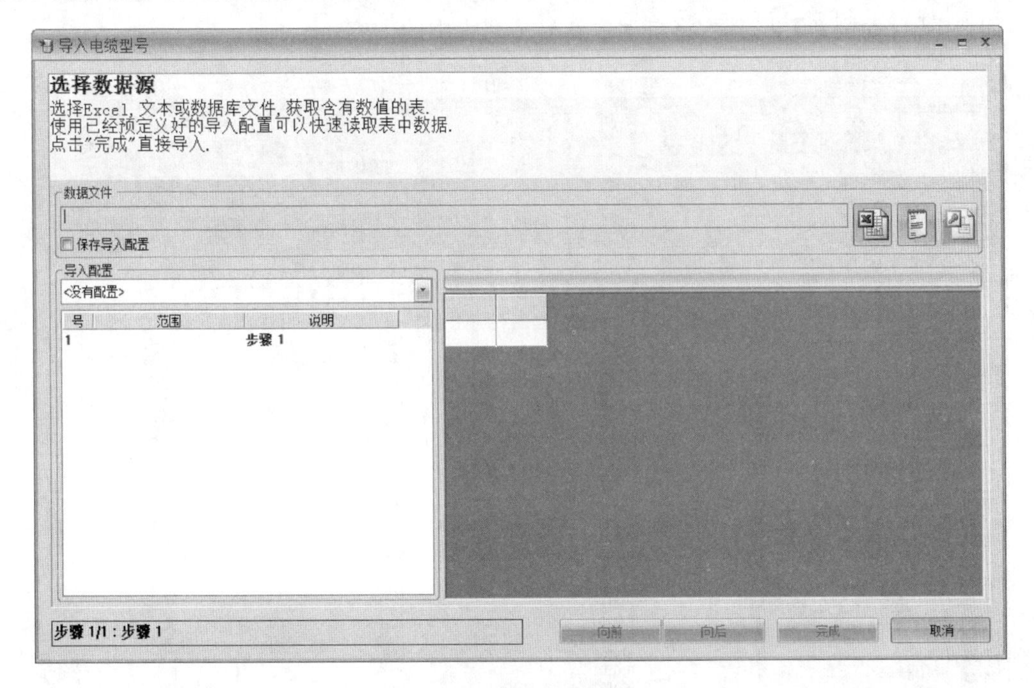

图 5-51　导入电缆型号

5.5　制造商设备型号管理

Elecworks 是一个可编辑制造商设备型号的工具，此功能通过查询，给对象匹配对应的设备型号。使用的制造商设备型号将存储在项目数据库中，用于生成设备清单报表，它也将用于元器件端子号显示，以及交叉引用的更新。

5.5.1　打开制造商设备管理器

制造商设备型号存储于唯一的数据库中，可按分类或不同的标准查找到。制造商设备型号管理命令在【数据库】选项卡的【制造商设备型号管理】选项中，如图 5-52 所示。

图 5-52　制造商设备型号管理命令

单击该按钮，打开制造商设备型号管理窗口，如图 5-53 所示。窗口左侧【分类】选项卡显示分类信息，【筛选】选项卡允许查找设备型号。窗口右侧显示所选分类中的设备型号列表，如选中【自动刷新】复选框，将自动更新显示列表中的内容。

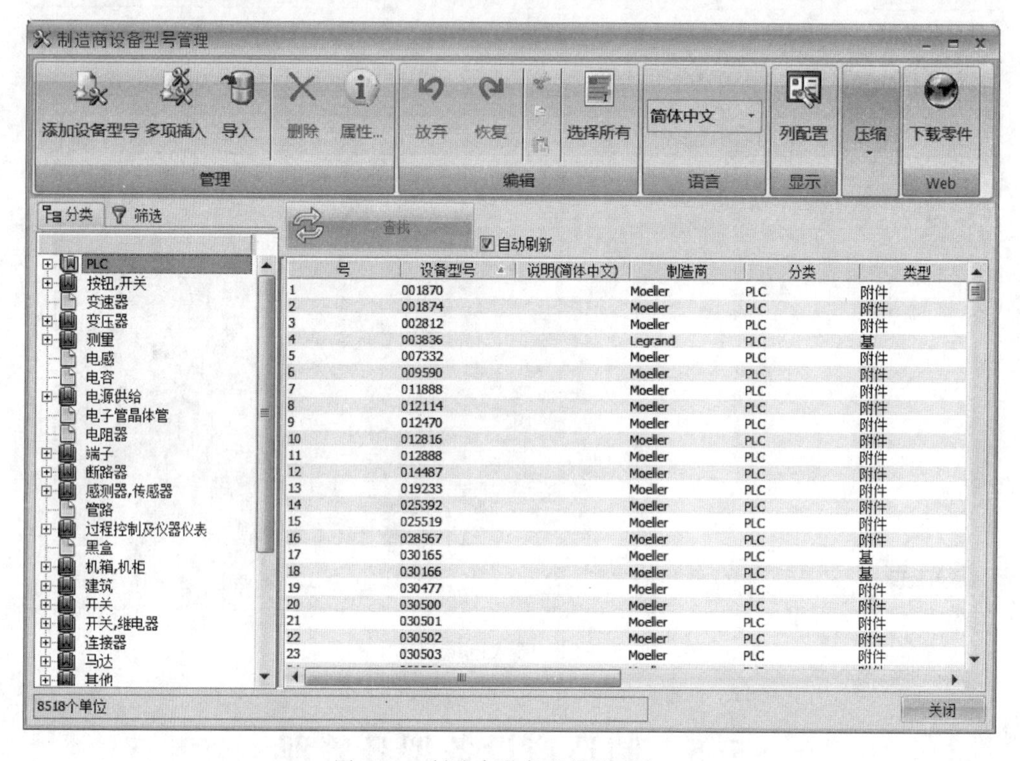

图 5-53　制造商设备型号管理窗口

5.5.2　添加设备型号

选择一个与欲新建的设备型号类似的设备型号，然后单击图 5-53 中的功能按钮【添加设备型号】弹出图 5-54 所示的窗口。

图 5-54 中设备型号的【基本信息】选项含义如下：

【设备型号】：来自制造商的产品设备型号号码。

【制造商】：元器件制造商或品牌名称。

【分类】：标识设备所属类别。要修改分类，单击【分类】右边图框会弹出选择对话框。

【类型】：有 3 种类型标准存在。

【基类型设备型号】：包含图纸中表示设备的端子号等信息，例如：断路器。

【辅助类型设备型号】：包含图纸中“基”类型的补充信息，例如：辅助触点。

【附件类型设备型号】：不包含图纸中表示设备的信息，但包含“基”或“辅助”类型设备型号的补充信息，例如：产品标牌。

【说明】：元器件注释说明。

【商业设备型号】：表示商业设备型号，可以输入内部设备型号，例如产品系列。

【创建日期】：表示设备型号的创建日期。

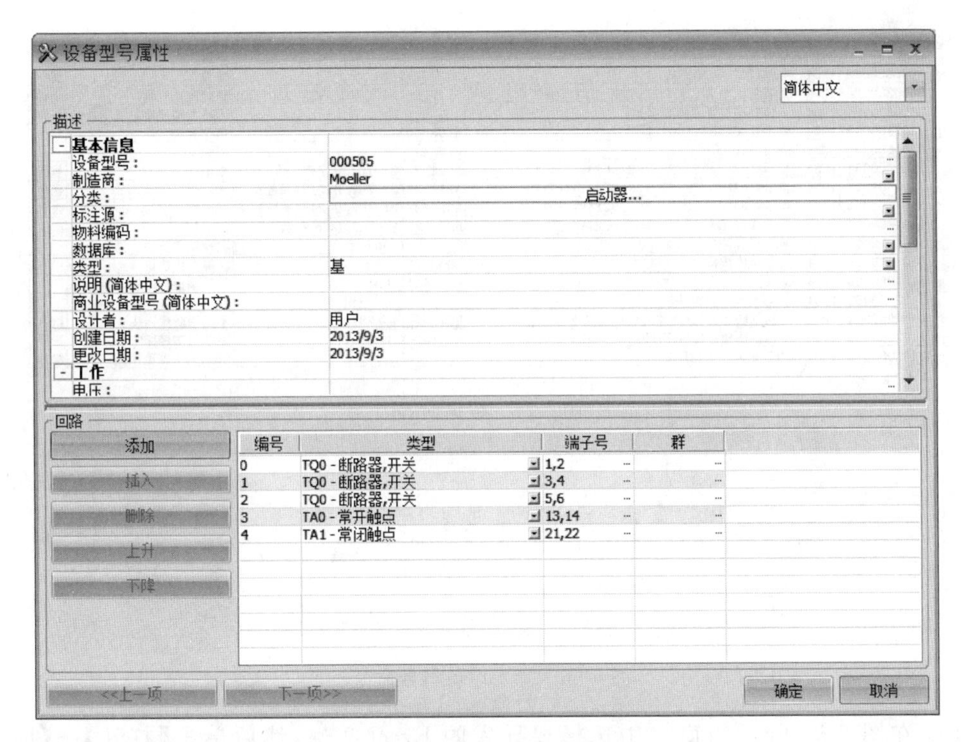

图 5-54　新建设备型号窗口

【更改日期】：表示符号最后一次更改的日期。

设备型号的【工作】选项含义如下：

【电压】：表示设备工作电压。

【频率】：表示设备的使用频率。

【图示】：将制造商设备型号与符号关联(原理图符号、方框图符号、2D 或 3D 安装图符号或接线图符号)。单击【……】按钮选取符号或零件。

【尺寸】：表示实际比例的设备尺寸 X、Y、Z 大小。

【数据】：设备的特殊数据，此信息可显示在引用此设备型号的符号旁边。

填入需要修改的参数，单击【确定】按钮即可。尽管窗口内容显示的是选择的设备型号，但是它们是作为新建设备型号存在的。

5.5.3　导入设备型号

可以在制造商设备型号管理器中通过【导入】命令导入设备型号。

(1) 准备 Excel 格式数据表

数据的内容按分类放在不同的页面，内容主要包括：基准(编号)、说明(型号/名称)、制造商等数据、名称、型号等，如图 5-55 所示。

(2) 数据导入

在图 5-53 所示制造商设备型号管理窗口中单击【导入】按钮，进入批量导入框，如图 5-56 所示。

	A	B	C	D	E	F
1	基准	制造商	说明	型号	名称	
2	3000300043	1234	电缆&3X2.5CVV/DA	3X2.5CVV/DA	电缆	组件
3	3000300220	1234	铠装防火电缆&CYJP096/NSC 3X2.5MM2 0.6/1KV	CYJP096/NSC 3X2.5MM2 0.6/1KV	铠装防火电缆	组件
4	3100250005	1234	卡特发动机紧急停车按钮&		卡特发动机紧急停车按钮	组件
5	3101400014	1234	钮子开关&KN6A-402	KN6A-402	钮子开关	组件
6	3101600290	1234	固定器&EW35	EW35	固定器	
7	3101800051	1234	指示灯&AD11-22/21-7GZ,DC24V	AD11-22/21-7GZ,DC24V	指示灯	组件
8	3101800052	1234	指示灯&AD11-22/21-7GZ,DC24V(绿色)	AD11-22/21-7GZ,DC24V(绿色)	指示灯	组件
9	3101800053	1234	指示灯&AD11-22/21-7GZ,DC24V(黄色)	AD11-22/21-7GZ,DC24V(黄色)	指示灯	组件
10	3101800054	1234	指示灯&AD11-22/21-7GZ,DC24V(蓝色)	AD11-22/21-7GZ,DC24V(蓝色)	指示灯	组件
11	3101900002	1234	防爆钥匙开关&8003/111-008-2	8003/111-008-2	防爆钥匙开关	
12	3101900105	1234	防爆急停按钮&8003/111-010	8003/111-010	防爆急停按钮	
13	3101900106	1234	防爆按钮（标贴：绿色）&8003/111-001	8003/111-001	防爆按钮(标贴：绿色)	
14	3102000062	1234	20芯无火花型插头&		20芯无火花型插头	
15	3102000064	1234	不锈钢防爆插头&BCXT51-X16/23X	BCXT51-X16/23X	不锈钢防爆插头	组件
16	3102000065	1234	不锈钢防爆插座&BCXT51-X16/13X	BCXT51-X16/13X	不锈钢防爆插座	组件
17	3102000073	1234	20芯无火花型插座&		20芯无火花型插座	组件

图 5-55 数据内容

图 5-56 导入设备型号命令

(3) 在图 5-57 所示的窗口中选择要导入的 Excel 文件，然后单击【打开】→【向后】按钮。

图 5-57 导入 Excel 数据表

(4) 设置标题栏数

选择 Excel 数据的标题栏数，没有标题输入“0”，然后单击【向后】按钮，如图 5-58 所示。

图 5-58　设置标题栏数

(5) 数据关联

将统计的数据类型与数据库分类关联，只需将左侧说明里的数据用鼠标左键分别拖至表格对应数据标题栏上，分别关联基准、说明、制造商等信息，然后单击【向后】按钮，如图 5-59 所示。

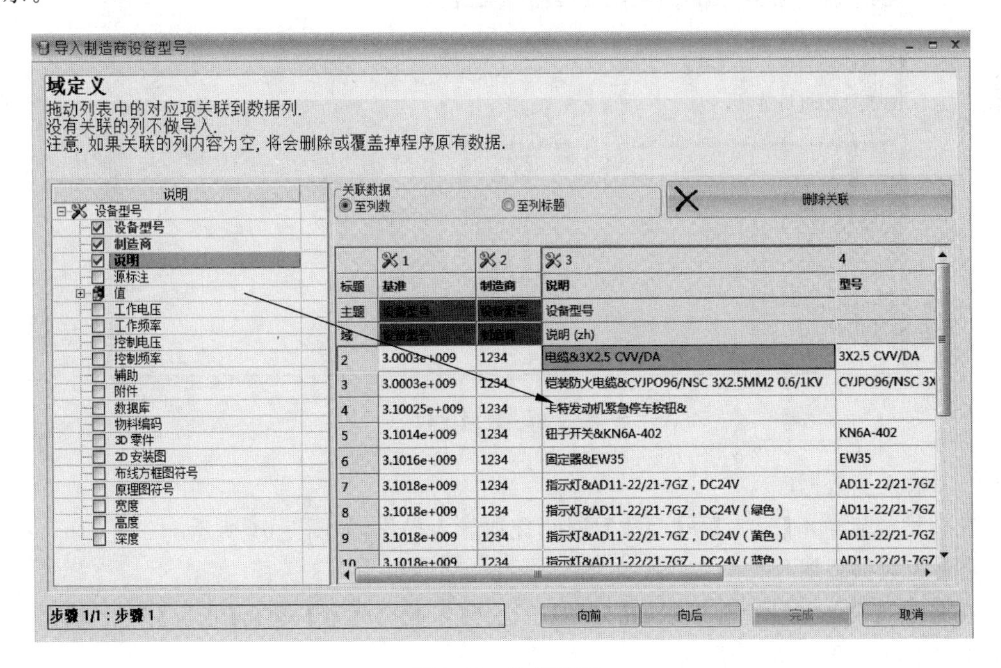

图 5-59　数据关联

(6) 数据比较

单击图 5-60 中的【比较】按钮，将当前添加的数据与库中已有的数据进行比较，防止重复。其中在比较结束后的文本中提示比较结果。

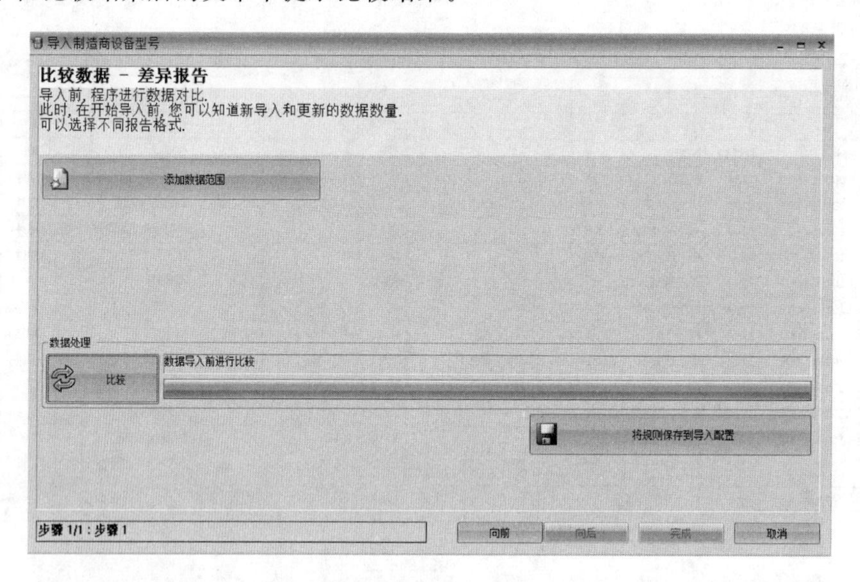

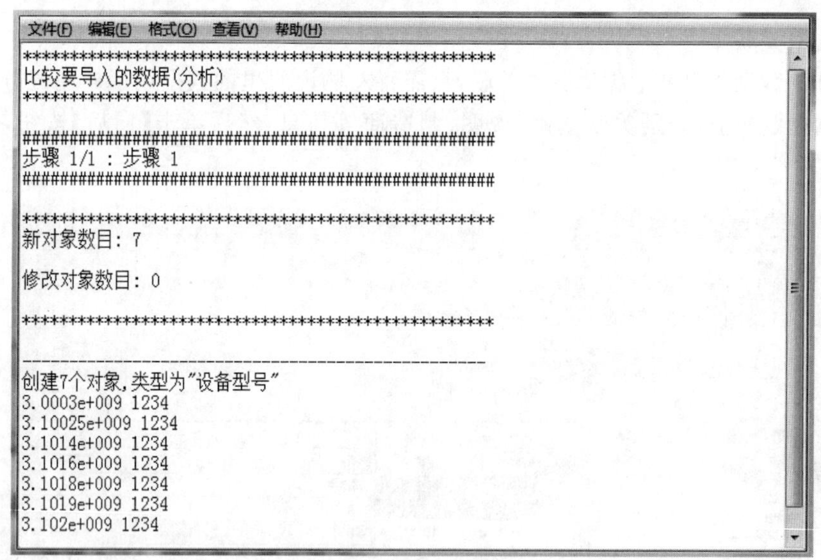

图 5-60 数据比较

(7) 输入至数据库

比较结束后单击【导入】→【完成】按钮，完成导入操作，如图 5-61 所示。

(8) 为数据添加分类

在制造商设备型号管理框中的【分类】中选择【未分类元素】，单击【查找】按钮，根据导入的制造商找到新导入的数据，如图 5-62 所示。

全选新导入的数据，在右键菜单中选择【属性】选项，在打开的属性框中批量更改导入的元件所属分类，如图 5-63 所示。单击【确定】按钮，完成数据导入。

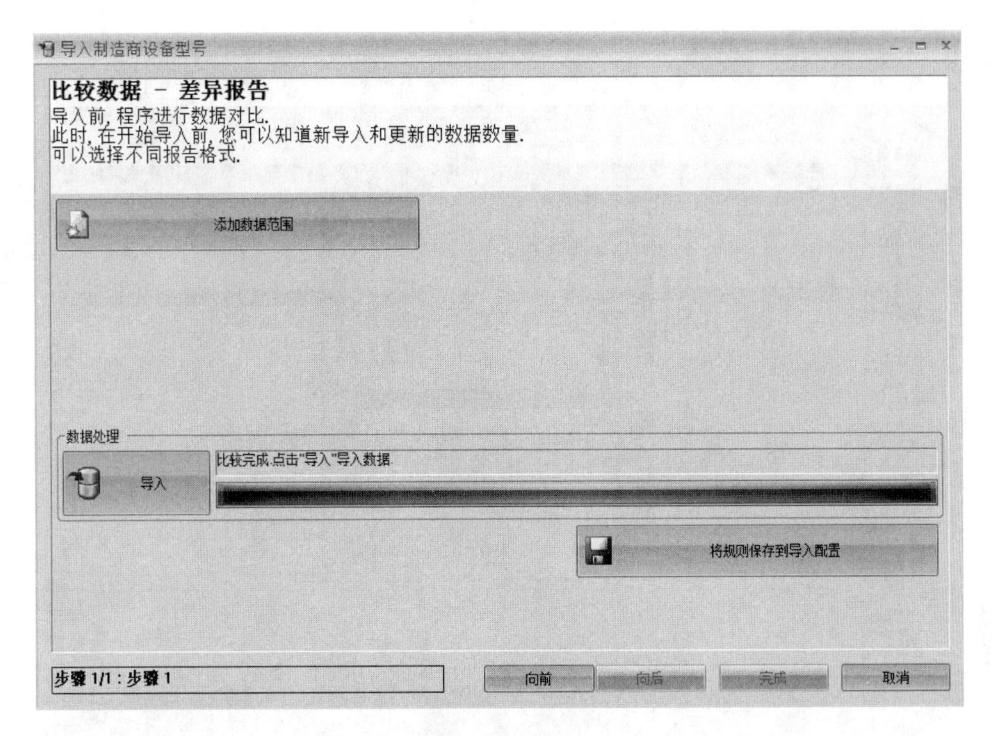

图 5-61　导入操作

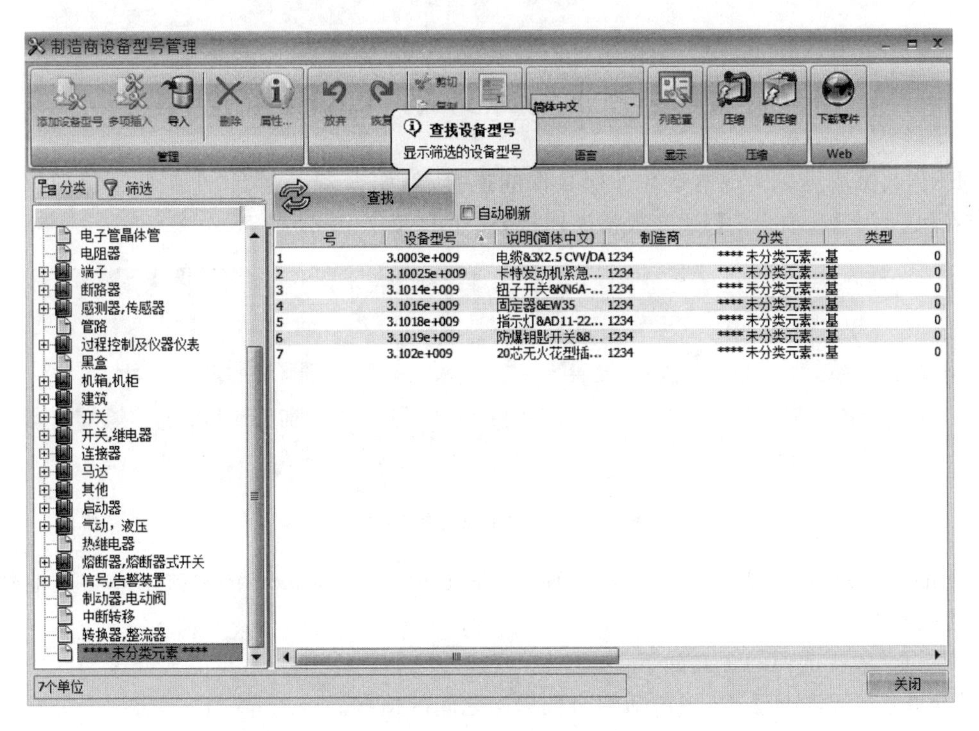

图 5-62　查找新导入的数据

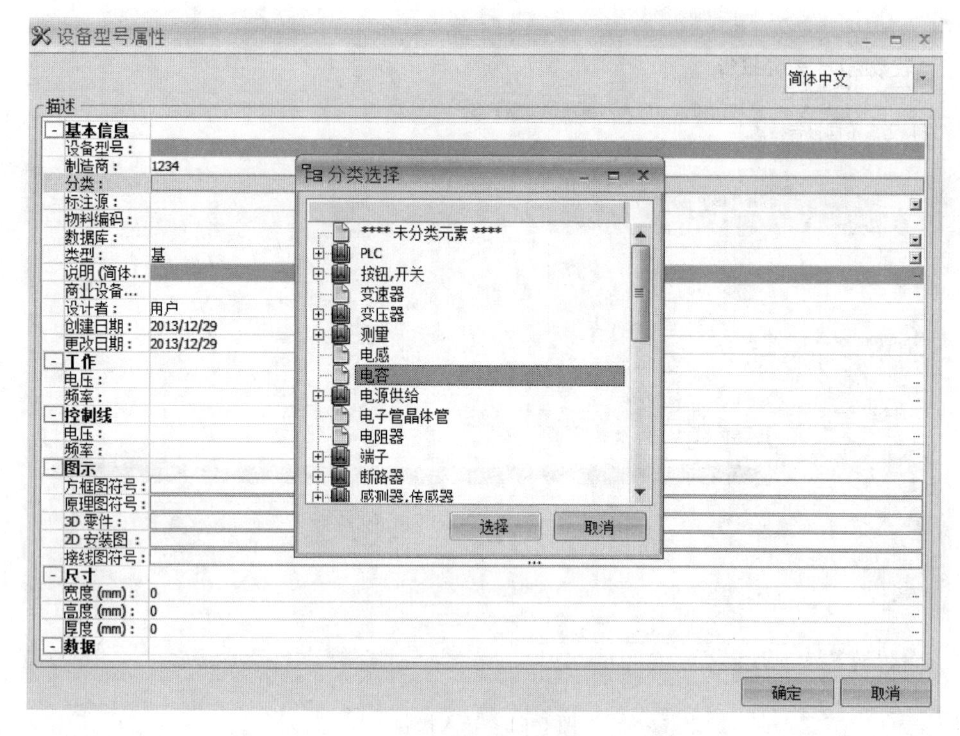

图 5-63 数据分类

5.6 连接企业资源计划(ERP)数据库

ERP 数据库可以实现本地与外部数据的连接，例如设备库存、制造商目录等数据。此命令在【数据库】选项卡的【ERP 数据库连接】选项中，如图 5-64 所示。

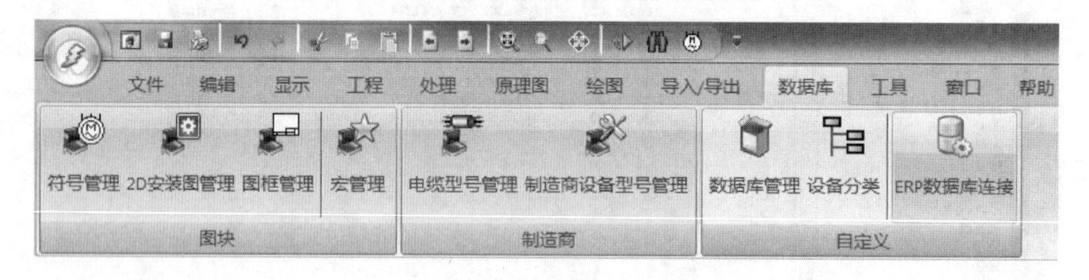

图 5-64 ERP 数据库连接命令

单击此按钮，打开如图 5-65 所示的窗口，在此可以设置 Elecworks 数据库与其他数据库的连接参数。

图 5-65 中各选项的含义如下：

【允许连接数据库】：选中激活两个数据库之间的连接。

【自定义数据库】：可以选择连接 Elecworks 提供的数据库或者外部数据库。

【数据库连接】：定义与 ERP 数据库的连接参数。

【数据库类型】：选择数据库类型(Access 或 SQL Server)。

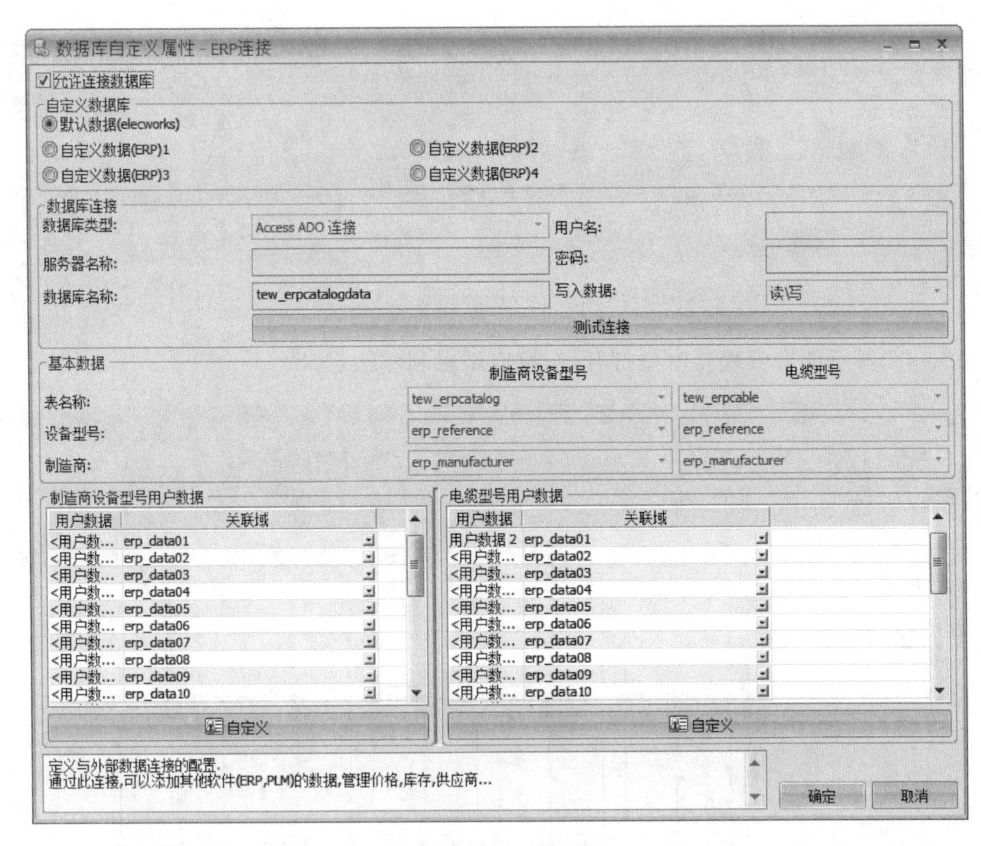

图 5-65　ERP 数据库窗口

【服务器名称】：SQL Server 数据库服务器名称。

【用户名】：连接 SQL Server 数据库的用户名。

【密码】：连接 SQL Server 数据库的密码。

【写入数据】：ERP 数据库模式。“只读”模式时，数据将不写入 ERP 数据中。

【测试连接】：测试两个数据库间的连接。

【表名称】：包含 ERP 数据的表名称。

【基本数据】：管理不同工作台和域的数据库。

【设备型号】：包含“设备型号”的 ERP 数据域。

【制造商】：包含“制造商”的 ERP 数据域。

【制造商/电缆型号用户数据】：定义 ERP 数据域与制造商/电缆型号中用户数据信息的连接。

【自定义】：此按钮将打开制造商/电缆设备型号用户数据管理窗口。

5.7　宏　管　理

Elecworks 采用数据库来存储特殊原理图模块，称做“宏”。宏存储在宏管理器中，允许在工程中调用。如图 5-66 所示，在【数据库】选项卡中单击【宏管理】按钮可打开宏管理器。

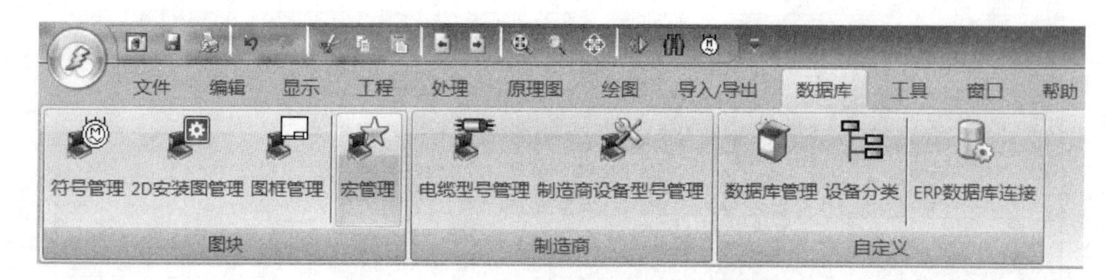

图 5-66　宏管理命令

图 5-67 所示的宏管理器窗口打开后，可以编辑和删除宏。

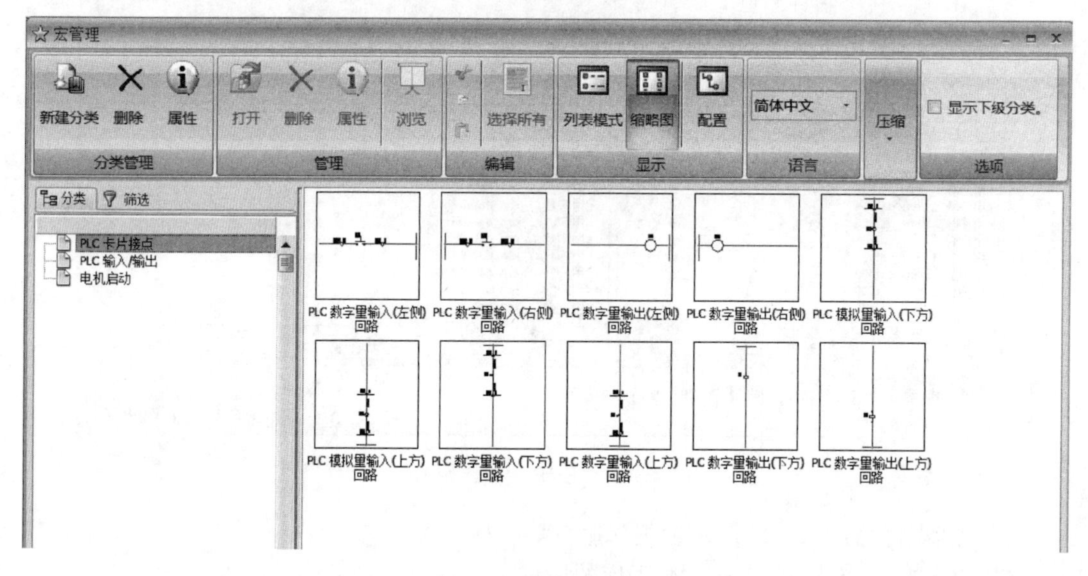

图 5-67　宏管理器窗口

宏可以显示为【列表模式】或【缩略图模式】。根据在左侧列表中的选择，管理器窗口右侧显示对应的宏文件。

图 5-67 中【分类管理】栏选项的含义如下：

【新建分类】：创建新的宏分组类别。

【删除】：删除宏分组类别(组中内容应为空)。

【属性】：编辑分组属性，例如重命名。

图 5-67 中管理栏选项的含义如下：

【打开】：单击打开后，宏将显示在工程图纸列表中。为了与工程区分，宏文件用星形表示，双击宏文件中的图纸打开宏文件，如图 5-68 所示。

【删除】：删除宏。

【属性】：显示宏属性。

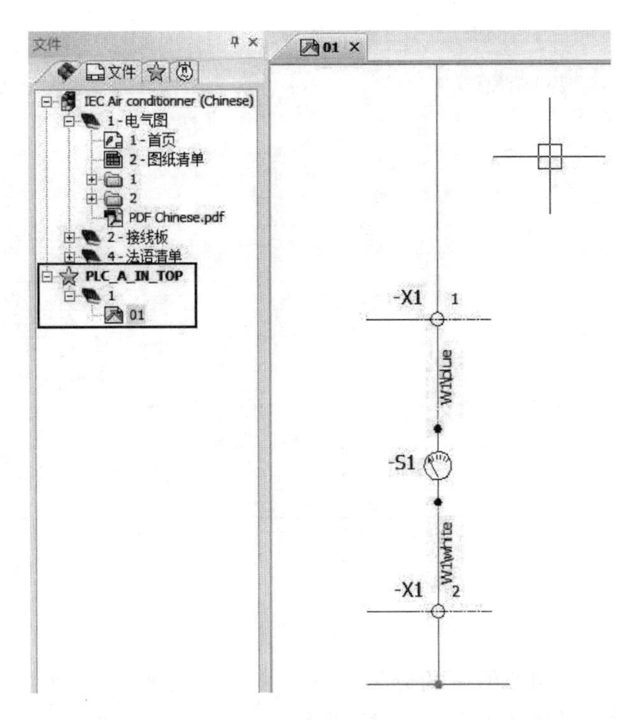

图 5-68 打开宏文件

5.8 设备分类

为方便查找制造商设备型号或符号，根据设备类型，设备被划分为不同类别。【设备分类】命令在【数据库】选项卡中，如图 5-69 所示。

图 5-69 设备分类命令

单击【设备分类】按钮，打开如图 5-70 所示的窗口。

图 5-70 中各选项的含义如下。

【源】：定义调用符号时所自动分配的标识符，此处定义默认的值，可在编辑符号时手动修改。

【3D 零件】：定义默认关联的 3D 零件文件，在 SolidWorks 中的 3D 机柜布局时自动调用。

【2D 安装图】：用作在做 2D 机柜布局图时设备分类所默认关联的 2D 图形。

【接线图】：用作在插入接线图时默认关联的图形。

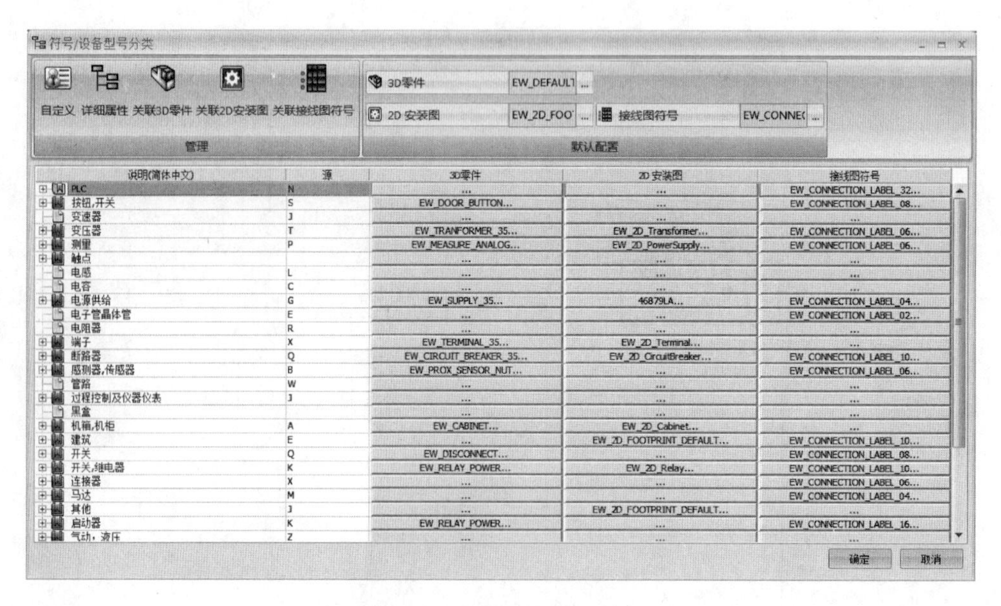

图 5-70 设备型号分类窗口

【详细属性】：此命令用作给所选分类关联多个回路类型（在创建符号或制造商设备型号的时候会用到这些回路类型），如图 5-71 所示。

图 5-71 【详细属性】窗口

窗口左侧显示回路类型列表，勾选想要关联到当前分类的回路。窗口右侧显示当前分类设备的参数，选择要使用的参数。

第6章

布线方框图

布线方框图是一个简化的图示，但是却可以完整地体现工程的安装布线图。布线方框图可以在没有绘制具体原理图的情况下对布线列表进行管理，可创建用于表达各位置、端子排、设备之间(电缆)相互连接关系的图纸。整个工程中的电缆在电缆管理器中显示，包含多种电缆型号的电缆目录，并允许创建自己的电缆型号。布线方框图可为后期的原理图预设电缆各端子的接线状况。

6.1 布线方框图的创建

首先创建一个名为“培训”的工程模板(可参考 4.1 节)，然后开始布线方框图的创建。布线方框图的创建有如下两种方法：

方法一：右击文件集，在弹出的快捷菜单中选择【新建】→【布线方框图】命令，如图 6-1(a)所示。

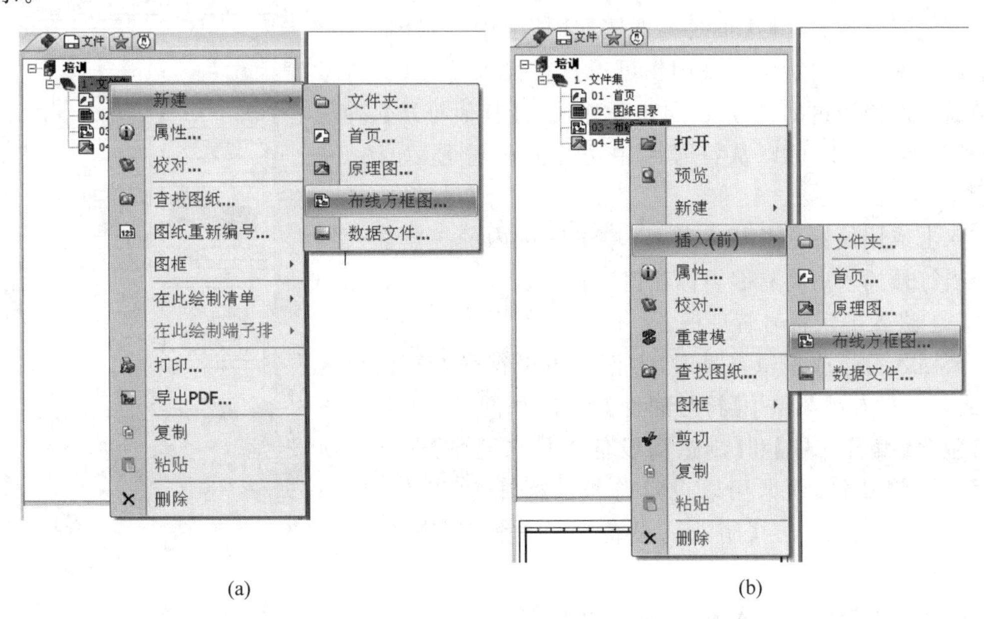

(a) (b)

图 6-1 新建布线方框图的菜单命令

方法二：右击文件集，在弹出的快捷菜单中选择【插入(前)】→【布线方框图】命令，如图 6-1(b)所示。

新创建的图纸将自动添加在执行操作的文件集或文件夹中，图纸也将自动打开。

6.2 布线方框图图框选择

布线方框图图框选择，可参看 4.4 节。

6.3 绘制符号

打开布线方框图模板进入布线方框图设计模式，其菜单如图 6-2 所示。

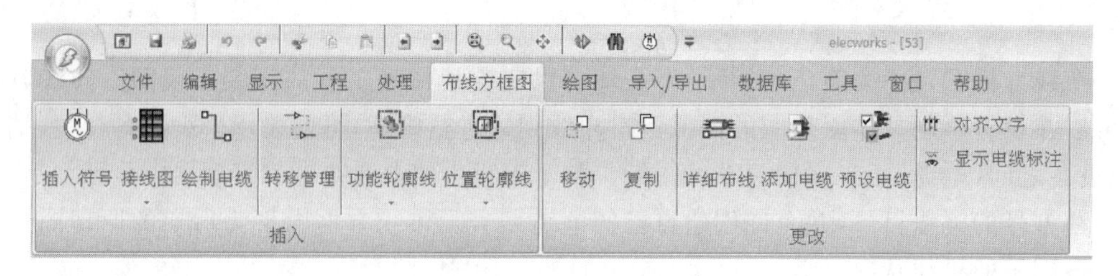

图 6-2　布线方框图菜单

6.3.1 插入符号

(1) 插入符号有两种方法。

方法一：通过侧方符号栏。当方框图图纸打开时，在符号框中即显示方框图符号，如图 6-3 所示。

方法二：在工具栏【布线方框图】选项卡中选择【插入符号】按钮，如图 6-4 所示。该操作可以直接插入符号(此符号为最后一次使用过的符号)。单击功能按钮【其他符号】，弹出【符号选择】窗口，可以从符号库中选择其他符号，如图 6-5 所示。

双击或用鼠标拖放插入符号，单击图纸内的一点插入符号。当符号插入后将有编辑标注窗口打开。

(2) 进入编辑符号管理框。

当插入符号或编辑符号时，方框图编辑符号管理窗口打开，或者通过右键菜单中【符号属性】打开，如图 6-6 所示。该窗口包含【编辑符号】和【制造商设备型号与回路】两个选项卡，【编辑符号】选项卡用以设定符号的标注方式、位置、功能、额定电流等参数。【制造商设备型号与回路】的功能见 6.3.2 节。

在布线方框图中加入表 6-1 所列出的符号。

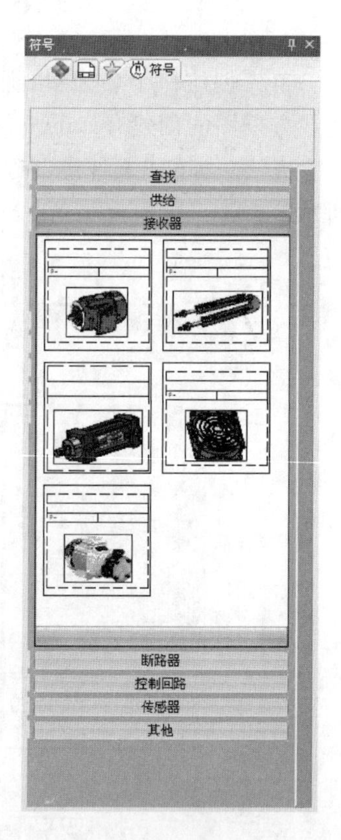

图 6-3　侧方符号栏

图 6-4　插入符号按钮

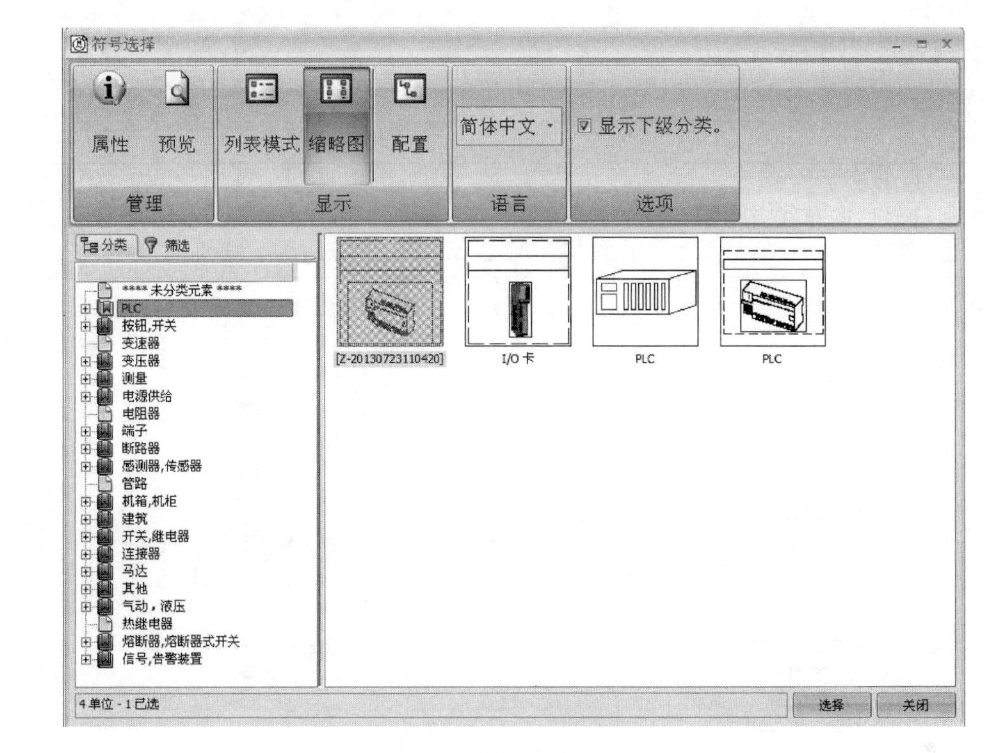

图 6-5　【符号选择】窗口

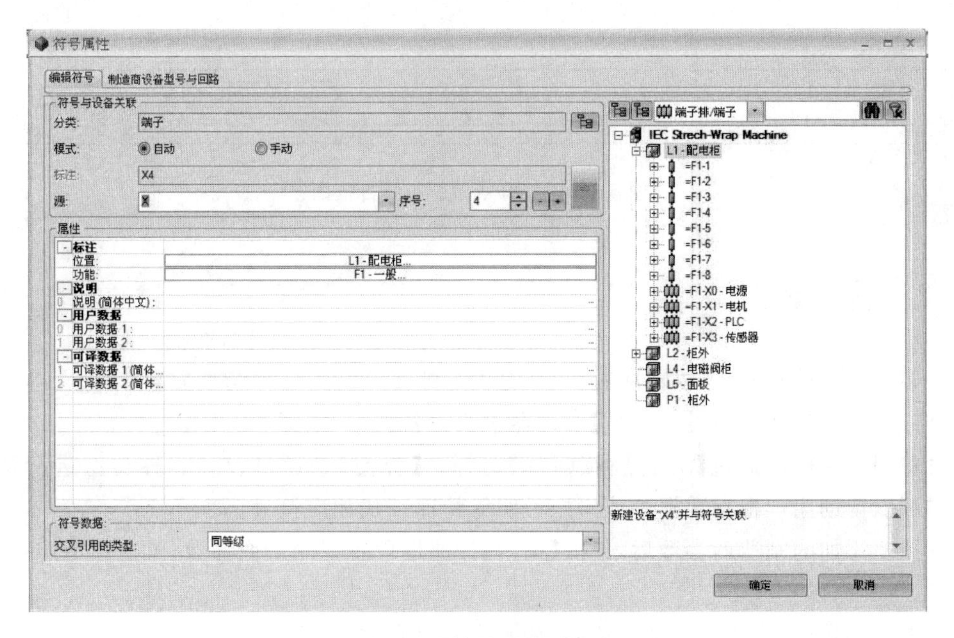

图 6-6　【符号属性】窗口

表 6-1 添加方框图符号表

符号名称	标注
端子排	XM1
端子排	XA1
端子排	XA2
端子排	XP1
电机	M1
电机	M2

添加符号后的布线方框图如图 6-7 所示。

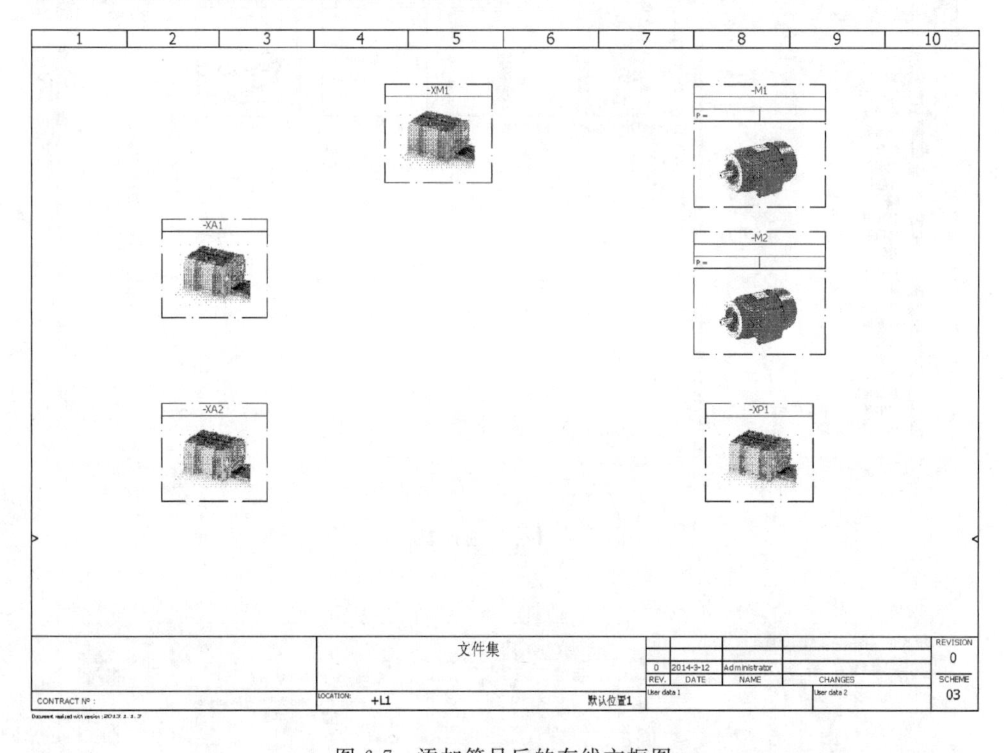

图 6-7 添加符号后的布线方框图

6.3.2 符号选型

在如图 6-6 所示的【符号属性】窗口中选择【制造商设备型号与回路】选项卡，单击【查找】按钮进入【选择制造商设备型号】管理器进行设备选型，如图 6-8 所示。

设备制造商可以通过【分类】和【筛选】选择。【分类】是通过设备名称类型进行选型。【筛选】可以帮助用户根据数据库、名称、说明等快速查找相应符号。

选择要添加的制造商参数后，单击【确定】按钮即设置好制造商参数，可在预览中查看器件信息。

根据上述操作，为符号添加制造商，如表 6-2 所示。

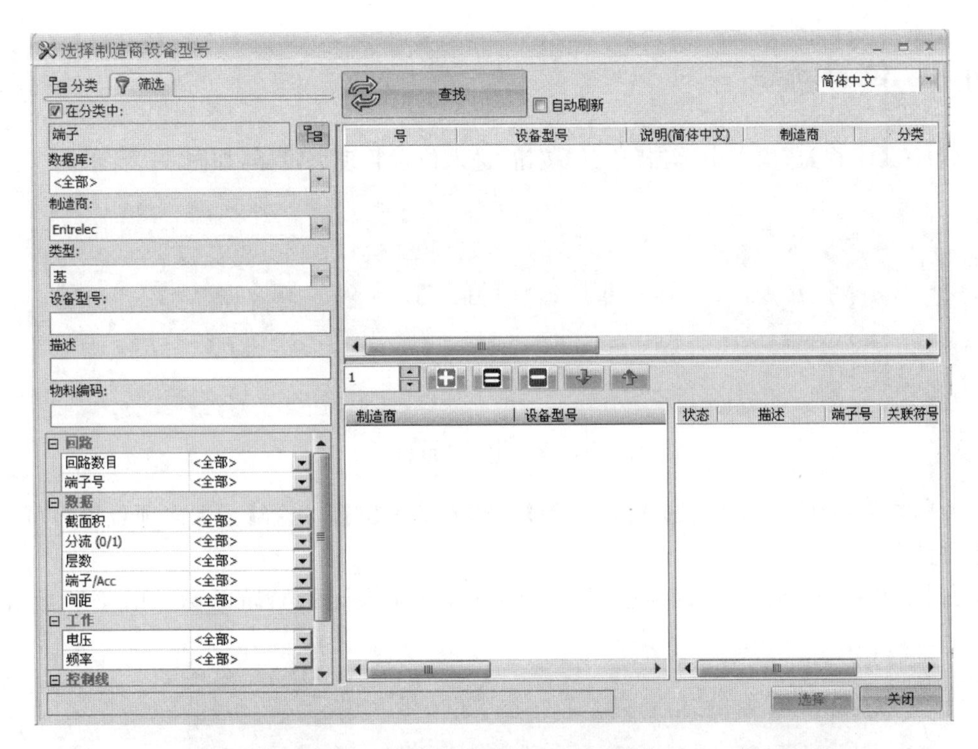

图 6-8 【选择制造商设备型号】管理器

表 6-2 添加符号制造商型号

符号名称	制造商	设备型号
端子排 XM1	Wago	272-102
端子排 XA1	Wago	264-157
端子排 XA2	Wago	260-156
端子排 XP1	Wago	260-156

6.4 位置/功能管理

【位置】：位置用于定义设备所在位置，位置之间一般是通过电缆线相互连接，每个电气元件（设备、接线板、PLC 等）都属于某一位置。绘图时，可以按位置划分电气元件，从而得到某一位置中所有元件的列表。每一个图纸都与一个位置相连，当在图纸中放置符号时，它将自动与此位置相关联。

【功能】：功能命令用于把工程中同一功能的多个设备结合在一起。每个电气元件（设备、接线板、PLC 等）都属于某一功能。绘图时，可以按功能划分电气元件，从而得到某一功能中所有元件的列表。每一个图纸都与一个功能相连，当在图纸中放置符号时，它将自动与此功能相关联。

6.4.1 位置新建

(1) 在【工程】选项卡中单击【位置】按钮，进入位置管理编辑器，如图 6-9 所示。

图 6-9 工程菜单栏

(2) 在位置管理窗口中，选择【新位置】可插入单个位置，选择【插入多项位置】，可插入多个位置。

在本工程中添加两个新位置，选择【插入多项位置】，输入新建位置的个数，如图 6-10 所示。

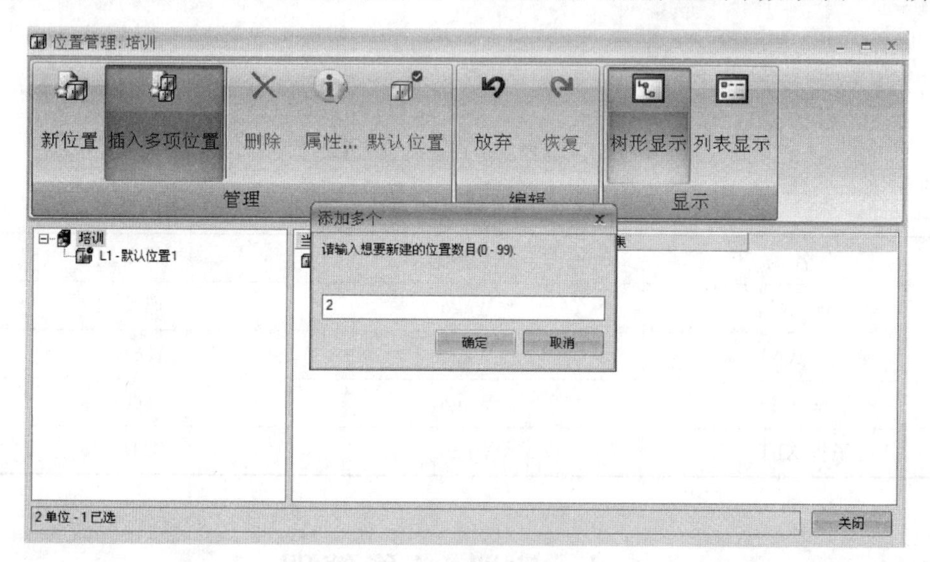

图 6-10 位置管理器

当选择工程名单击新建位置时，所建位置为本工程的子文件，如图 6-11(a)所示；当选择 L1 新建位置时，所建位置为 L1 的子文件，如图 6-11(b)所示。

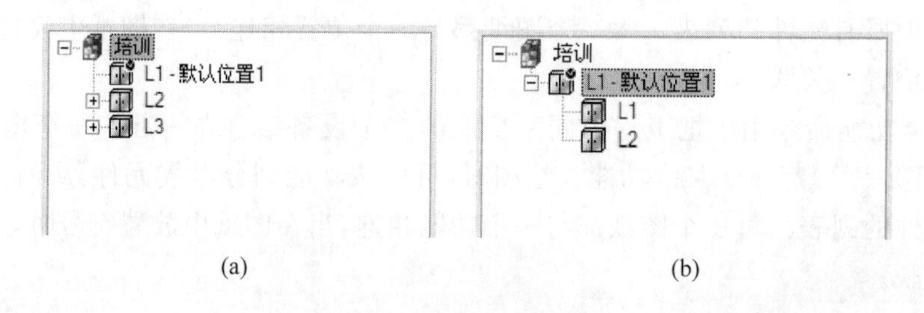

图 6-11 位置名称

说明：功能与位置新建的方法相同。

6.4.2　位置属性

(1) 在【位置管理】窗口中选择一个位置，单击【属性】图标或者在位置右键菜单中选择【属性】命令，打开位置属性窗口。当创建一个新位置时，位置属性窗口会自动打开。位置属性窗口如图6-12所示。

图6-12　位置属性窗口

图6-12中部分选项的含义如下：

【父】：子位置从属的主要位置。

【标注】：可以自动或手动标注位置。

【关联文件集】：可以给文件集关联一个位置，新创建的图纸的位置应用的是文件集的默认位置。

(2) 在L1位置属性中的【说明】栏中填入“TGBT”。

(3) 重复上述步骤，可以自动或手动标注，将位置L2的标注改为“LM1”，说明改为“Motor”；将位置L3的标注改为“P1”，说明改为“Pupitre”。

说明：功能与位置属性的设置方法相同。

6.4.3　位置框插入

在【布线方框图】选项卡中选择【位置轮廓线】选项，位置轮廓线包含【矩形轮廓线】和【多边轮廓线】两种，如图6-13所示。其中，矩形轮廓线是通过两点画出矩形来选择要标识位置，多边轮廓线是通过多条直线围成区域选择要标识位置。

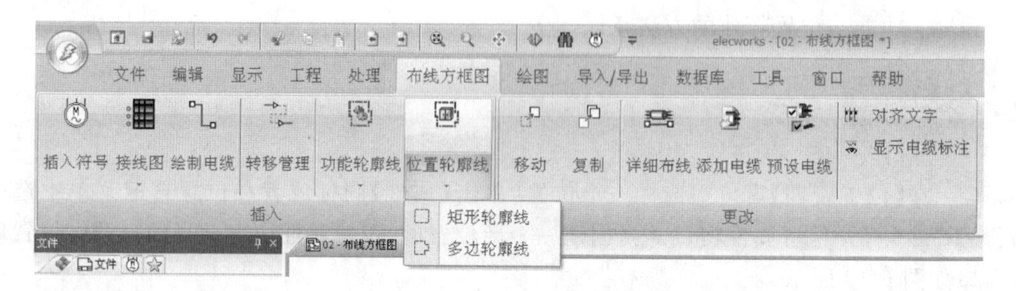

图 6-13　布线方框图菜单栏

(1) 在【布线方框图】选项卡中选择【位置轮廓线】,并选中【矩形轮廓线】选项。

(2) 在图纸区域单击第一点,然后单击第二段完成矩形框的绘制,并弹出选择位置窗口。在该窗口内选择位置 L1,如图 6-14 所示。

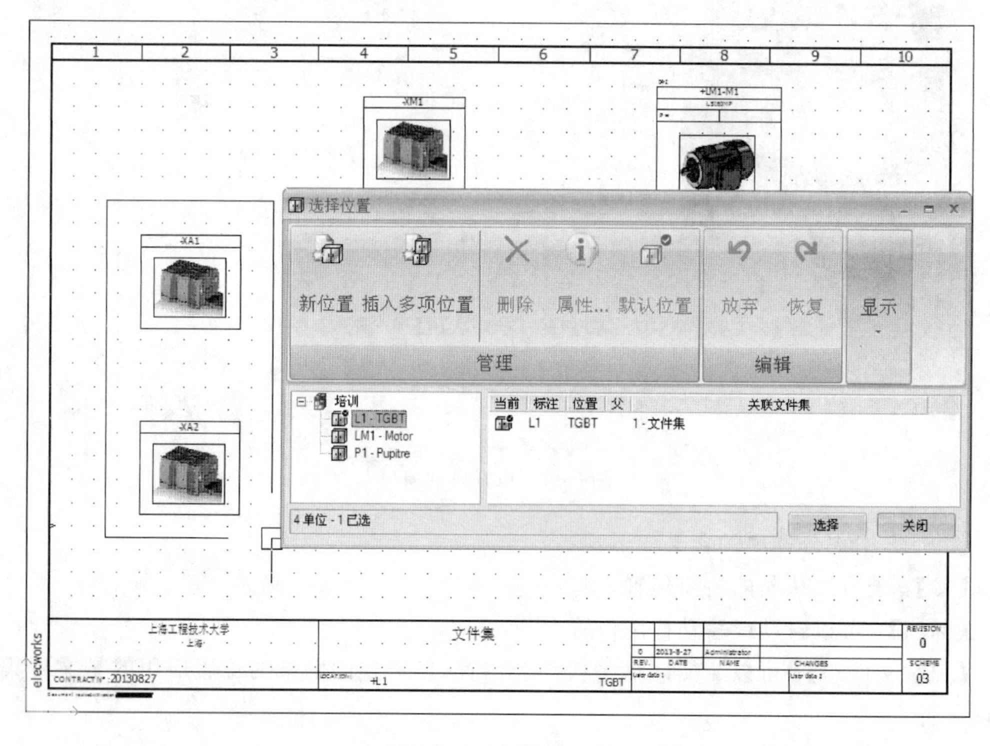

图 6-14　选择位置 L1

(3) 单击【选择】按钮,弹出更换设备所属位置对话框,选择【更新设备位置】选项,将更新位置轮廓线的设备位置,如图 6-15 所示。

(4) 重复上述步骤,添加位置 P1,如图 6-16 所示。

(5) 在【布线方框图】选项卡中选择【位置轮廓线】,并选中【多边轮廓线】选项。

(6) 在图纸区域单击第一点,单击第二点画出一条线,然后用同样的方式绘制闭合的框。在弹出的选择位置对话框中选择位置 LM1,并更新位置。添加

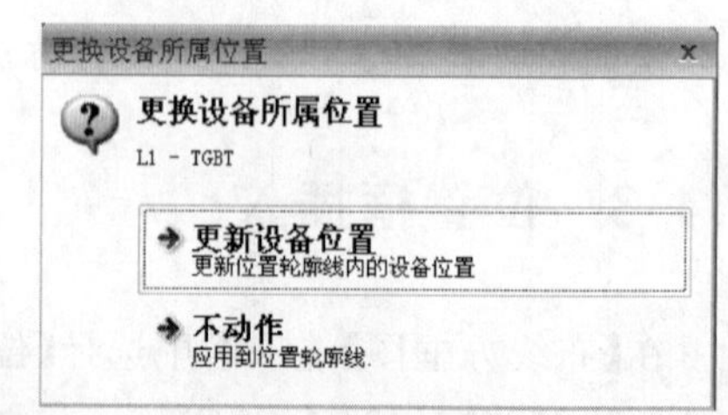

图 6-15　更新设备位置

位置轮廓线 LM1 后的原理图如图 6-17 所示。

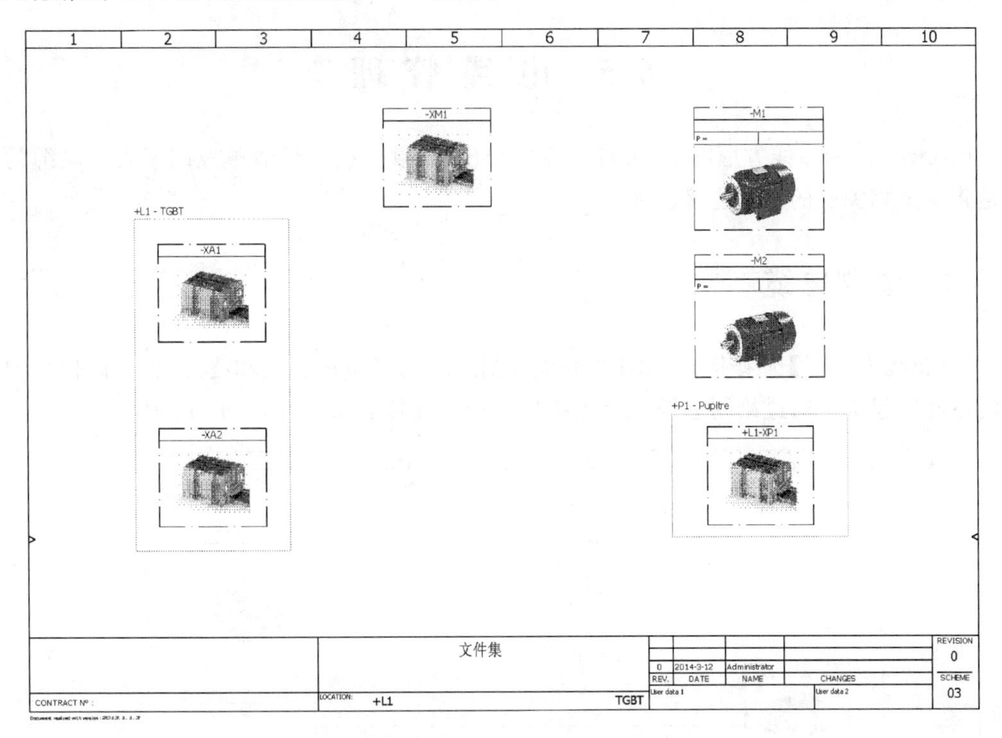

图 6-16　添加位置轮廓线 P1

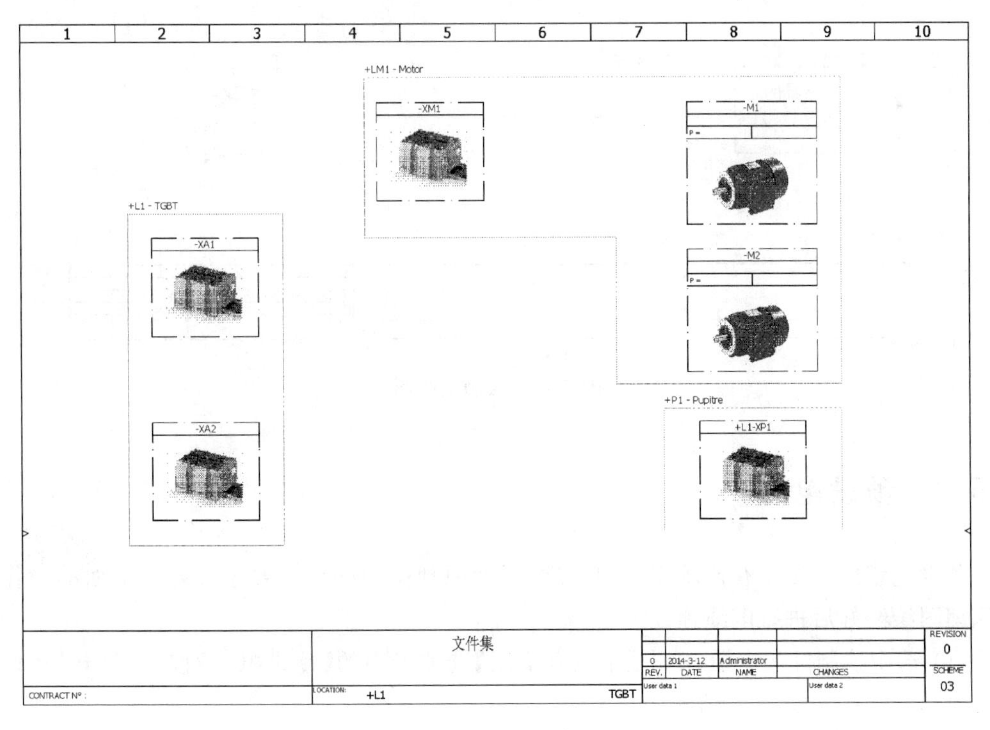

图 6-17　添加位置轮廓线 LM1

说明：功能轮廓线与位置轮廓线的画法相同。

6.5 电缆管理

Elecworks 的布线方框图中，可对电缆进行预设，以生成电缆清单及端子表。电缆的作用是将两个相关联的设备连接起来。

6.5.1 绘制电缆

在【布线方框图】选项卡中单击【绘制电缆】按钮，选择电缆起点和终点，将不同位置的两个设备连接起来。通过绘制电缆将上述添加的符号连接起来，如图 6-18 所示。

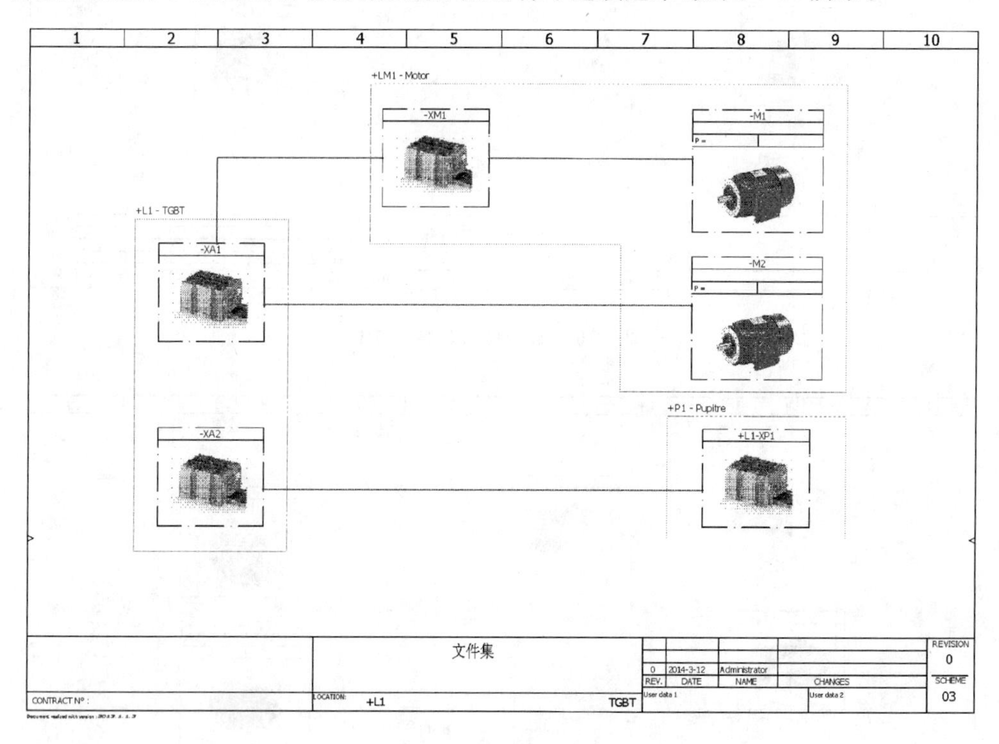

图 6-18 绘制电缆图

6.5.2 预设电缆

预设电缆的前提是有比较完整的原理图，即原理图中的设备要连接好。下面的操作是在原理图绘制好后进行电缆预设。

(1) 选中绘制好的电缆，单击【布线方框图】选项卡中的【预设电缆】按钮，打开【预设电缆和缆芯】窗口，如图 6-19 所示。

(2) 在【预设电缆和缆芯】窗口中，选择【新电缆】打开电缆选择管理器，选择电缆型号为 U-1000 R2V-RH 4G4 M，如图 6-20 所示。

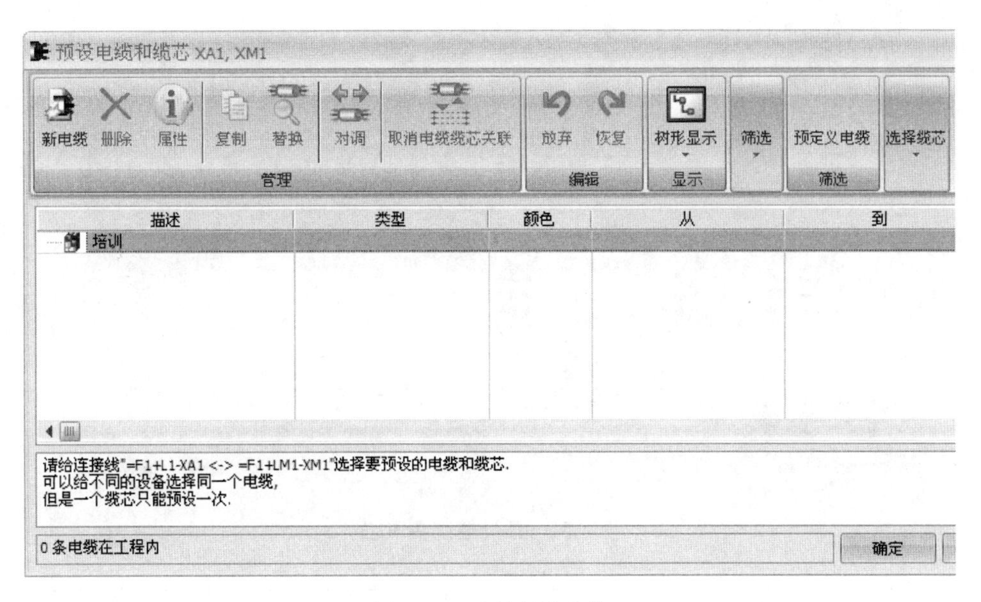

图 6-19　选择预设电缆

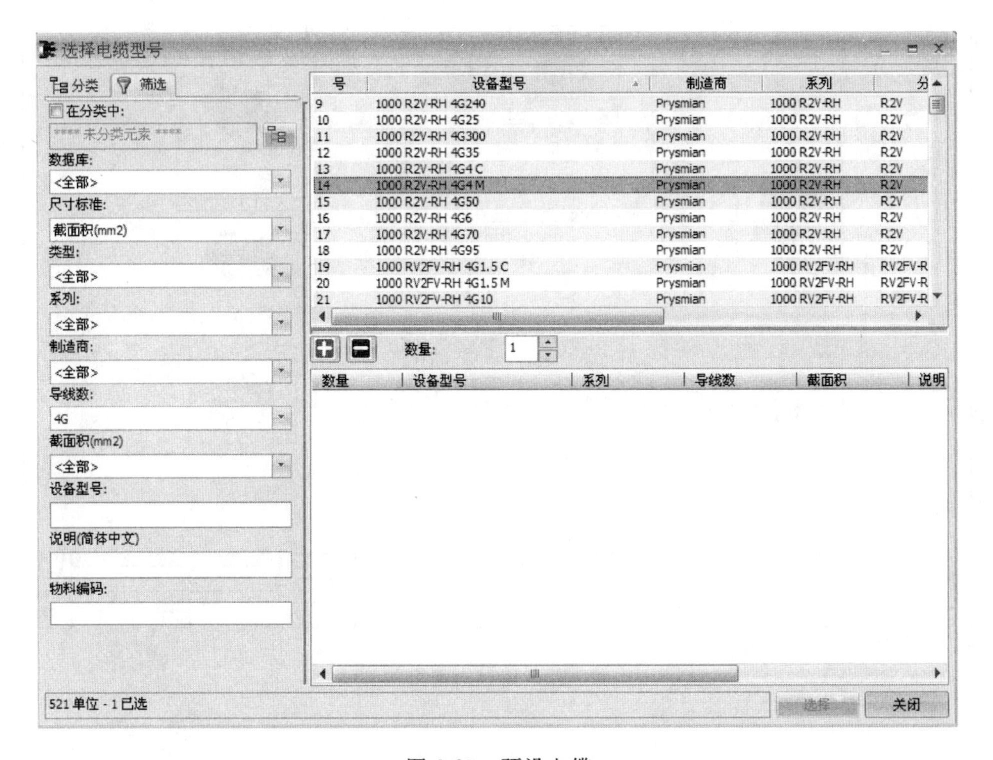

图 6-20　预设电缆

(3) 要预设电缆接线端,选中对应的电缆端子,或选中整个电缆预设所有端子,如图 6-21 所示。

(4) 根据上述步骤,对其他电缆进行预设,如图 6-22 所示。

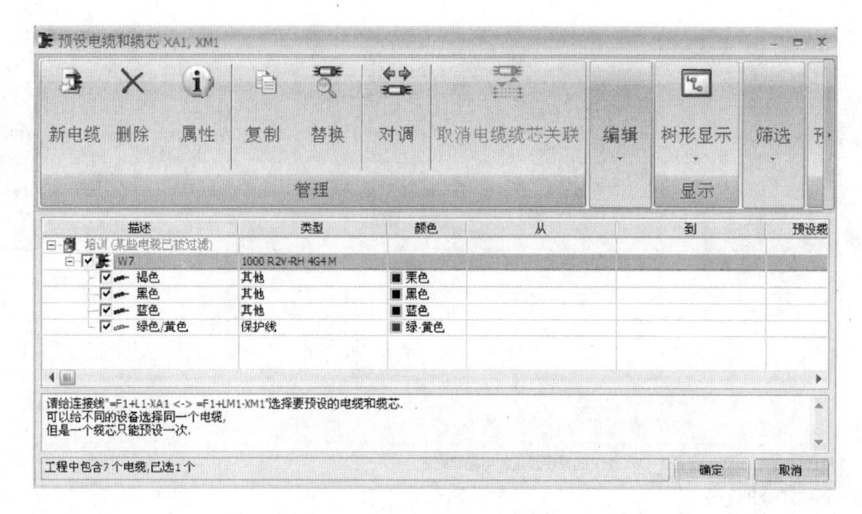

图 6-21 预设电缆和缆芯

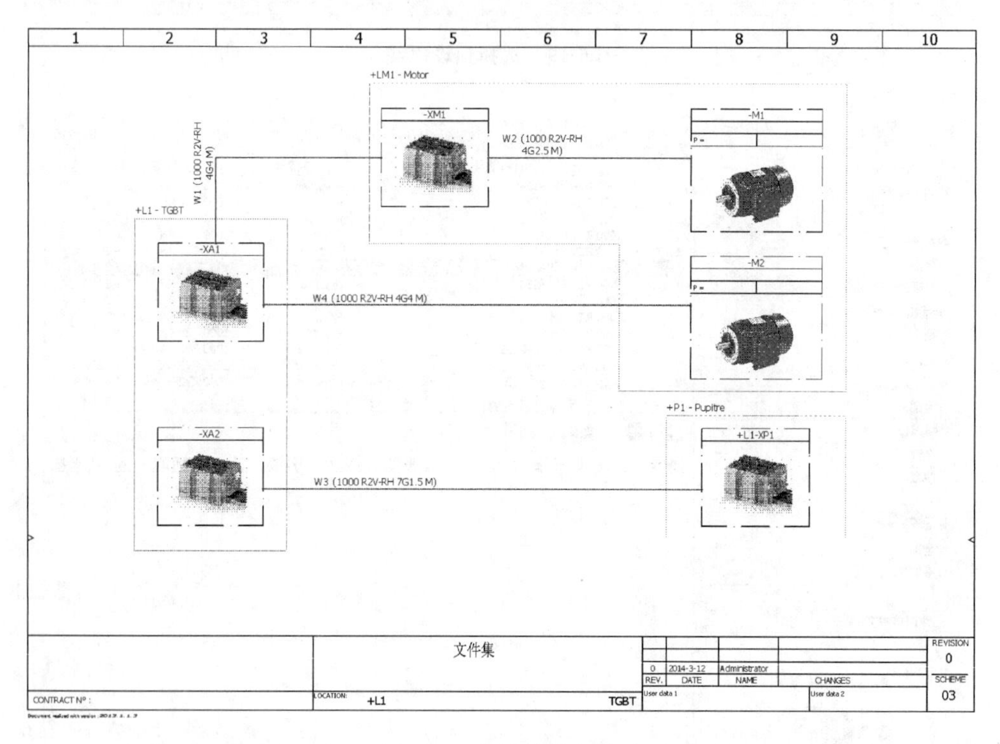

图 6-22 预设其他电缆

6.5.3 详细布线

详细布线是将选好的电缆与设备回路相匹配。选择预设好型号的电缆，在【布线方框图】选项卡中单击【详细布线】按钮，打开详细布线管理器。将电缆与上下游设备相连接，分别选中需要连接的电缆导线及设备接线端口，单击【连接】按钮即可将此电缆相应端口连接于设备端子上，单击电缆或设备端子，另一端闪烁即表示连接成功，如图 6-23 所示。

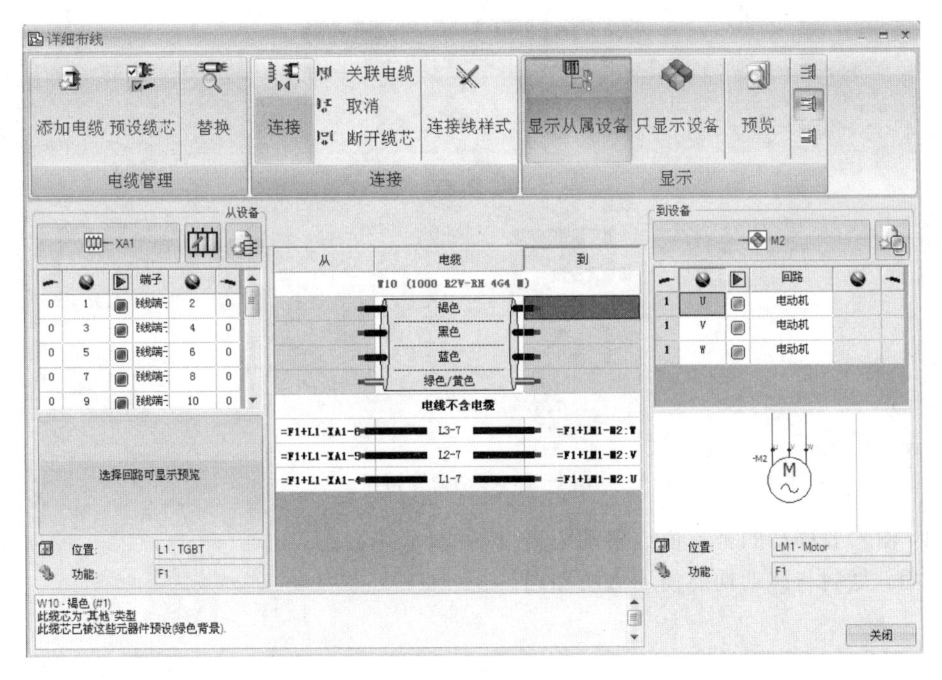

图 6-23　详细布线

当相对应的电缆连接成功后，在电气原理图中将显示相应的电缆线，如图 6-24 所示。

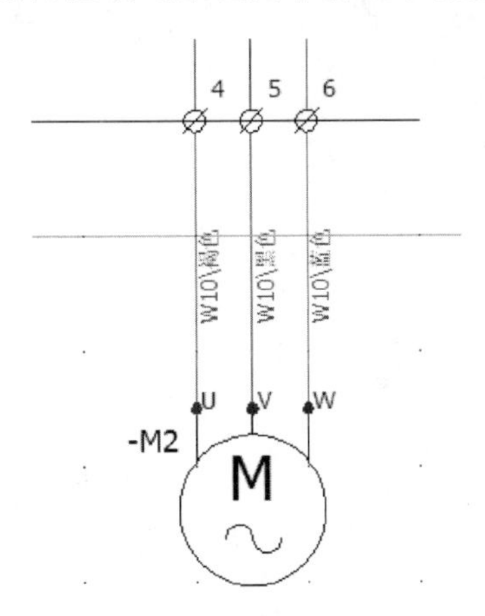

图 6-24　原理图中的电缆

根据上述步骤，对预设好的电缆进行详细布线。

6.6　移动复制功能

移动复制是在设计中用来编辑设计版面，提高作图效率的一个工具。其操作步骤如下：

(1) 在【布线方框图】选项卡中单击【移动】按钮，弹出如图 6-25 所示的窗口。

(2) 选择要移动的设备，并回车确定。

(3) 指定移动基点。

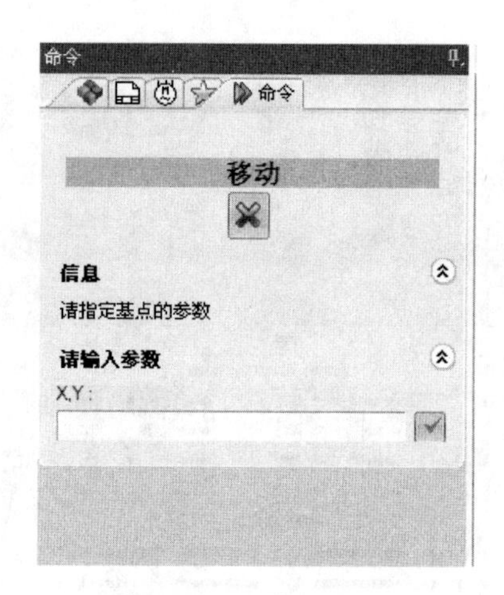

图 6-25　移动命令窗口

（4）输入要移动的坐标值或移动距离，然后回车确定。

说明：复制与移动功能使用方法相同。

第7章

原　理　图

详细的原理图代表一个装置或者设备用符号按照一定的功能连接起来组成一个功能网络图。原理图能够详细说明设备的功能，帮助完成安装，或者设备的检查和维修。

7.1　原理图的创建

原理图的创建有如下两种方式：

方法一：创建工程，右击文件集，在弹出的快捷菜单中选择【新建】→【原理图】命令，如图 7-1(a)所示。

方法二：创建工程，右击文件集，在弹出的快捷菜单中选择【插入(前)】→【原理图】命令，如图 7-1(b)所示。

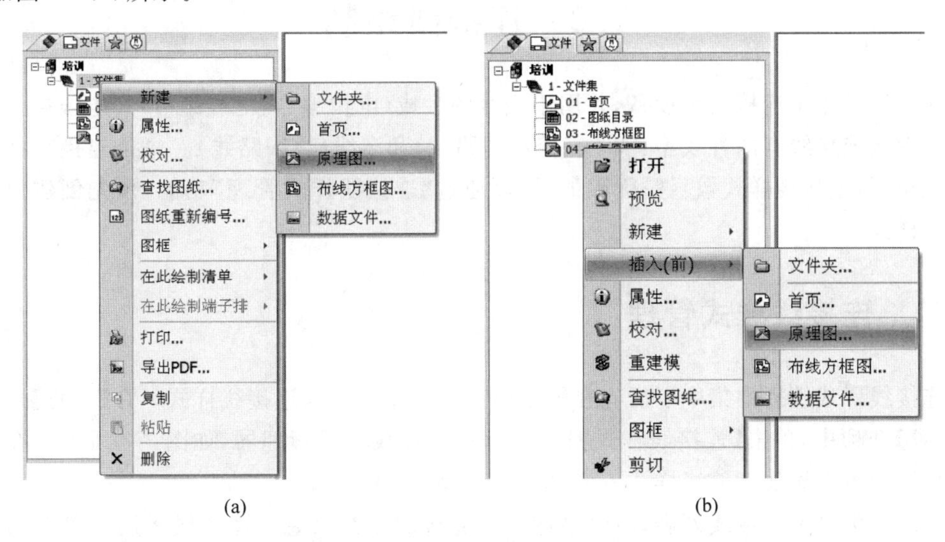

(a)　　(b)

图 7-1　创建原理图

下面是将创建的原理图名称分别改为主回路和控制回路的步骤。

(1) 在左侧控制栏中选一张原理图，在右键菜单中选择【属性】命令，并打开【图纸】窗口，如图 7-2 所示。

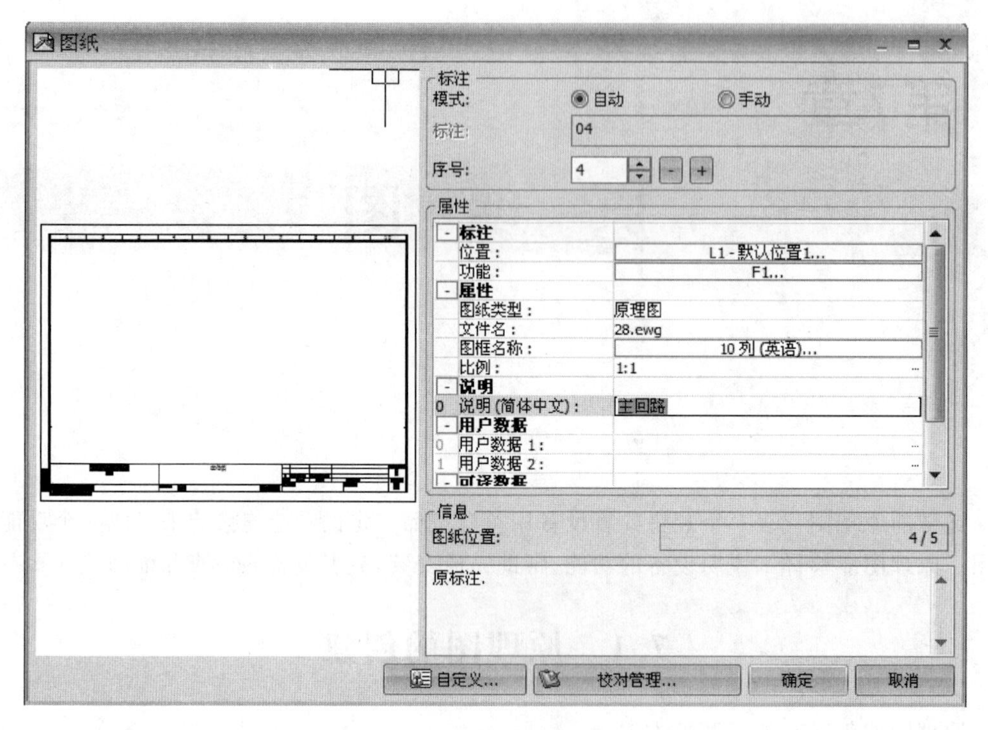

图 7-2 【图纸】窗口

(2) 在说明栏中,输入图纸名称“主回路”。

(3) 重复上述操作,将另一张原理图命名为“控制回路”。

7.2 连接线绘制

连接线是用于连接两个设备,并用于线号的生成(电位编号、电线编号)和电缆接线端的匹配。默认连接线有两种线型:单线(控制回路线)和多线(主回路线)。每条连接线都应用一个线类型,连接线样式数目是无限的,可以通过“连接线样式管理”功能,预先创建想要的连接线样式。

7.2.1 连接线样式管理

连接线样式管理中集中了所有在图纸绘制过程中用到的连接线样式。在【工程】选项卡的【配置】选项中,单击【连接线样式】按钮,打开连接线样式管理器,如图 7-3 所示。在线样式管理器中可以添加新的线样式或者修改已经存在的线样式。

窗口左侧显示连接线列表,右侧显示已线连接的参数信息。连接线运用编号群的方式组合在一起,进行等电位编号,所有同组的连接线运用相同的计数方式。默认分为两种线型:单连接线是包含一根导线的控制线;多连接线是包含多个导线的主回路线。

图 7-3 连接线样式管理器

(1) 配置连接线样式管理器

单击连接线样式管理器中的【配置】按钮，打开【列配置】窗口，如图 7-4 所示，选择在窗口右侧显示区域中的内容。

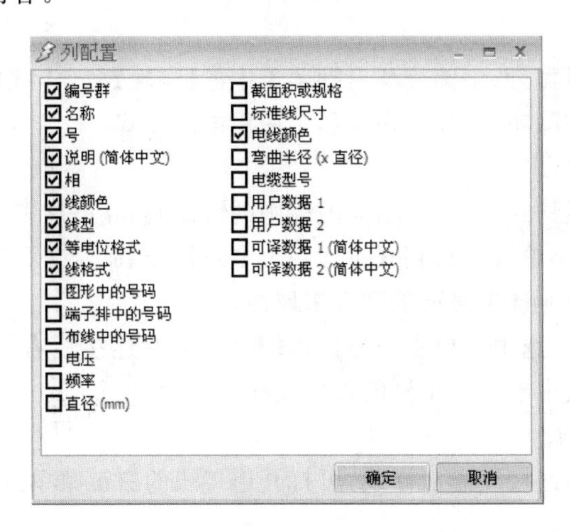

图 7-4 配置连接线样式管理器

(2) 关闭/激活编号

可以根据实际需要选择关闭编号，在电位编号和电线编号时它将不起作用，位于群名称前的复选框显示它的状态(选中＝激活)。通过编号群的右键菜单选择是否取消编号功能，如图 7-5 所示。

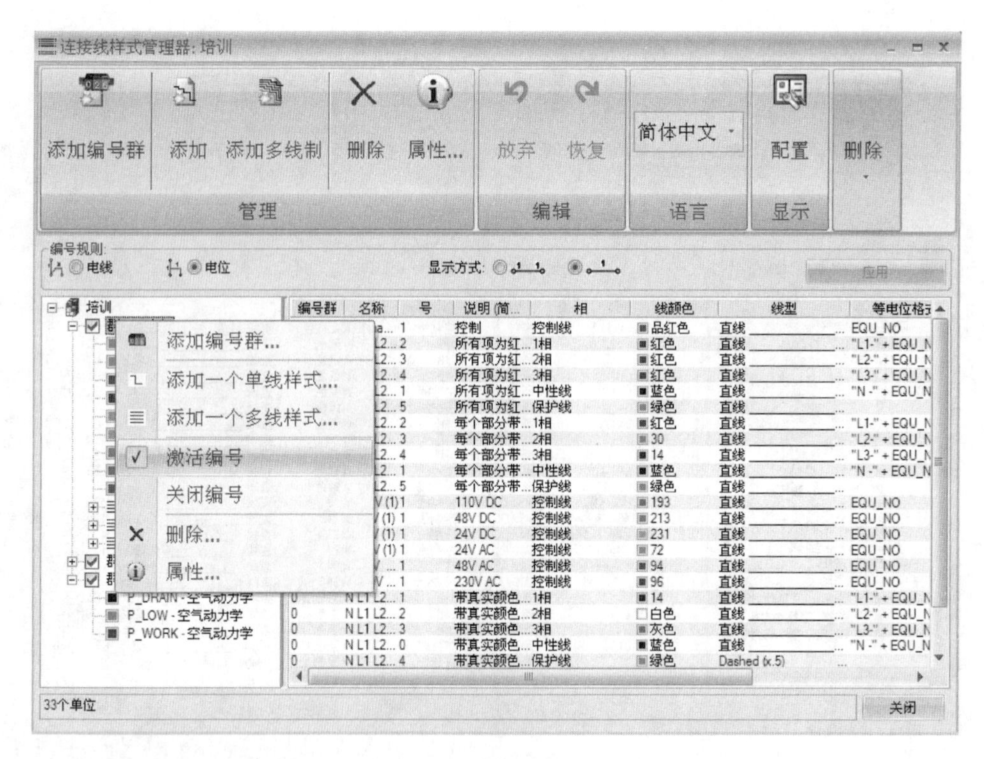

图 7-5 关闭激活编号

(3) 添加/删除编号群

添加编号群组，单击主菜单中的【添加编号群】按钮。新添加的编号群会自动添加在其他群组后面。注意新添加的编号群中会自动添加一种新的线样式(一个新的编号群中必须有连接线样式)。

选择要删除的编号群，选中编号群右键菜单中的【删除】命令。删除一个编号群之后，其中包含的线样式将会删除功能，除了在工程中使用的线样式。

(4) 添加/删除线样式

有两种方式添加线样式，可运用功能图标中的【添加】和【添加多线制】，或者通过编号群右键菜单中的【添加一个单线样式】和【添加一个多线样式】命令来添加不同的线样式。新连接线样式将自动添加至所选编号群的列表末尾。

要删除连接线样式，选中并单击功能按钮【删除】或在连接线右键菜单中选择【删除】命令。但只能删除在图纸中没有使用到的连接线样式。

(5) 添加/删除导线

要为一个已存在的连接线添加导线，可打开连接线的右键菜单选择【给连接线样式添加导线】命令，如图 7-6 所示。

删除导线。选中需要删除的线样式，单击【删除】命令，或者选中要删除的线样式右击选择【删除】命令，删除线样式。在原理图中没有使用的线样式才能够被删除。

(6) 编号群属性

选中一个编号群并单击功能按钮【属性】或在编号群右键菜单中选择【属性】命令，打开编辑编号群参数窗口，如图 7-7 所示。

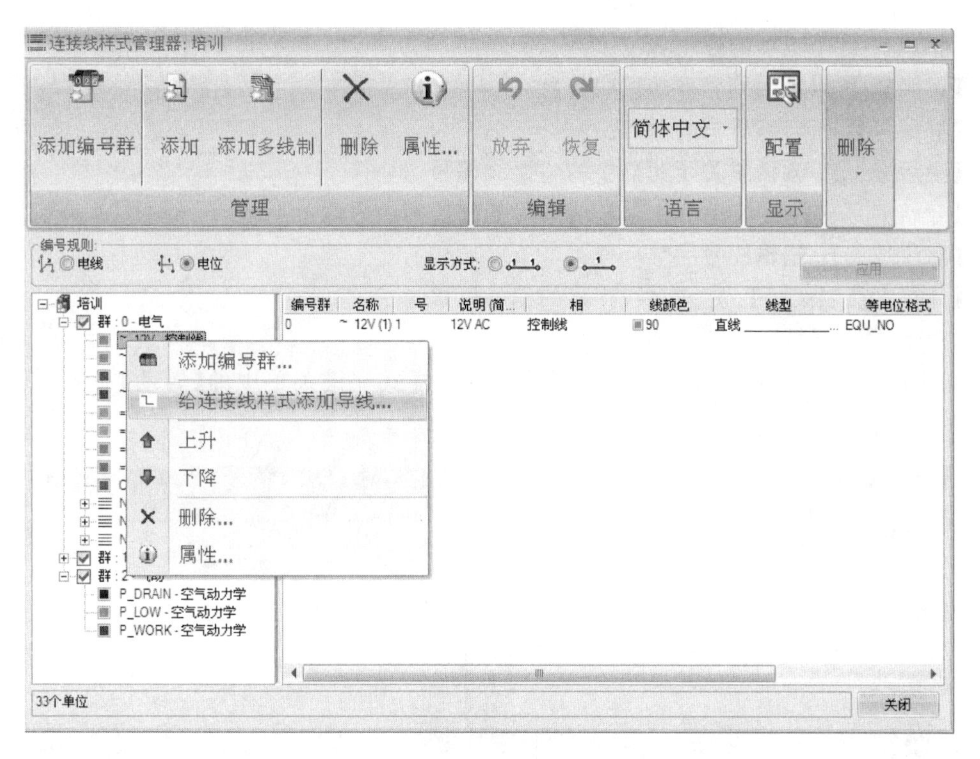

图 7-6　添加导线

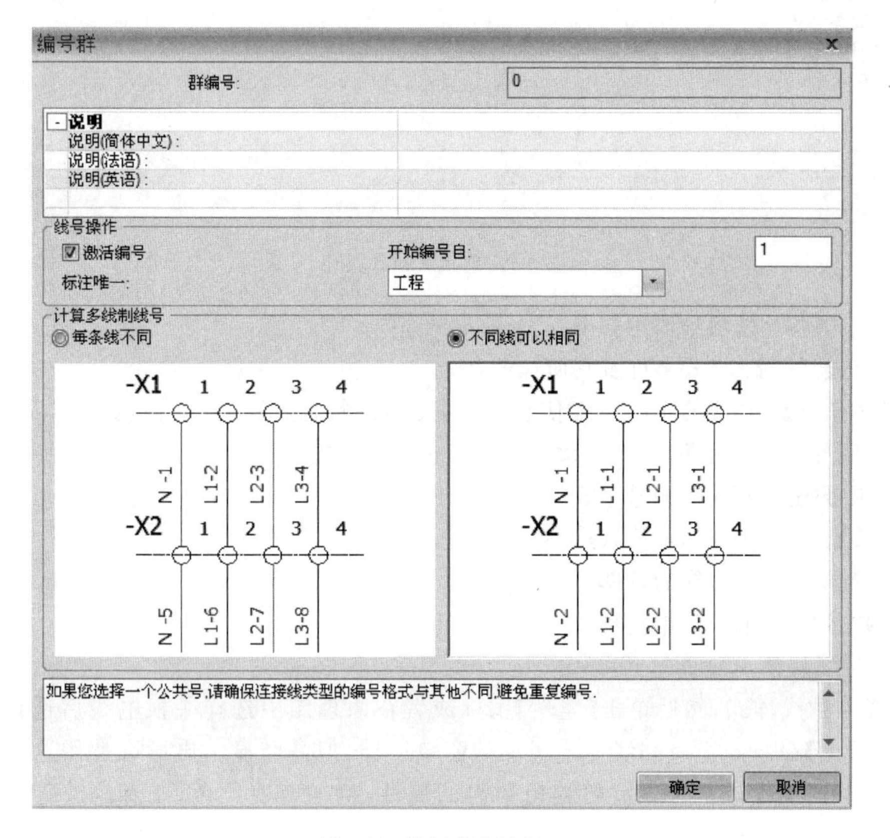

图 7-7　编号群参数窗口

图 7-7 中各个选项的作用如下：

【说明】：可以输入编号群的说明信息。

【群编号】：指出编号群的号码。

【激活编号】：激活或关闭此群中的连接线编号。

【开始编号自】：定义此群中连接线编号的起始标注号码。

【标注唯一】：编辑线号的唯一性。

【计算多线制线号】：定义多线连接的编号模式。

（7）线样式属性

选中线样式并单击功能按钮【属性】或选择线样式右键菜单中的【属性】命令，打开如图 7-8 所示的窗口。

图 7-8 连接线样式属性

图 7-8 中各个选项的作用如下：

【连接线样式】：样式名称及它所在群。

【基本信息】：导线的相同属性信息（主回路、控制回路等），导线颜色，线样式，编号格式。当不同导线的属性不相同时，输入框为灰色不允许输入。

【显示号码】：输入线编号格式。

【布线】：输入电线的默认数据（直径、颜色等）。

【技术数据】：输入线的频率。

【用户数据】：输入数据信息。

（8）导线属性

选择一种线样式，然后单击【属性】图标或者在原理图中选择一根电线后选择右键菜单中的【属性】命令。窗口和线样式属性的窗口一样，但是会显示出所有使用这种线样式的导线的共同属性。有时候需要编辑导线的属性，例如改变颜色，或者修改等电位标注的格式。

7.2.2　多线绘制

（1）选择连接线样式

选择【原理图】下拉菜单的【绘制多线】命令进入绘制模式，如图 7-9 所示，在侧控制栏的命令区域，显示当前所要绘制的多线制的基本信息。

若要连续使用此命令，单击上图的图钉图标，保持命令窗口开启。

用户可以根据需要配置多线制的属性，包括如下内容：

【名称】：可通过侧面控制栏【……】按钮更改显示的线型，选择连接线类型窗口将打开，用户可以从已经创建的连接线样式中选择一个连接线样式。

【连接线间距离】：用户可编辑两导线间的距离，数值以毫米或英寸为单位。

【可用导线】：用户只能放置连接线中定义过的导线，在复选框中选中要绘制的导线。不选中的导线，将不会绘制到原理图中。

（2）绘制连接线

连接线默认为两个端点：起点和终点。以上选择配置工作结束后，在原理图中拖动鼠标选择所绘制连接线的起始点，就可以完成多线制的绘制。当选择了连接线的起点时，侧面控制栏将改变，如图 7-10 所示，用户可以选择不同的绘制样式，最后单击终点结束绘制。

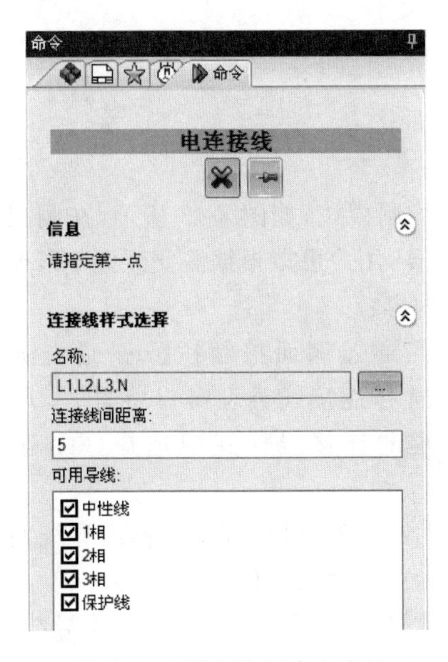

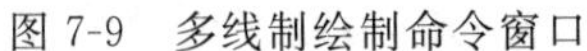
图 7-9　多线制绘制命令窗口

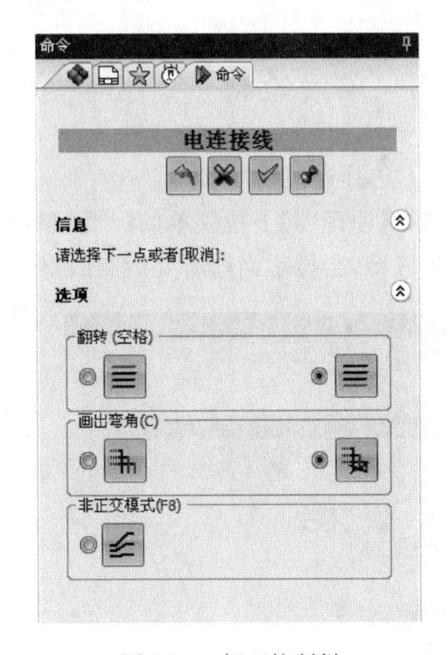

图 7-10　侧面控制栏

用户可以根据需要配置多线制的属性，包括如下内容：

翻转：按【空格】键允许更改弯角的样式(相位间的交叉)。

画出弯角：按 C 键允许画出弯角。

非正交模式：按 F8 键关闭绘制正交锁定。

按上述绘制连接线操作，在主回路原理图中绘制多线，如图 7-11 所示。

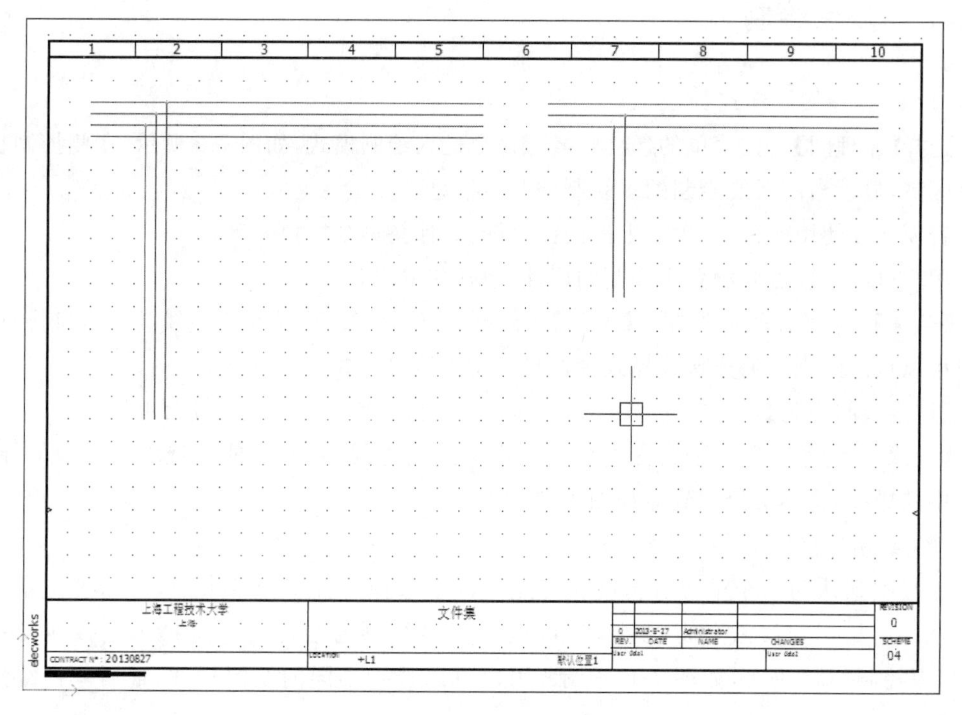

图 7-11 绘制多线

7.2.3 单线绘制

（1）选择连接线样式

选择【原理图】下拉菜单的【绘制单线】命令进入绘制模式，如图 7-12 所示，在侧控制栏的命令区域，会显示当前所要绘制的单线制的基本信息，用户可以根据需要配置单线制的属性，包括如下内容：

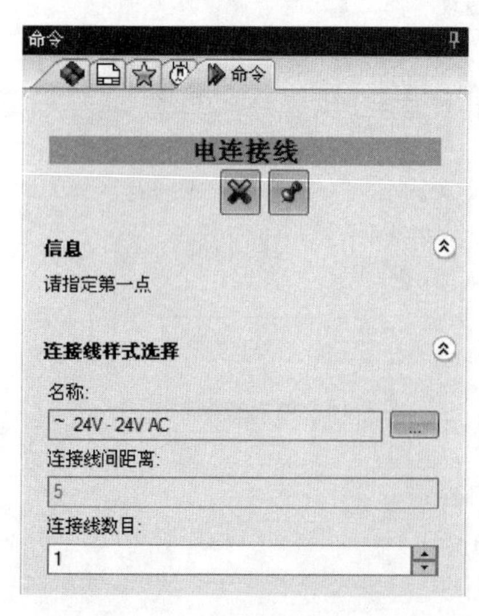

图 7-12 绘制单线命令窗口

【名称】：可通过侧面控制栏【……】按钮更改显示的线型，选择连接线类型窗口将打开，用户可以从已经创建的连接线样式中选择一个连接线样式。

【连接线间距离】：用户可以编辑两导线间的距离，数值以毫米或英寸为单位。

【连接线数目】：尽管连接线只有一个导线，也可以选择线数目来完成同时绘制多个导线。

（2）绘制连接线

参看 7.2.2 节的绘制连接线方法，分别在主回路原理图和控制回路原理图中绘制单线，其中单线的连接线数目可选为 2，即可同时绘制两条导线，如图 7-13 所示。

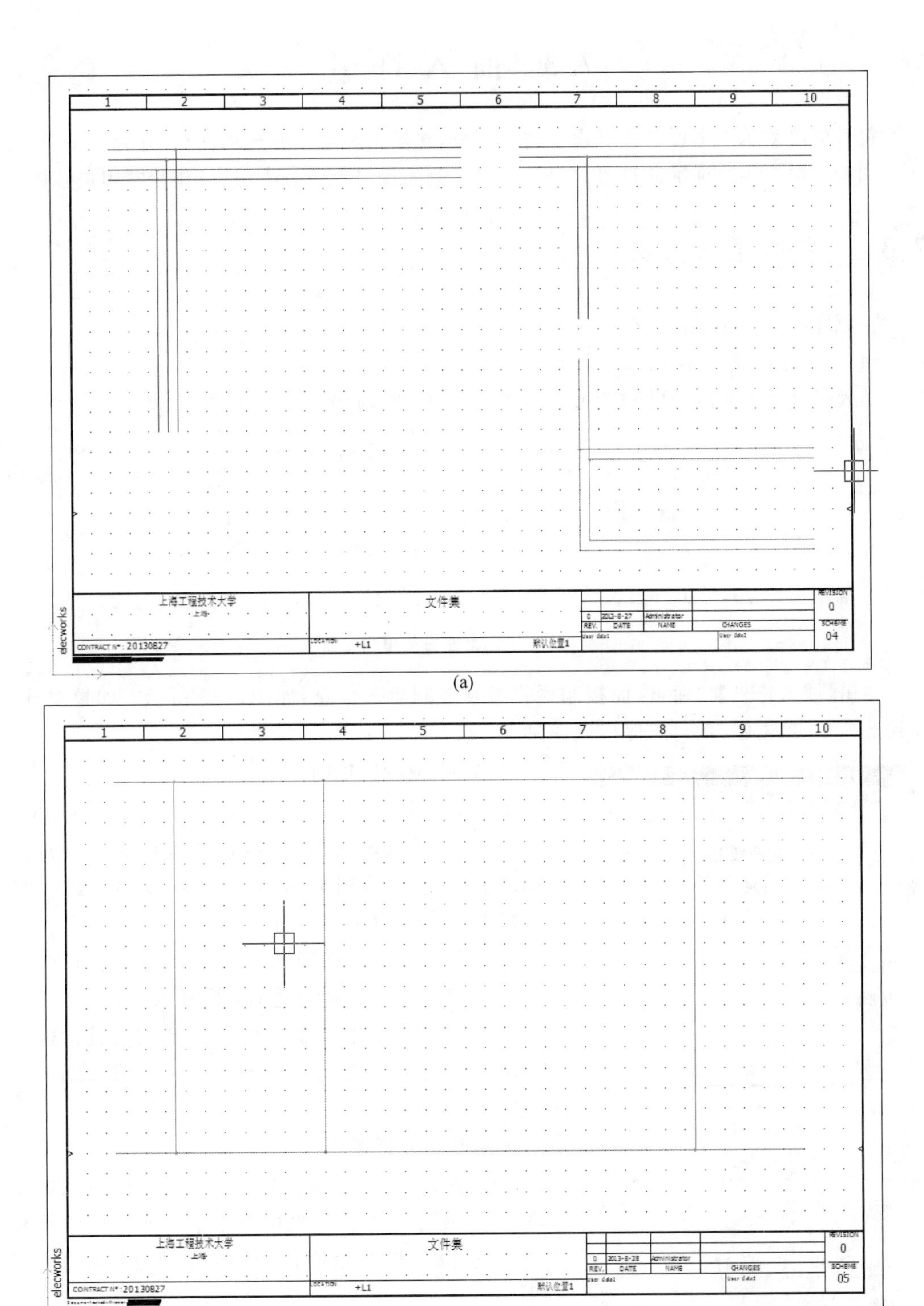

1
2
3
4
5
6
7
8
9
10
上海工程技术大学
文件集
CONTRACT N° : 20130827
+L1
默认位置1
elecworks
(a)
上海工程技术大学
文件集
CONTRACT N° : 20130827
+L1
默认位置1
elecworks
(b)

图 7-13　绘制单线

7.3 插入符号

符号可以表示一个设备或者设备的一部分，在数据库中按照分类保存，并允许用户编辑和添加新的符合用户标准的符号。符号也位于侧面符号栏中分类保存，作为常用符号栏。

7.3.1 符号插入方法

在原理图中添加原理图符号有多种方式。

(1) 原理图菜单中插入符号命令

插入符号命令在【原理图】选项卡的功能按钮【插入符号】中，如图 7-14 所示。

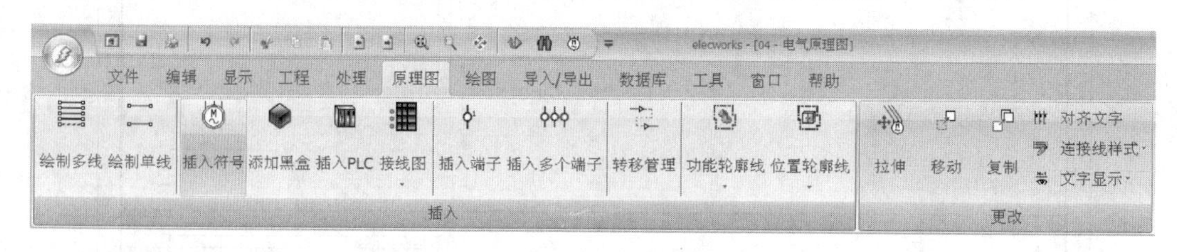

图 7-14 原理图菜单栏

单击【插入符号】按钮，侧面控制栏将显示控制参数信息，如图 7-15 所示。如果要连续使用此命令，单击图钉图标，保持命令窗口开启。

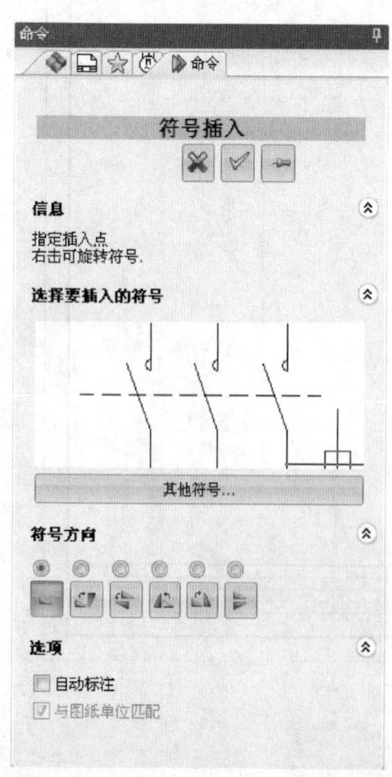

图 7-15 符号插入侧面控制栏

图 7-15 中各选项的作用如下：

【选择要插入的符号】：显示最后一次应用过的符号。如果没有记录任何符号，符号选择窗口将打开。如果用户不需要当前显示的符号，可以单击【其他符号】按钮，符号选择窗口将打开。

【符号方向】：允许编辑当前符号的插入方向。用户也可以通过右击选择合适的方向插入符号。

【选项】：【自动标注】可以自动对符号标注。【与图纸单位匹配】可以自动调整符号大小与图纸单位相匹配。

(2) 从符号栏插入

单击左侧控制栏的【符号】按钮，进入符号栏操作，如图 7-16 所示。在符号栏中显示了一些常用的符号，如果符号栏中没有所需的符号，可以通过查找进行选择。

其中添加符号可以通过如下两种方式：

方法一：鼠标拖/放，应用鼠标左键将符号拖至适当位置放置。

方法二：双击，符号与鼠标指针重合，单击放置符号在合适的位置。

为了方便查找，符号被分为不同的类别。在分组空白处右击，可以更改组中的内容，如图 7-17 所示，图中右键菜单的含义如下：

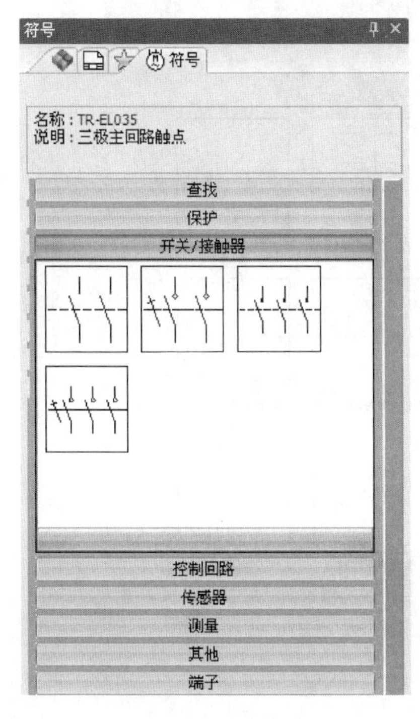

图 7-16　左侧控制栏

图 7-17　符号组管理

图 7-16 中部分命令的含义如下：

【添加符号】：在选择的分组中添加符号。符号选择窗口打开，可以选择添加的符号。

【新建群】：新建分组。组对话框打开，可以定义名称以及缩略图的大小。

【群属性】：可以编辑群组的名称和缩略图的大小。

【删除群】：可以删除群组。但是群组中包含的符号不会在库中被删除。

【激活群】：打开某个群组，可以选择需要的符号。

7.3.2 选择符号

单击图 7-15 中的【其他符号】按钮，符号选择窗口将打开，如图 7-18 所示，选择合适的符号插入。

出现在符号选择窗口中的符号为保存在符号库中的符号，双击右侧的具体符号，即可将该符号添加到原理图中。

在【筛选】选项卡下，用户根据数据库、名称、说明快速查找相应的符号。在【分类】选项卡下，可按照符号的分类来查找相应的符号。如图 7-19 所示，在符号库中选择三极断路器加到图纸中。

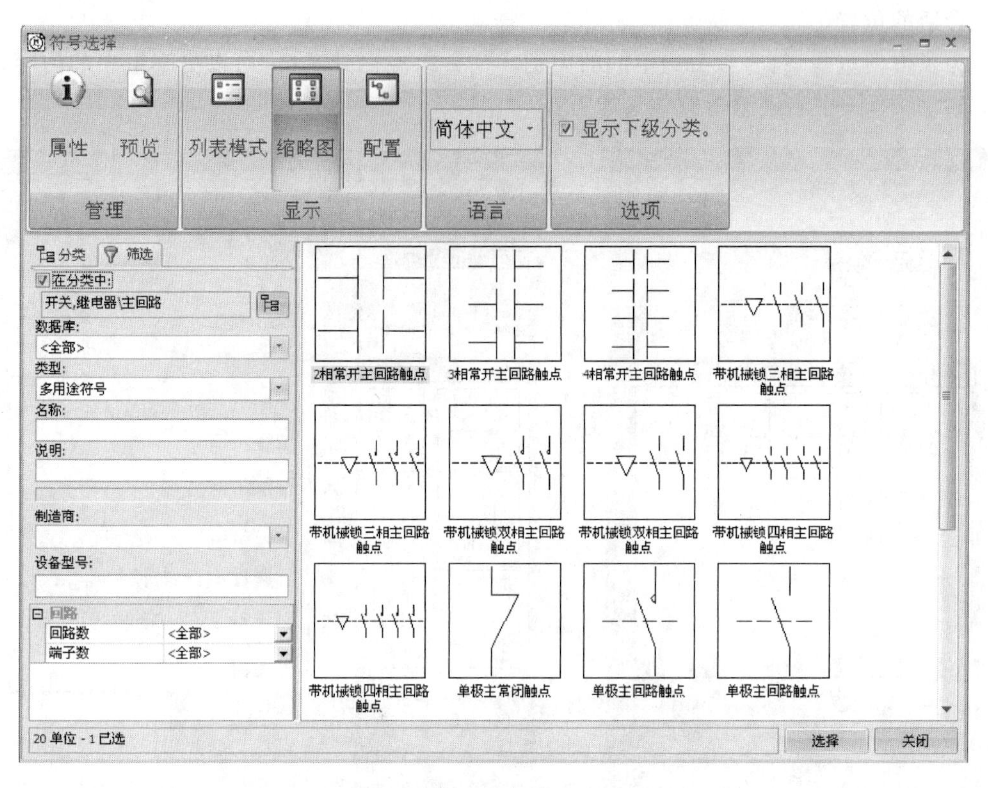

图 7-18 【符号选择】窗口

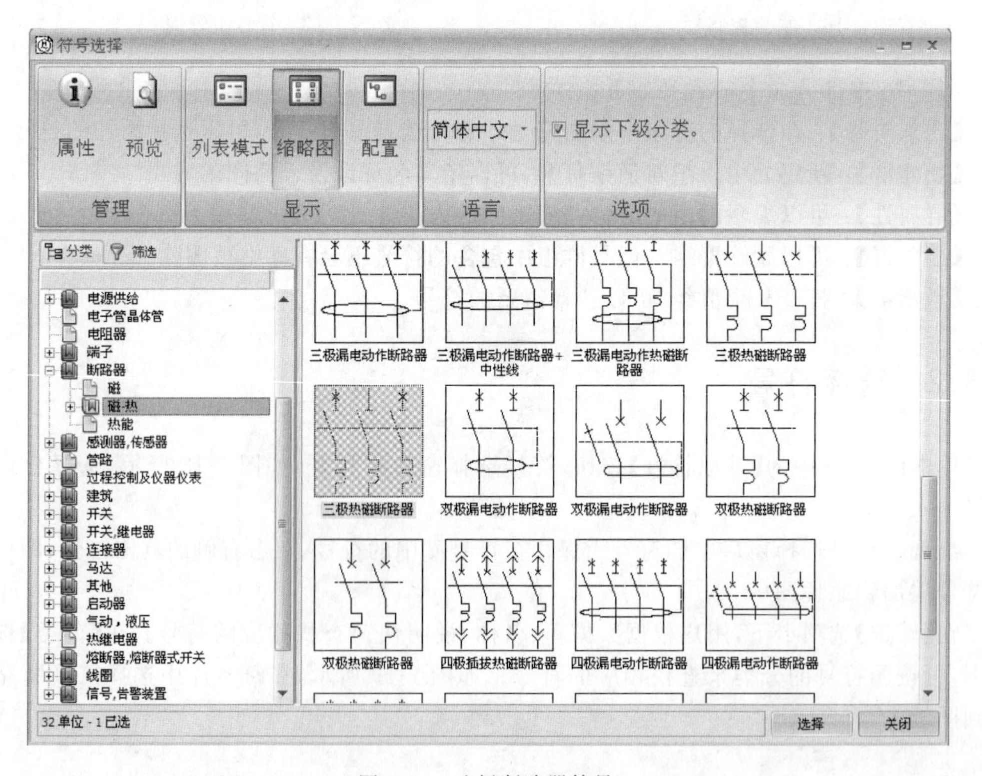

图 7-19 选择断路器符号

重复上述操作,为主回路和控制回路添加符号,添加符号表如表 7-1 所示。

表 7-1　添加符号表

设　　备	显示设备标识	符 号 分 类	数　　量
主回路			
四极熔断器	-F	熔断器	1
双极熔断器	-F	熔断器	3
断路器	-Q	断路器	3
接触器	-K	开关,继电器	2
变压器	-T1	变压器	1
电机	-M	马达	2
控制回路			
常开按钮	-S	按钮,开关	2
常闭按钮	-S	按钮,开关	2

添加符号后的原理图如图 7-20 所示。

7.3.3　编辑符号

1. 符号右键菜单

符号右键菜单如图 7-21 所示。

图 7-21 中选项的含义说明如下:

【符号】:包含更新、替换、打开符号、添加至库四个指令用于符号编辑。更新是根据库中的最新定义,更新现有已经添加的符号;替换是使用库中其他符号替换已经添加的符号;打开符号允许在编辑窗口中打开符号,可以修改其标注属性、连接点等;添加至库是将当前符号添加到符号库中。

【标注】:管理和修改符号标注。

【设备属性】:打开设备编辑窗口,修改标注,关联位置和功能,输入相关参数,关联制造商设备型号。

【更换位置】:修改符号关联的位置。

【更改功能】:修改符号关联的功能。

【在端子排中插入】:将符号添加到制定的端子排中。

【关联设备型号】:可以给符号关联一个或多个制造商设备型号。

【删除设备型号】:删除符号关联的制造商设备型号。

【到达】:根据交叉引用导航到相同标注的符号。

【布线】:管理布线和接线方向,包括接线方向和添加电缆接线端两个指令。接线方向是管理符号与上下游的接线方向;添加电缆接线端是管理符号与上下游的电缆端接线。

【方向】:修改符号角度。

【移动】:移动符号。

【超链接】:建立与外部文档的关联。

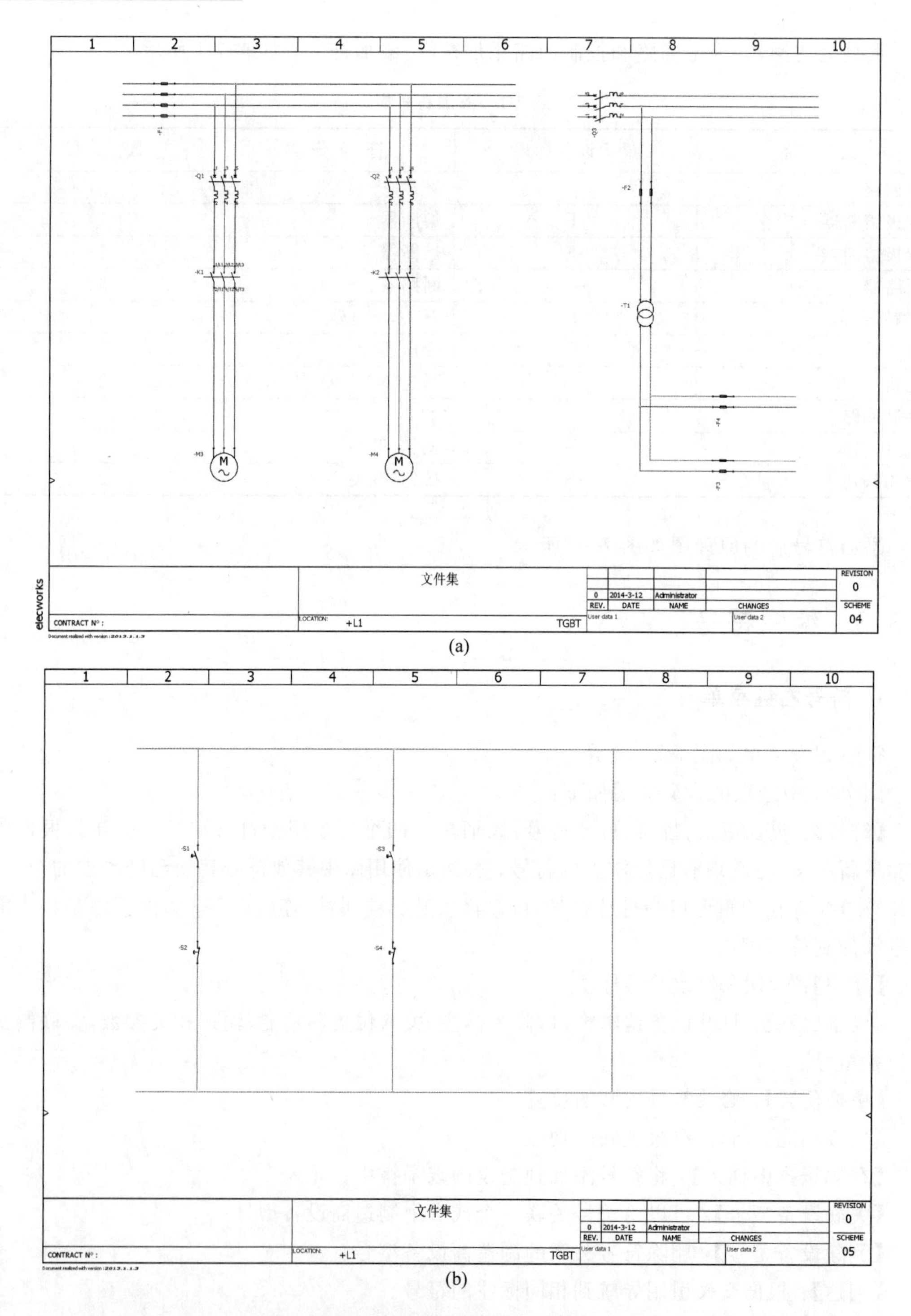

(a)

(b)

图 7-20　添加符号后的原理图

2. 替换符号

在符号右键菜单中选择【符号】→【符号替换】命令，将三相电机 M1 替换成三相接地的电机，如图 7-22 所示。

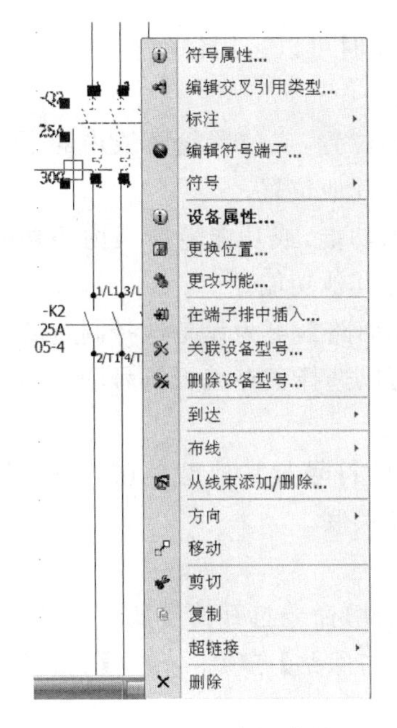

图 7-21　符号右键菜单

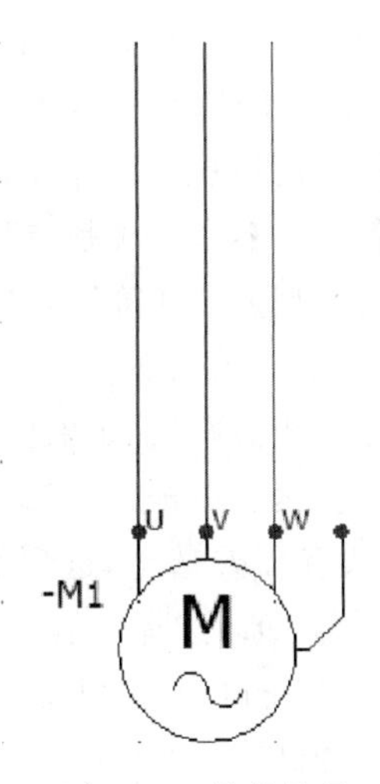

图 7-22　替换符号

3. 编辑符号

编辑符号窗口在插入符号后自动弹开，该窗口还可以通过符号的右键菜单中的【符号属性】打开，如图 7-23 所示。

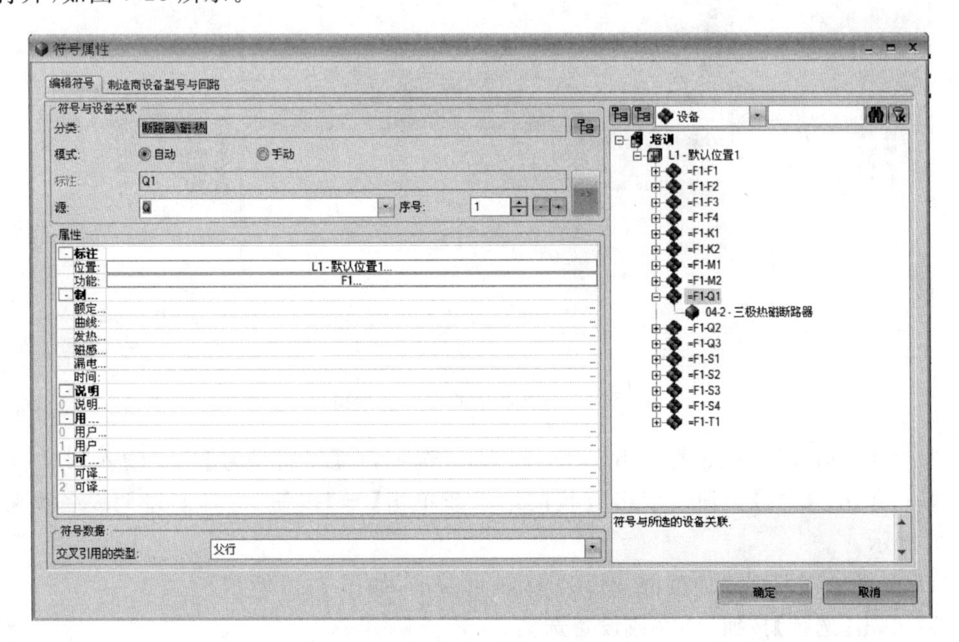

图 7-23　【符号属性】窗口

图 7-23 中选项的含义说明如下。

【分类】：编辑设备类型，此类别将在插入设备型号时应用，也用于在自动标注时定义符号的标识符“源”。

【标注】：标注可以手动或自动添加。手动标注时可以运用任何类型的文字和符号；自动标注时，自动调用工程配置中的标注公式变量。

【位置】：插入符号时，符号将默认应用图纸的位置，或位置轮廓线内的位置（如果符号插入在轮廓线内）。用户也可以单击位置名更改为其他位置。

【功能】：插入符号时，符号将默认应用图纸的功能，或功能轮廓线内的功能（如果符号插入在轮廓线内）。用户也可以单击功能名更改为其他功能。

【制造商设备型号】：单击【制造商设备型号与回路】，可为设备选择制造商和型号。

【交叉引用的类型】：在【符号属性】窗口中，可以选择正在编辑符号的交叉引用等级，默认显示为符号属性的参数值。

【与已有的标注相关联】：如果要把正在编辑的符号与其他已存在的符号相关联，那么在列表右侧选中它，然后单击【确定】按钮将它们相关联。

原理图中的设备需要选型，选型的步骤如下：

（1）选中断路器 Q1，选择右键菜单中【符号属性】命令打开符号属性窗口。

（2）在符号属性窗口中选择【制造商设备型号与回路】选项卡，单击【查找】按钮，弹出选择制造商设备型号窗口，如图 7-24 所示。

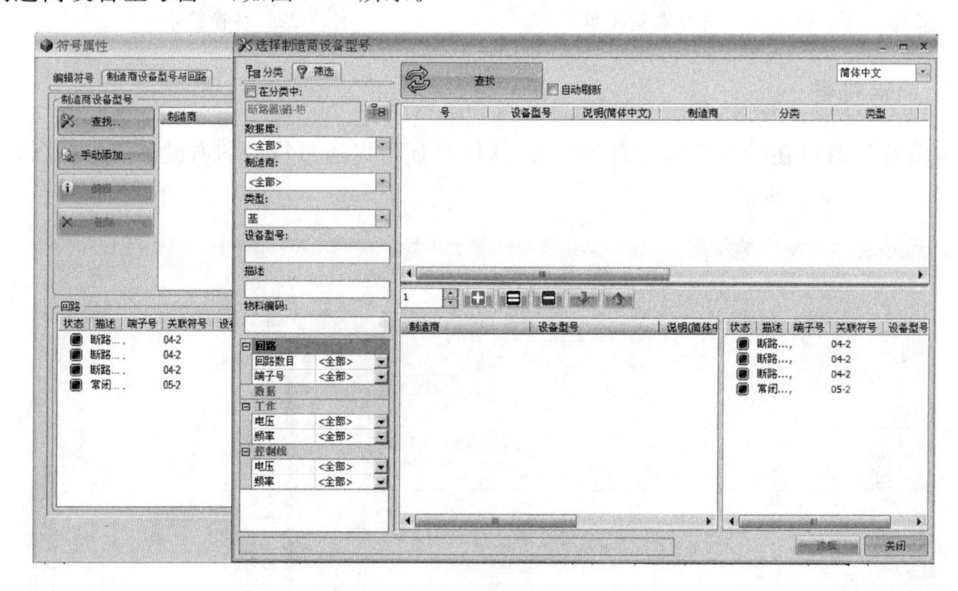

图 7-24　选择制造商设备型号窗口

（3）在【制造商】一栏选择 Schneider Electric 选项，在【设备型号】栏中输入“21113”，类型为“基”，单击【查找】按钮。双击查找的结果或单击【＋】按钮，选择制造商设备型号，如图 7-25 所示。

（4）重复步骤（3），添加基准“21120”为辅助基准，如图 7-26 所示。

（5）单击【选择】按钮，即完成设备选型。

（6）重复上述步骤，为其他符号选择制造商设备型号，部分设备关联制造商基准如表 7-2 所示。

（7）手动为电机 M1 添加制造商设备型号。在符号属性窗口中选择【制造商设备型号与回路】选项卡，单击【手动添加】按钮，弹出选择制造商设备型号对话框。在【说明】栏中填

图 7-25　添加基准

图 7-26　添加辅助基准

写“三相异步电动机”；“基准”为“LS160MP”；“制造商”为“Leroy Sommer”；“端子号”为“U,V,W”,如图 7-27 所示。重复此步骤为电机 M2 手动添加制造商设备型号。

表 7-2 部分设备关联制造商基准表

设　　备	添加关联内容
断路器 Q2	制造商：Schneider Electric
	设备型号：21113
	辅助基准：21120
断路器 Q3	制造商：Schneider Electric
	设备型号：21113
接触器 K1、K2	制造商：Schneider Electric
	设备型号：LC1D25106E7
	辅助触点基准：LA1DN11
常开按钮 S1、S3	制造商：Legrand
	额定电流：20A
常闭按钮 S2、S4	制造商：Schneider Electric
	额定电流：20A
熔断器 F1	制造商：Siemens
	设备型号：3NW7161
熔断器 F2、F3、F4	制造商：Siemens
	设备型号：3NW7021

图 7-27 手动添加制造商设备型号

7.4 交叉引用

一个设备有时通过一个或多个符号表示。当由多个符号表示时，可能分别在不同的图纸页面中，交叉引用确保各个符号之间的正确关联。

交叉引用镜像信息为实时更新，也就是说对相关联符号的每一个动作（移动、删除等），交叉引用信息会实时进行更新。交叉引用图形信息的自动生成，取决于符号的定义和交叉引用参数的配置。

7.4.1 交叉引用的应用

在原理图中运用交叉引用的步骤如下：

（1）单击【符号】按钮，在【触点】分类中找到“瞬时常闭触点”，放置到控制回路，并打开符号属性窗口。

（2）将该触点关联到 Q1。选中符号属性窗口右侧的【=F1－Q1】，单击【确定】按钮，如图 7-28 所示。

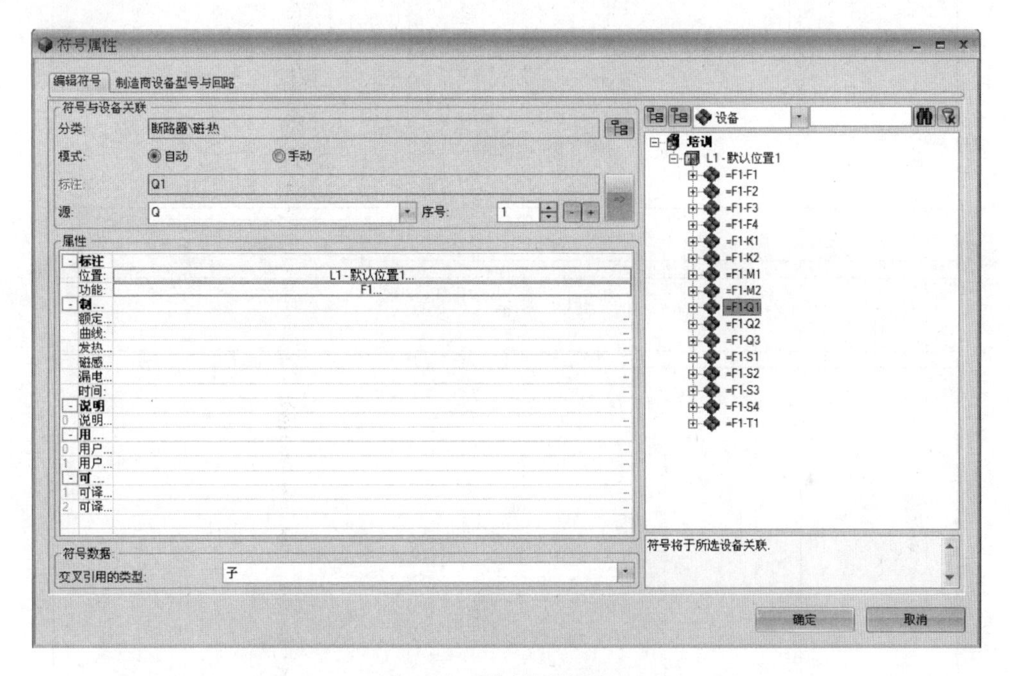

图 7-28 【符号属性】窗口

重复上述步骤，将下列符号关联在一起，如表 7-3 所示。

表 7-3 符号关联表

符 号	关 联 到
瞬时常闭触点 Q2	断路器 Q2
瞬时常开触点 K1	接触器 K1
线圈 K1	
瞬时常开触点 K2	接触器 K2
线圈 K2	

交叉引用后，在原理图中将显示符号之间的关联，如图 7-29 所示。

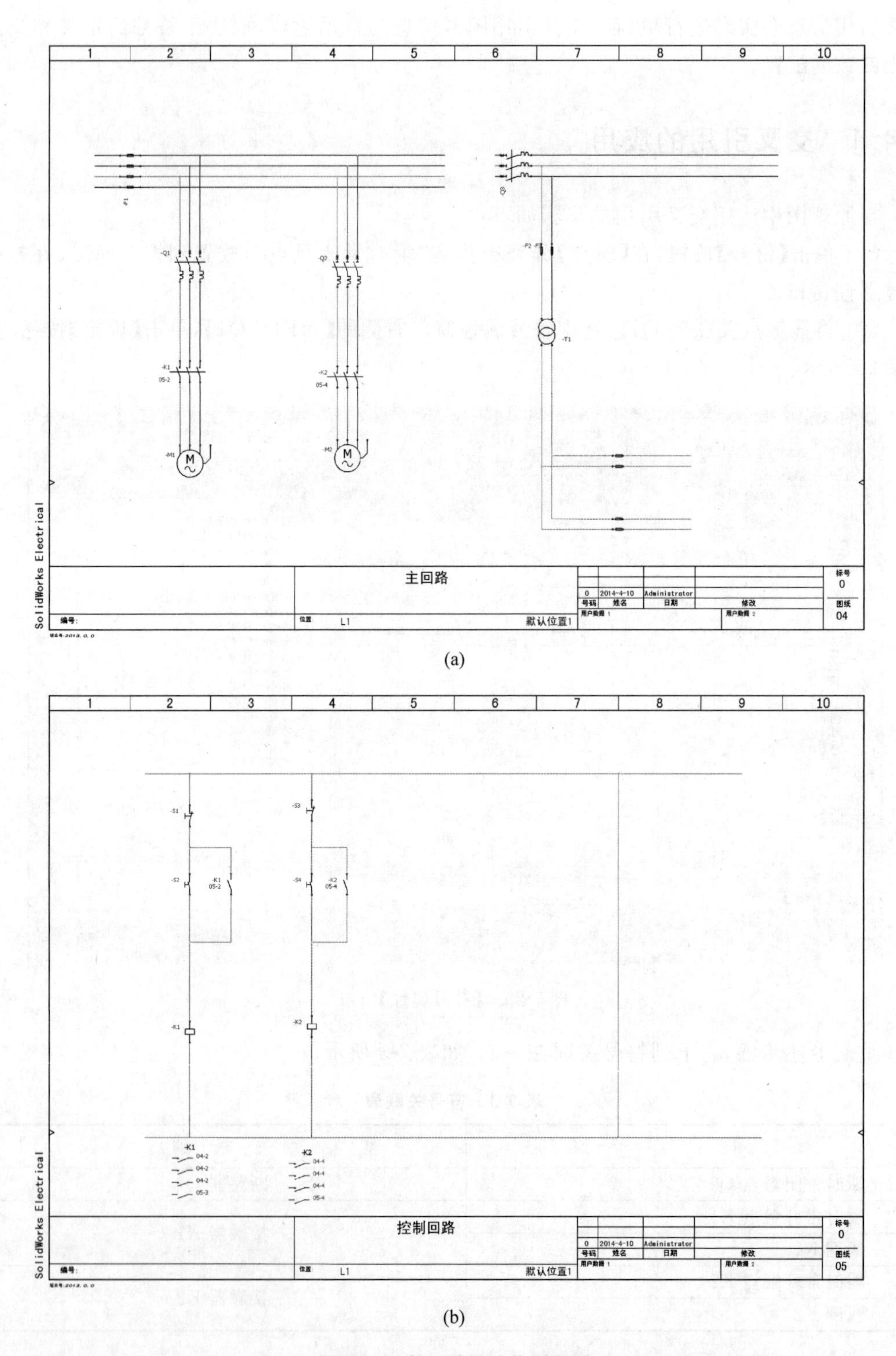

(a)

(b)

图 7-29 交叉引用后的原理图

7.4.2 交叉引用图形配置

在【工程】选项卡选择【配置】中的【交叉引用图形】命令，打开交叉引用图形配置，如图 7-30 所示，该对话框集中了所有交叉引用中所用到的参数图形。

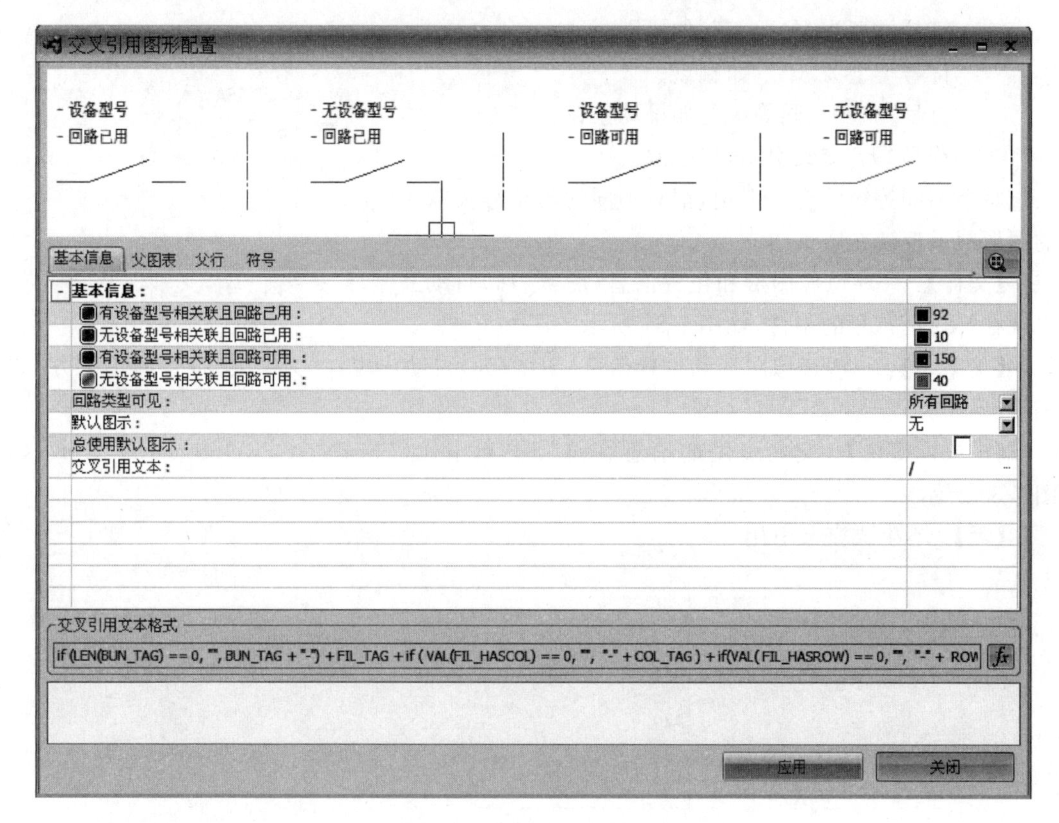

图 7-30 交叉引用图形配置

图 7-30 中选项的含义如下：

【基本信息】：不同颜色代表不同的回路类型(已用，可用，是否存在制造商设备型号中)。单击颜色代码，选择合适的颜色。

【回路类型可见】：是否在图纸中显示可用回路(未使用的)。

【默认图示】：交叉引用的等级采用默认配置，可以给图示选择"图标"或"行"或"无"模式。

【总使用默认图示】：无论交叉引用的等级，都使用默认配置。

【父图表】：定义显示在图纸下方的镜像图形格式。

【父行】：定义符号附近的镜像图形格式。

【符号】：定义每个回路类型关联的交叉引用图形。这些图形可以是独立的符号整体，应包含连接点，并能够用于显示设备引脚号。

7.4.3 交叉引用等级的定义

根据所使用标准和符号类型的不同，交叉引用分为不同的等级：

——符号类型为“父行”，如断路器；

——符号类型为“父图表”，如线圈；

——符号类型为“子”，如触点；

——符号类型为“同等级”，如推动按钮；

——符号“无”交叉引用，如电源。

每个不同等级的交叉引用，都有不同的与符号关联的图形图示反映在图纸中。

【父行】：一些镜像图形和位置信息（图纸/列）自动出现在“父行”符号的附件，如图 7-31 所示。

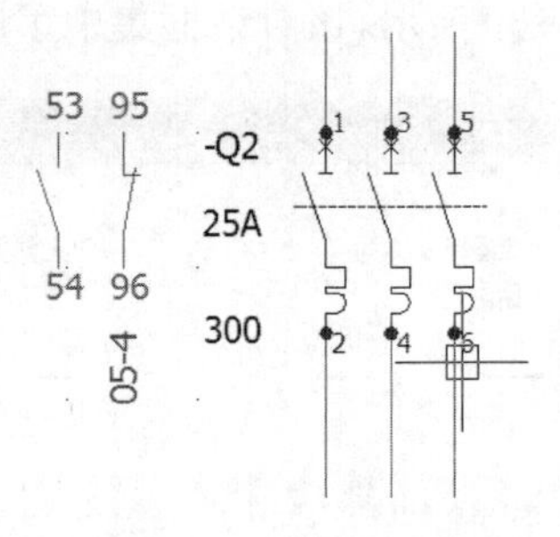

图 7-31　父行

【父图表】：一些镜像图形和位置信息（图纸/列）自动出现在“父图表”符号的正下方，如图 7-32 所示。

【子或同等级】：交叉引用的信息在符号中利用代码格式“＃CROSS_REF”表示，如图 7-33 所示。

【无】：不生成交叉引用。

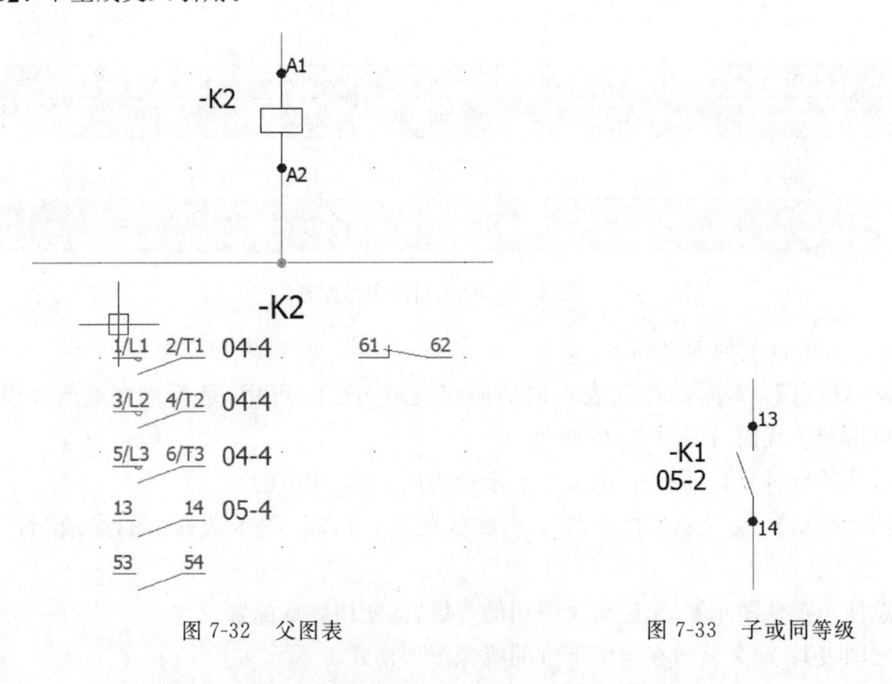

图 7-32　父图表

图 7-33　子或同等级

7.4.4 交叉引用图形的导航

一个设备有时通过多个符号表示，并可能分别在不同的图纸页面中。为了更加清楚地理解和表达原理图，Elecworks 自动生成交叉引用图形信息，使用图形或设备标注下方的文字标识体现在图纸中。用户可以直接导航至关联此设备的其他符号，在符号(或交叉应用图形)的右键菜单中选择【到达】命令就可以完成导航，如图 7-34 所示。

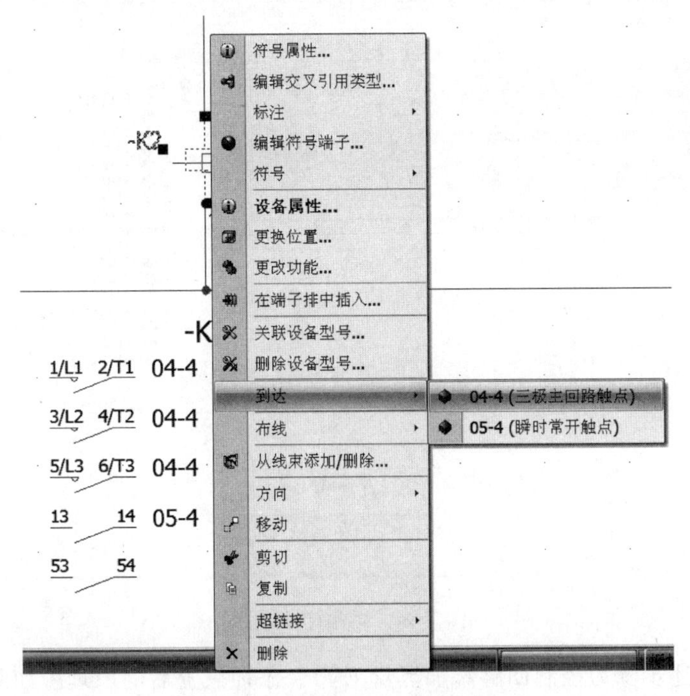

图 7-34　交叉引用图形的导航

7.5 添加黑盒

黑盒是一个通用的符号，它可以代表任何设备或装置，在某些情况下一些符号不需要特殊表示，可以直接调用黑盒图形，节约绘制时间。黑盒符号是一个矩形符号框，并自动根据连接线生成连接点。黑盒只能在“原理图”类型的图纸中使用。

7.5.1 插入黑盒

在主回路原理图中添加黑盒 G1，在控制回路原理图中添加黑盒 EV1，步骤如下：

(1) 在【原理图】选项卡中单击【添加黑盒】按钮，如图 7-35 所示。

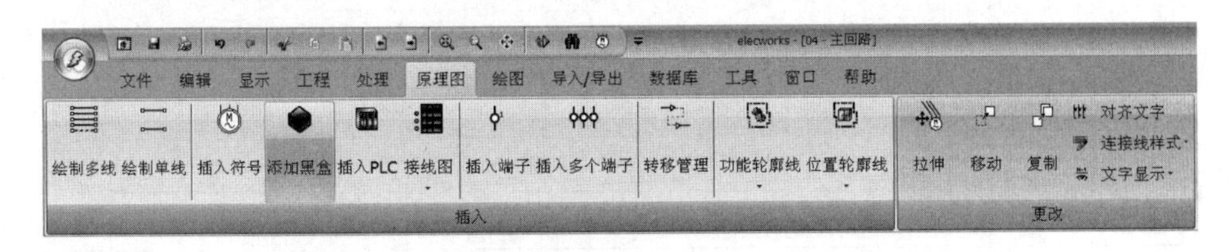

图 7-35　添加黑盒操作

(2) 在绘图区域，单击第一个插入点开始黑盒绘制，单击第二个点结束黑盒绘制，并弹出符号属性对话框。将标注改为“G1”，如图 7-36 所示。为黑盒添加制造商设备型号，可参看 7.3.3 节"编辑符号"。

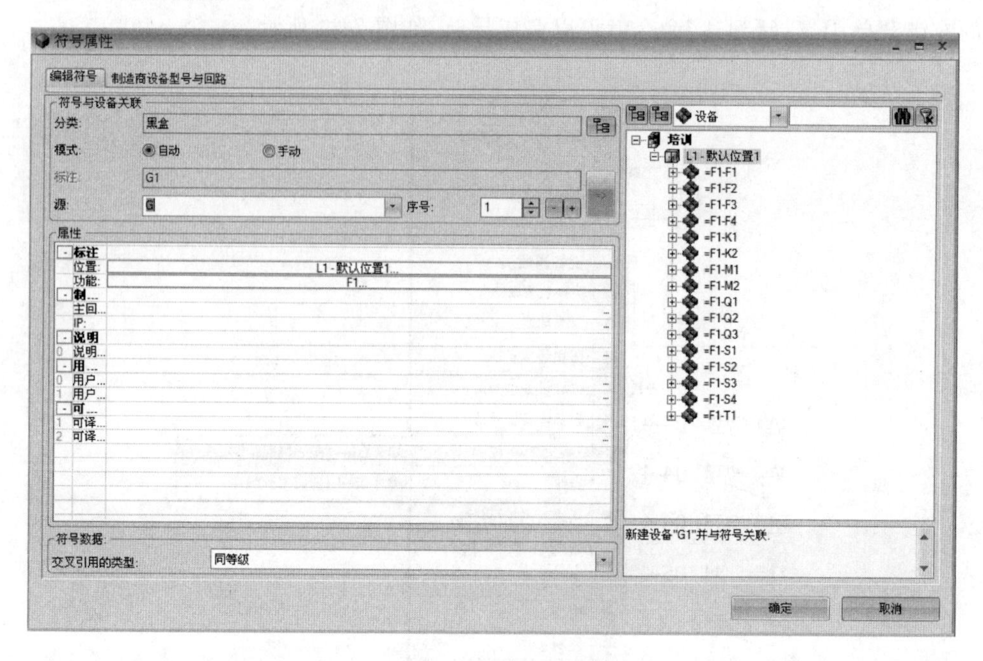

图 7-36 黑盒符号属性

（3）重复上述步骤为控制回路添加黑盒 EV1。添加黑盒后的原理图如图 7-37 所示。

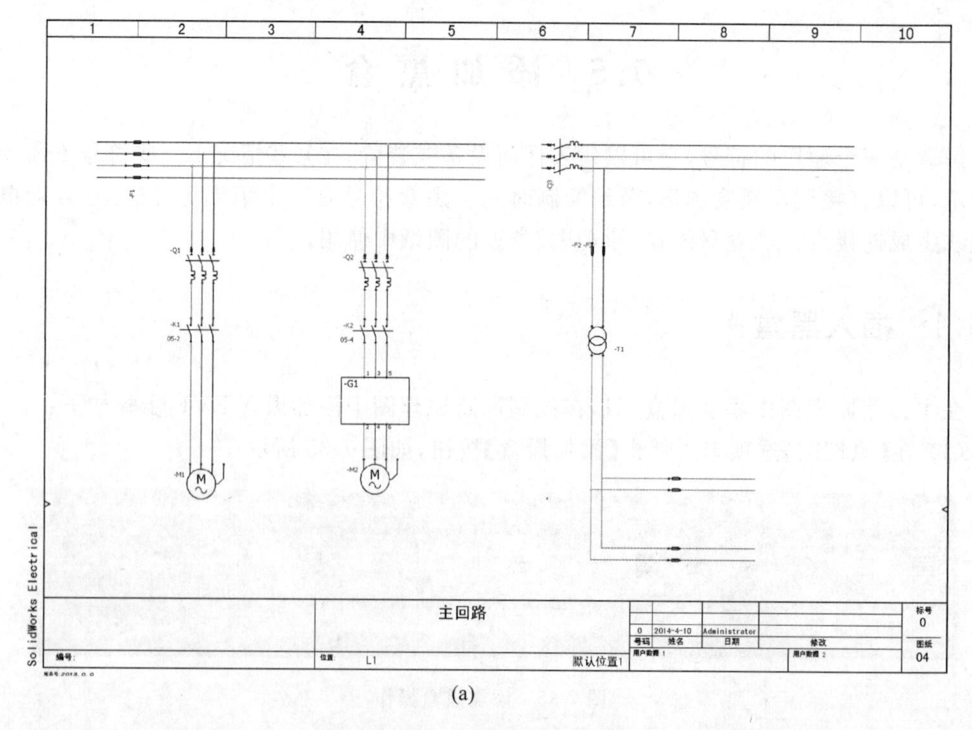

(a)

图 7-37 添加黑盒后的原理图

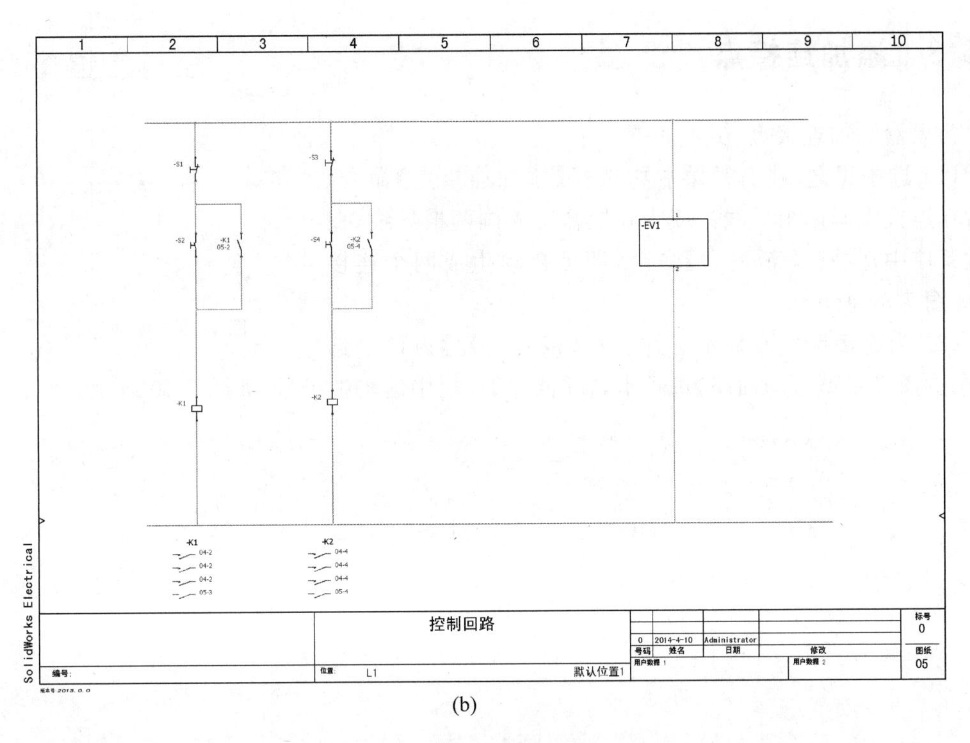

(b)

图 7-37(续)

7.5.2 更新

选中黑盒，在右键菜单中选择【更新黑盒】命令，如图 7-38 所示。此命令用来将黑盒对齐新的连接线，并将与黑盒符号轮廓线相切割产生的点自动转化为连接点。

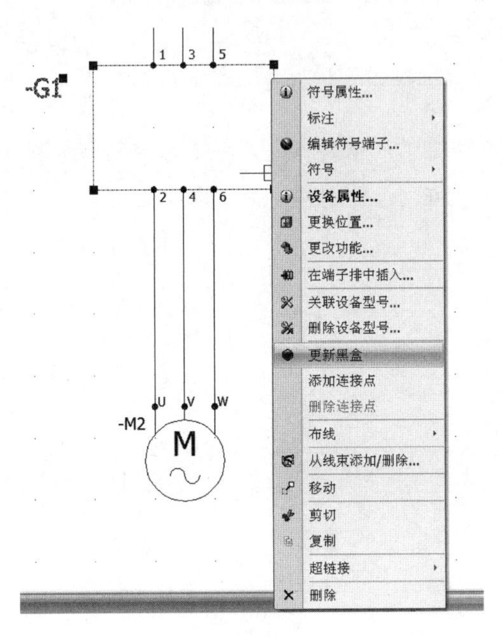

图 7-38　黑盒右键菜单

7.5.3 添加连接点

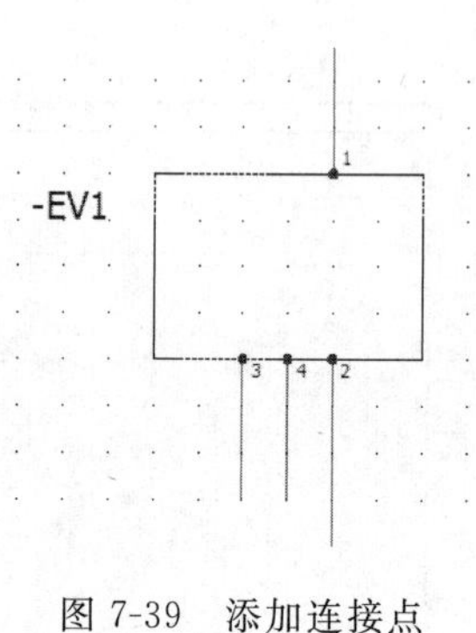

图 7-39 添加连接点

为黑盒添加连接点，步骤如下：

(1) 选中黑盒，在右键菜单中选择【添加连接点】命令，然后在连接点画两根导线。或者在黑盒上先画两根导线，在右键菜单中选择【更新黑盒】命令，即可自动生成两个连接点，如图 7-39 所示。

(2) 为连接点更改显示标注。在【符号属性】窗口中选择【制造商设备型号与回路】选项卡，在【回路】一栏中编辑端子号，如图 7-40 所示。

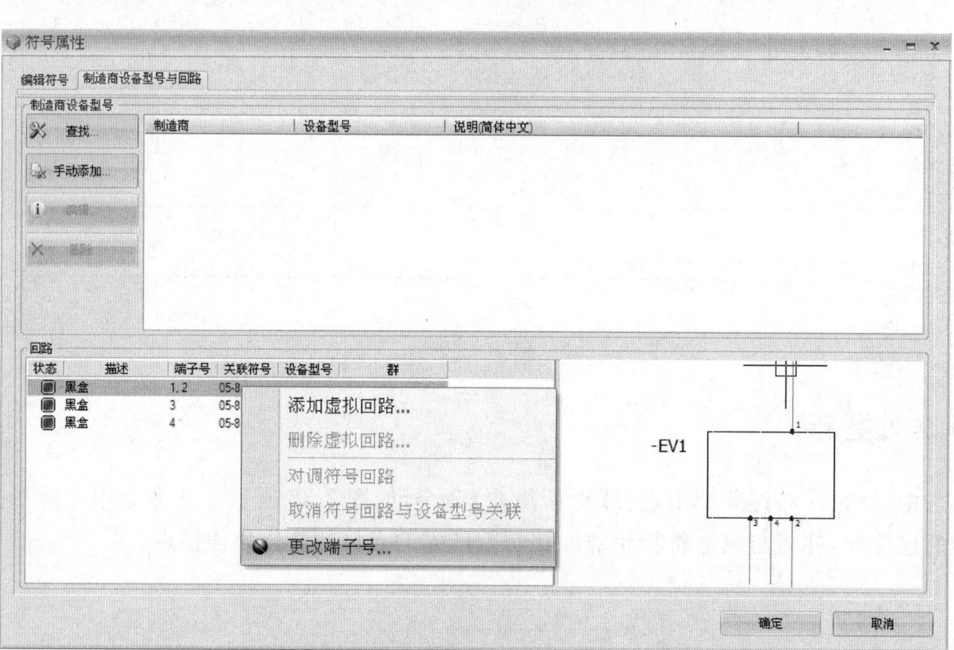

(a)

编辑端子文字

回路	系数	标注	最大电线数	助记	使用
1	1	A1	0		
1	2	A2	0		

确定　取消

(b)

图 7-40 编辑端子号

(3) 单击【确定】按钮。

7.6 宏

Elecworks有一个库,可以用来保存部分原理图,叫做“宏”。为了避免重复绘制相同的符号或回路,可将其保存为宏,宏可以包含连接线、符号、接线端子等。一个数据库中单独存放宏,并可以在多个工程中自由调用。

7.6.1 新建宏

新建宏时,打开包含宏组成部分的图纸,在侧面控制栏中,选择【宏】选项卡,如图7-41所示。

在图纸区域,选择宏组成部分,运用鼠标拖/放将其拖入侧面宏栏中,窗口将打开允许输入宏参数信息,如图7-42所示。

此宏将自动添加进宏库中,并可以在其他项目中调用,在侧面控制栏的右键菜单中,允许编辑宏标签栏参数,如图7-43所示。

图7-41　宏标签栏

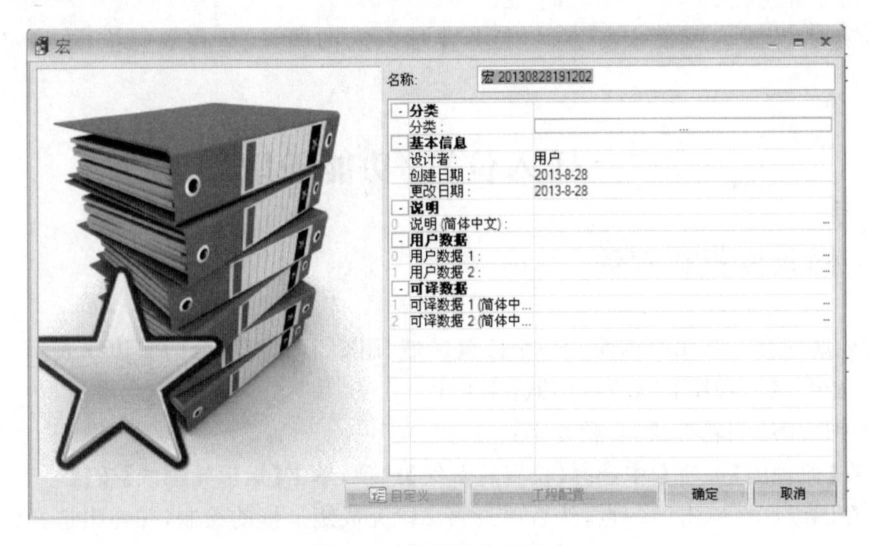

图7-42　宏参数信息窗口

图7-43中选项的含义说明如下。

【添加宏】:选择库中宏,将宏添加进控制栏快捷方式。

【删除宏】:删除宏快捷方式(并不在数据库中删除)。

【新建群】:新建一个快捷栏群组。

【群属性】:打开此群的属性窗口。

【删除群】:删除所选的群组。

【激活群】:打开要显示的群组。

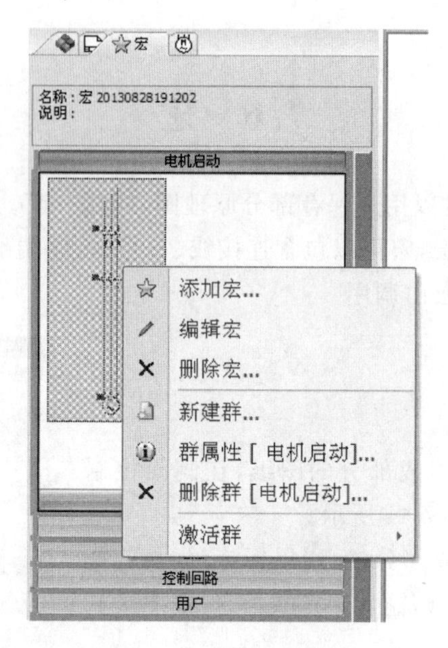

图 7-43　宏侧面控制栏

7.6.2　插入宏

插入宏时，先进入侧面宏标签栏，打开要插入宏的图纸，运用鼠标拖/放将宏拖入图纸中。

7.7　插入位置/功能轮廓线

7.7.1　插入位置轮廓线

位置轮廓线允许在图纸内绘制一个位置区域，用矩形框或闭合的多边线表示。插入位置轮廓线命令在【原理图】或【方框图】选项卡中。

在原理图中绘制轮廓线，步骤如下：

(1) 在【原理图】选项卡中选择【位置轮廓线】选项，单击【矩形轮廓线】按钮。

(2) 在图纸区域单击第一点，然后单击第二段完成矩形框的绘制，并弹出选择位置对话框。在该对话框内选择位置 LM1，如图 7-44 所示。

(3) 单击【选择】按钮，弹出更换设备所属位置对话框，选择【更新设备位置】选项，将更新位置轮廓线的设备位置，如图 7-45 所示。

(4) 添加位置轮廓线后的原理图如图 7-46 所示。

(5) 在【原理图】选项卡中选择【位置轮廓线】选项，单击【多边轮廓线】按钮。

(6) 在图纸区域单击第一点，单击第二点画出一条线，然后用同样的方式绘制闭合的框。在弹出的选择位置对话框中选择位置 P1，并更新位置。添加位置轮廓线 P1 后的原理图如图 7-47 所示。

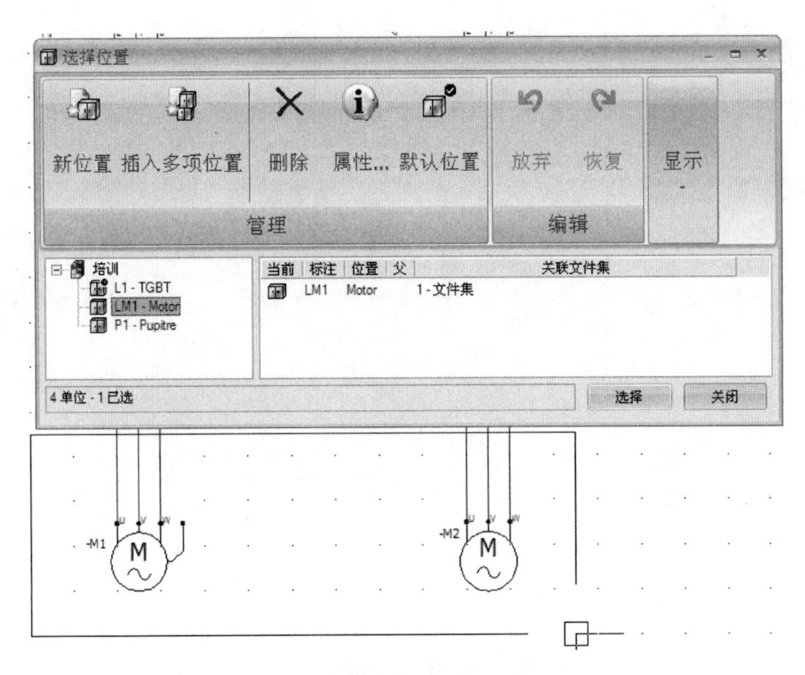

图 7-44　选择位置

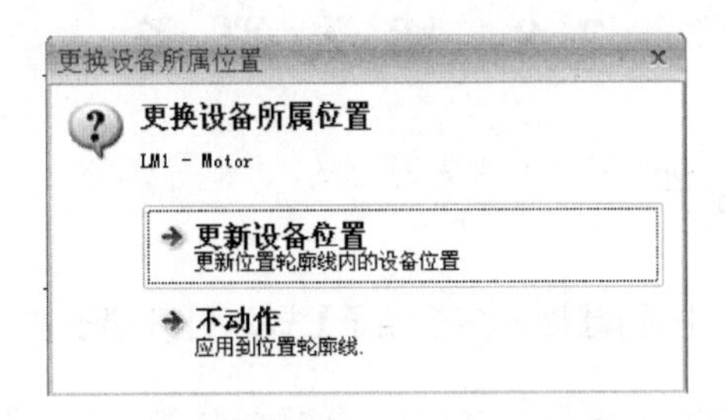

图 7-45　更换设备所属位置

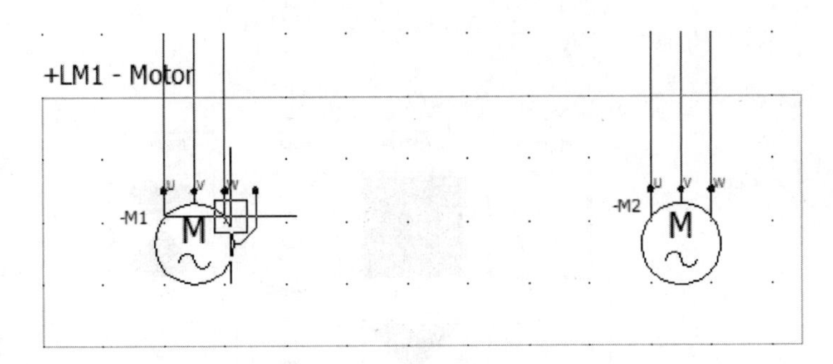

图 7-46　位置轮廓线 LM1

7.7.2　插入功能轮廓线

插入功能轮廓线与插入位置轮廓线方法相同。

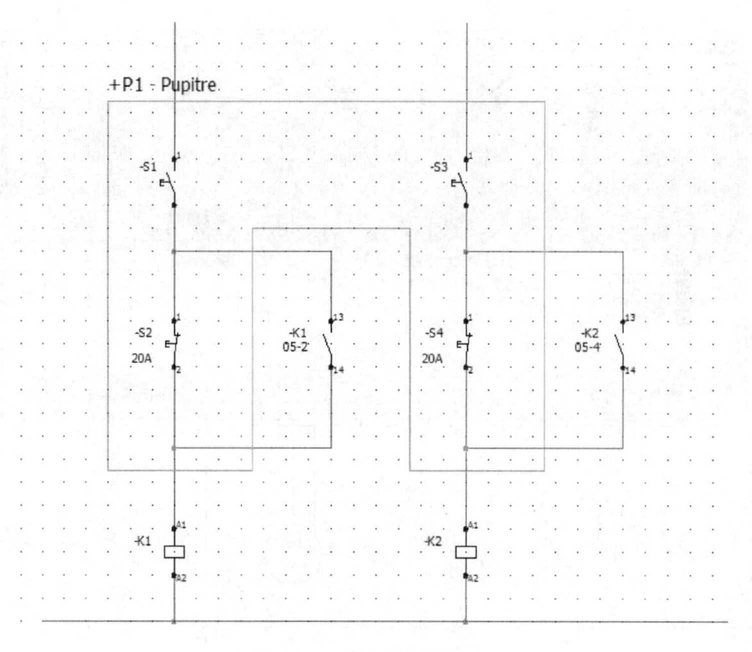

图 7-47 位置轮廓线 P1

7.8 插 入 端 子

7.8.1 插入多个端子

(1) 在【原理图】选项卡中选择【插入多个端子】选项,打开端子选择管理器,如图 7-48 所示。

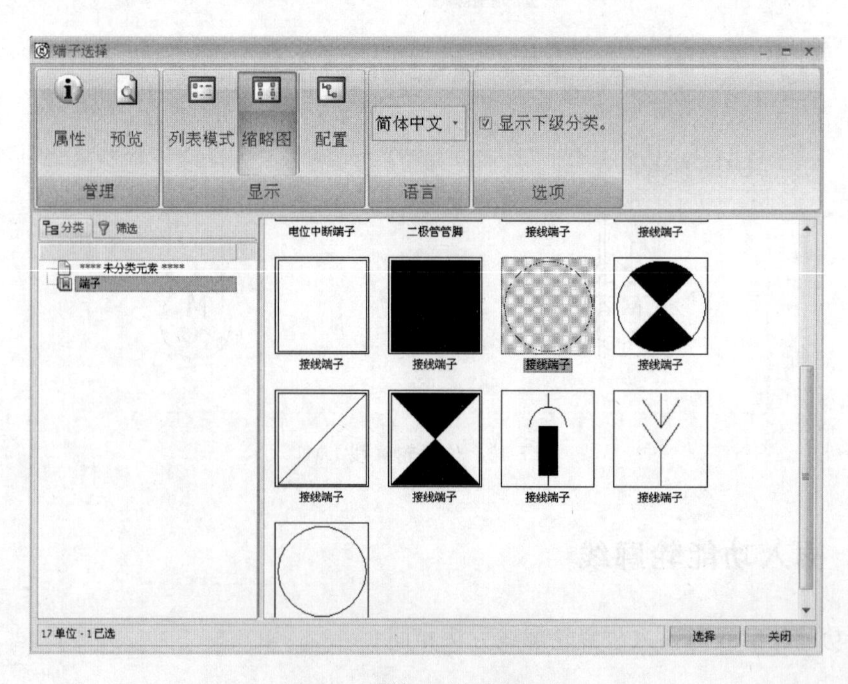

图 7-48 【端子选择】管理器

(2) 选择一个端子符号。

(3) 单击两点形成于连接线垂直的轴线，在每个轴线与连接线的交点处都会添加一个端子，然后选择端子方向(三角形表示端子方向)，如图 7-49 所示。

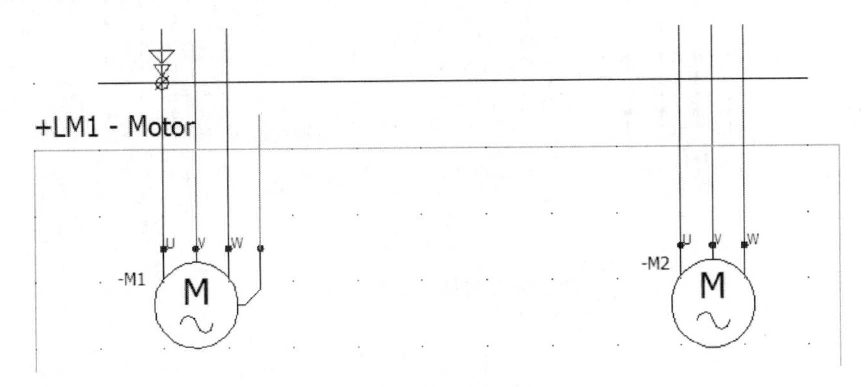

图 7-49　绘制多个端子

(4) 选择方向后，打开【端子属性】窗口。选择对话框中右侧的设备 XA1，则该端子关联到 XA1，如图 7-50 所示。

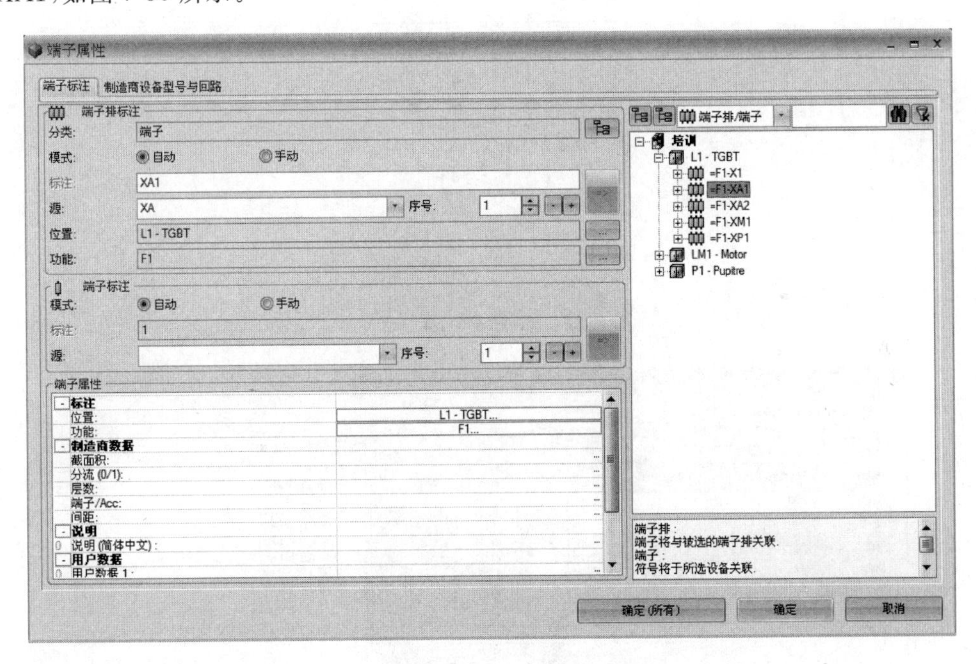

图 7-50　端子属性

(5) 单击【确定(所有)】按钮，多个端子插入原理图中，如图 7-51 所示。

(6) 根据上述操作添加多个端子 XM1，并将第四个端子符号手动改为 V/J，如图 7-52 所示。

7.8.2　插入单个端子

(1) 在【原理图】选项卡中选择【插入端子】选项，打开端子选择管理器，选择一个端子符号。

(2) 打开端子属性，该端子关联到 XA1，其端子标注手动改为“V/J”，如图 7-53 所示。

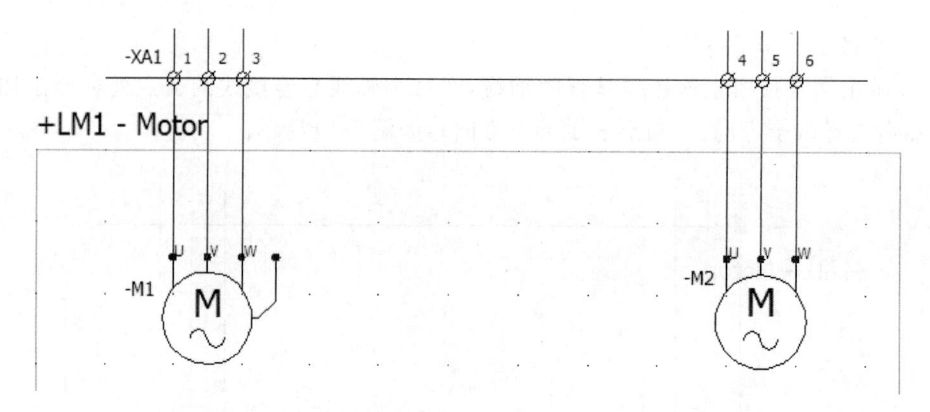

图 7-51 添加多个端子 XA1

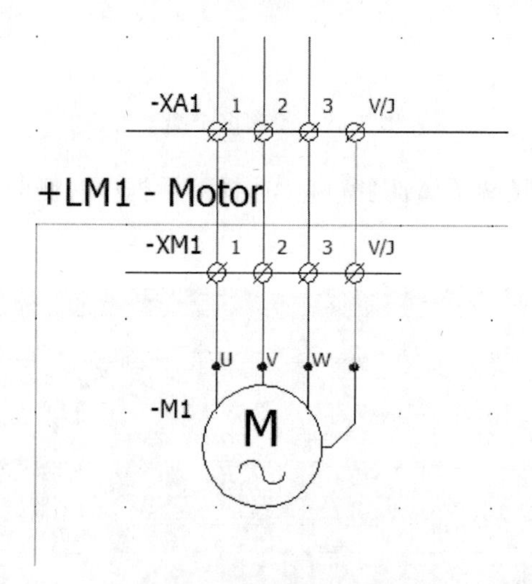

图 7-52 添加多个端子 XM1

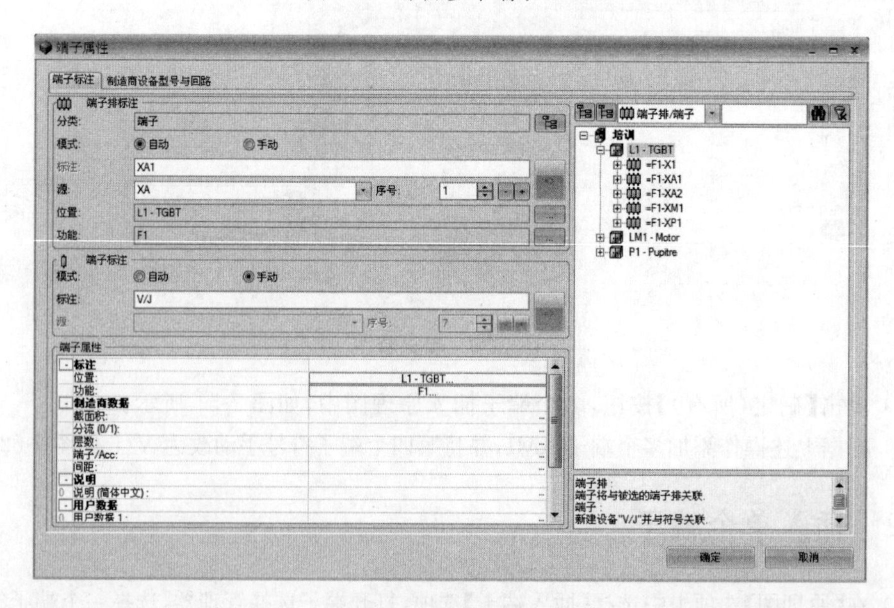

图 7-53 端子属性

（3）单击【确定】按钮，单个端子插入原理图中，如图 7-54 所示。

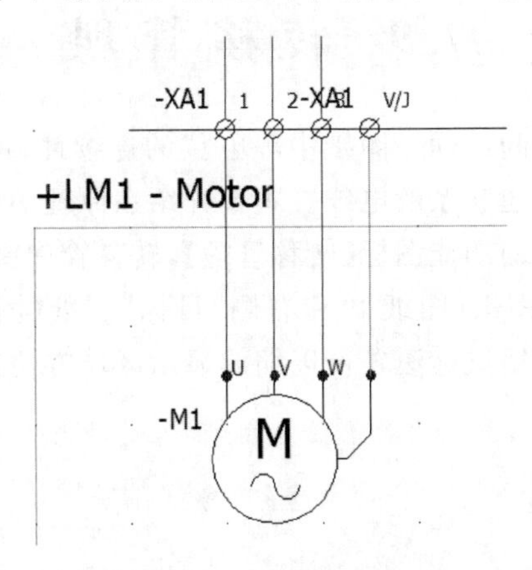

图 7-54　原理图中插入单个端子

（4）选中“V/J”单个端子，在右键菜单中选择【标注】→【父标注】命令，将 XA1 隐藏。

（5）根据上述步骤，添加端子排 XA2 和 XP1，如图 7-55 所示。图中的箭头表示插入端子的方向。

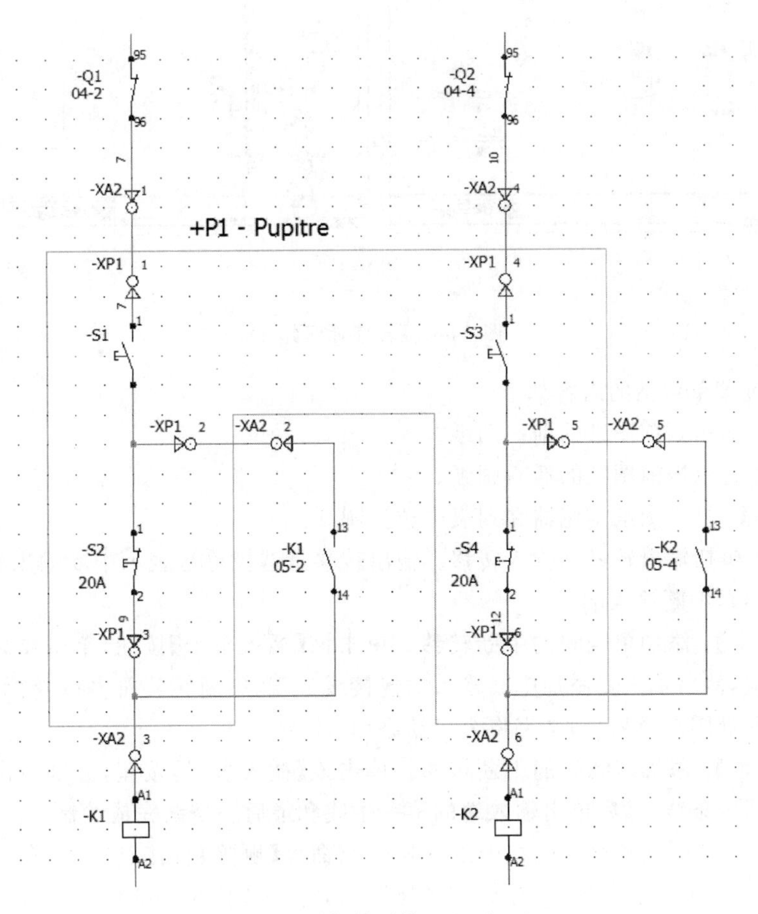

图 7-55　添加端子排 XA2 和 XP1

7.9 转移管理

中断转移用于确保图纸间或同一图纸中等电位的连续性，可以在布线方框图中创建连续的电缆或者在原理图中创建联系的电线。本节介绍在原理图中进行转移管理。

单击【原理图】选项卡中的功能图标【转移管理】，转移管理窗口将打开，如图7-56所示。它分为两个部分：左侧“源”图纸（图纸1）和右侧“目标”图纸（图纸2）。图纸1为在执行此命令前正在编辑的图纸。运用鼠标滚轮可以缩放显示区域方便选择连接线。

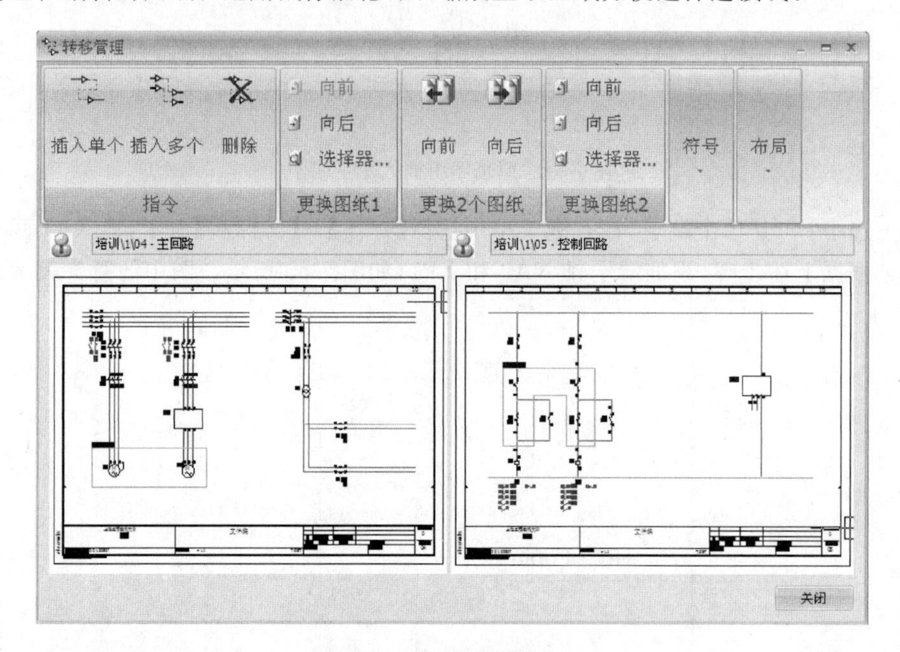

图7-56 【转移管理】窗口

转移管理菜单包括的内容如下：

【向前】：显示当前图纸的前一图纸。

【向后】：显示当前图纸的后一图纸。

【选择器】：打开图纸浏览器在列表中选择图纸。

【符号】：包括输出转移和输入转移。输出转移是选择符号表示中断输出端；输入转移是选择符号表示中断输入端。

【插入单个】：添加单线间的中断转移。单击该【插入单个】按钮，单击要添加中断输出的连接线一端，然后单击要添加中断输入的连接线一端，中断转移符号以及标注（用于表示转移另一端所处图纸及列号）文字将会自动添加。

【插入多个】：添加多线间的中断转移。单击该【插入多个】按钮，分别单击输出端的第一条线和最后一条线，然后单击输入端的第一条线和最后一条线完成绘制。

【删除】：一个中断转移可以在图纸区域运用命令【删除】直接删除，或在转移管理中单击功能按钮【删除】。当一端的中断转移被删除时，与此转移相关的信息参数（输入/输出转移，符号及文字）都将被删除。

在原理图中插入转移管理的步骤如下：

(1) 在【原理图】选项卡中选择【转移管理】命令，打开转移管理窗口，如图 7-56 所示。

(2) 单击【插入单个】按钮，单击要添加中断输出的连接线一端，然后单击要添加中断输入的连接线一端，如图 7-57 所示。

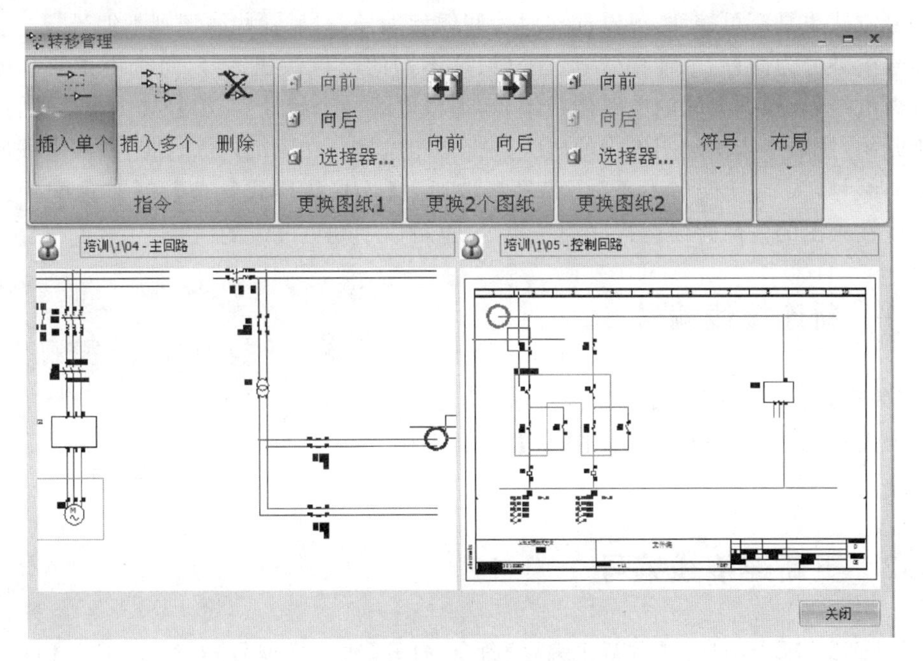

图 7-57　插入转移管理

(3) 按照上述步骤，再插入一个转移管理，如图 7-58 所示。

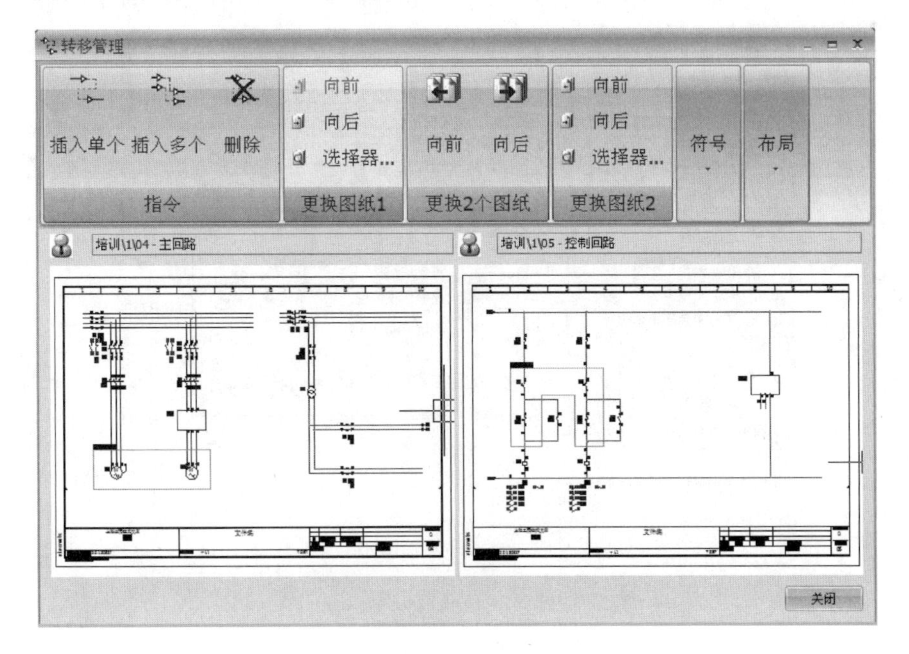

图 7-58　转移管理

7.10 连接线编号

在原理图中绘制的每条电线都可以进行编号。线号标注可为安装布线环节提供方便。自动编号方式也具有可控性，可以选择对一些线型编号，对另一些线型则不编号。

编号模式分为两种，一种称做电位号(根据不同的电位做线编号，每个电位一个编号)，一种称做电线号(根据不同的电线做线编号，每根电线一个编号)。编号规则很简单，从第一页图纸开始，按顺序依次对图纸内的电线进行自动编号。在图纸内部，则是按照电线所处的物理方向编号，从“左上”到“右下”。编号参数通过【连接线样式管理】和【工程配置】设置。用户可以在绘图的任何时候运行线编号指令，也可以手动更改线的编号。

7.10.1 新连接线编号

在【处理】选项卡中选择【新连接线编号】命令，弹出一个提示，如图7-59所示，单击【是】按钮，即生成新的连接线编号。

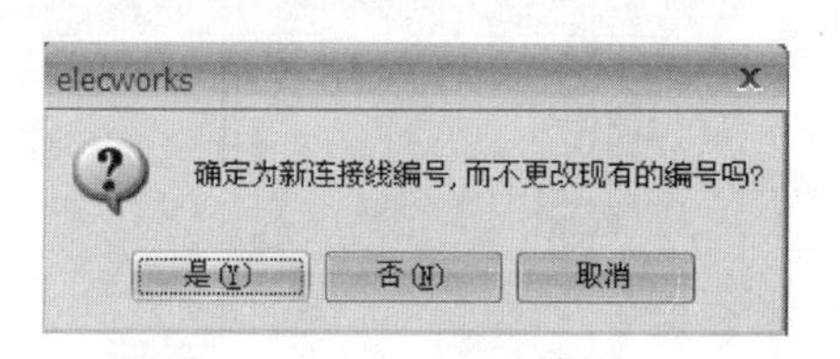

图7-59 提示框

7.10.2 更新连接线编号

在【处理】选项卡中选择【重新线编号】命令，打开【线重新编号】对话框，选择【重新计算线号】单选按钮，选中【重新计算手动编号】复选框，单击【确定】按钮后选择继续重新编号，即完成线更新，如图7-60所示。

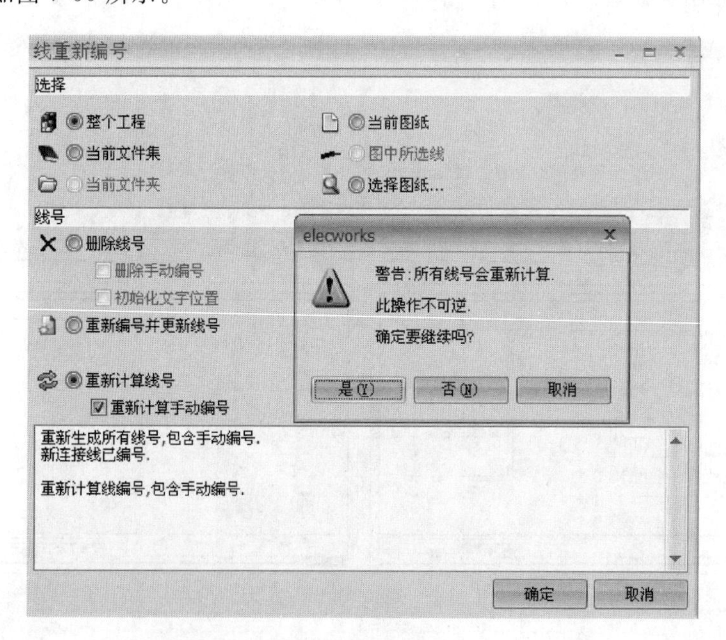

图7-60 线重新编号

7.10.3　对齐编号文字

连接线编号生成后，为了图纸美观需对部分编号进行对齐处理，可通过鼠标点选单个拖动，或使用 Elecworks 提供的一个符号对齐工具。步骤如下：

(1) 选择要对齐的连接线编号，如图 7-61 所示。

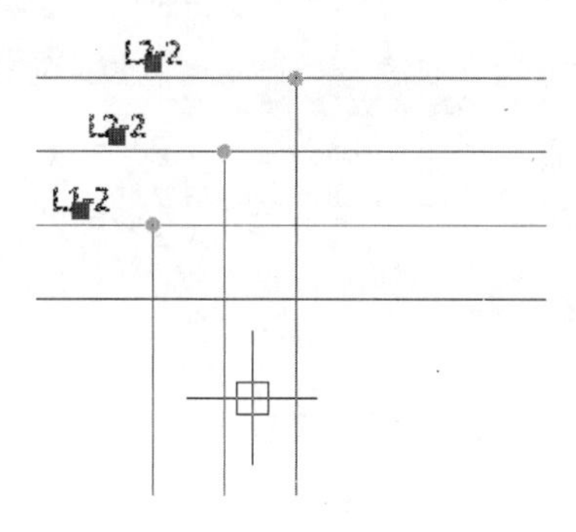

图 7-61　选择要对齐的连接线编号

(2) 在【原理图】选项卡中选择对齐符号工具，选择两点为轴，指定文字相对于轴对齐，如图 7-62 所示。

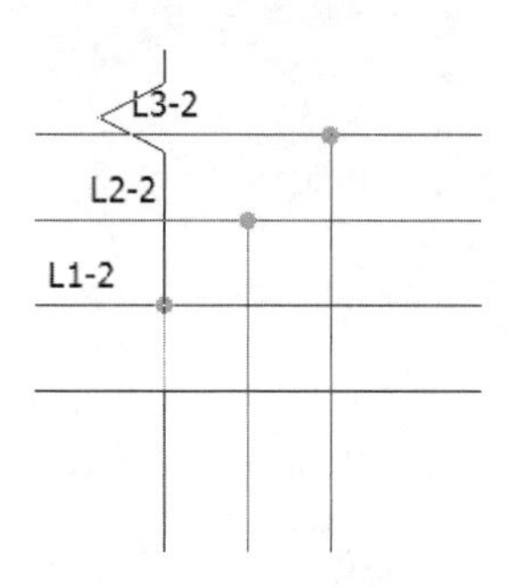

图 7-62　对齐编号操作

(3) 通过轴线中间三角方向定义文字对齐于轴的方向，将光标放在轴线左方，然后再单击一次，即可确定文字对齐于轴左方，对齐后的线号如图 7-63 所示。

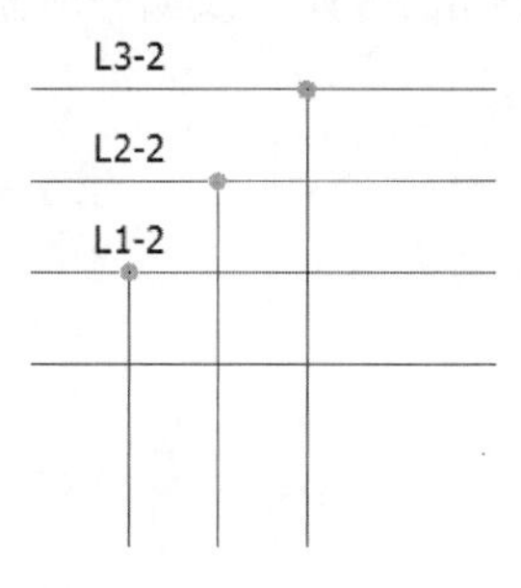

图 7-63　对齐后的线号

7.10.4 显示/隐藏连接线编号

选择要显示或隐藏连接线编号的连接线，在【原理图】选项卡中选择【文字显示】中的【显示线号】选项，如图 7-64(a)所示；或者选择连接线，在其右键菜单中选择【显示\隐藏线号】命令，如图 7-64(b)所示。

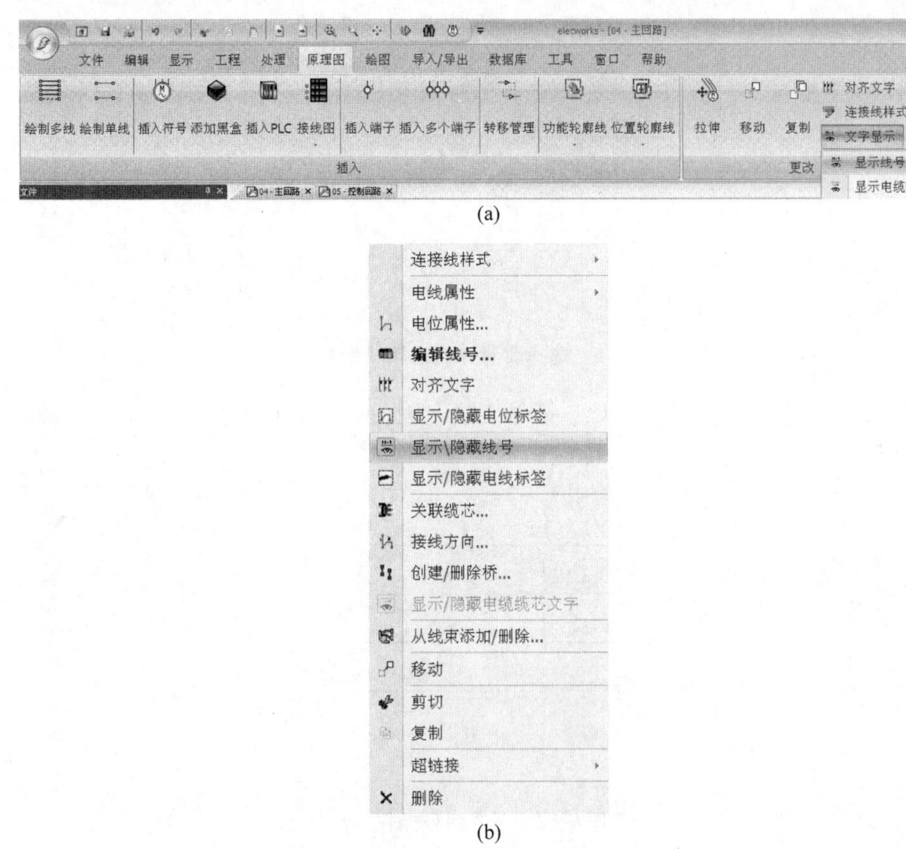

(a)

(b)

图 7-64 显示/隐藏线号

如果当前连接线已显示编号，单击后，连接线编号将隐藏，反之将显示。

第8章

PLC工程图

8.1 添加 PLC 输入/输出

在工程设计的 PLC 设计中，工程师们第一步要做的就是统计输入输出点，然后再针对统计的输入输出进行 PLC 选型，在 Elecworks 的设计中应采用同样的设计原理。

新建或者打开一个工程，工程名称为“培训”。在【工程】选项卡中单击【输入/输出】按钮，打开 I/O 管理窗口，如图 8-1 所示。

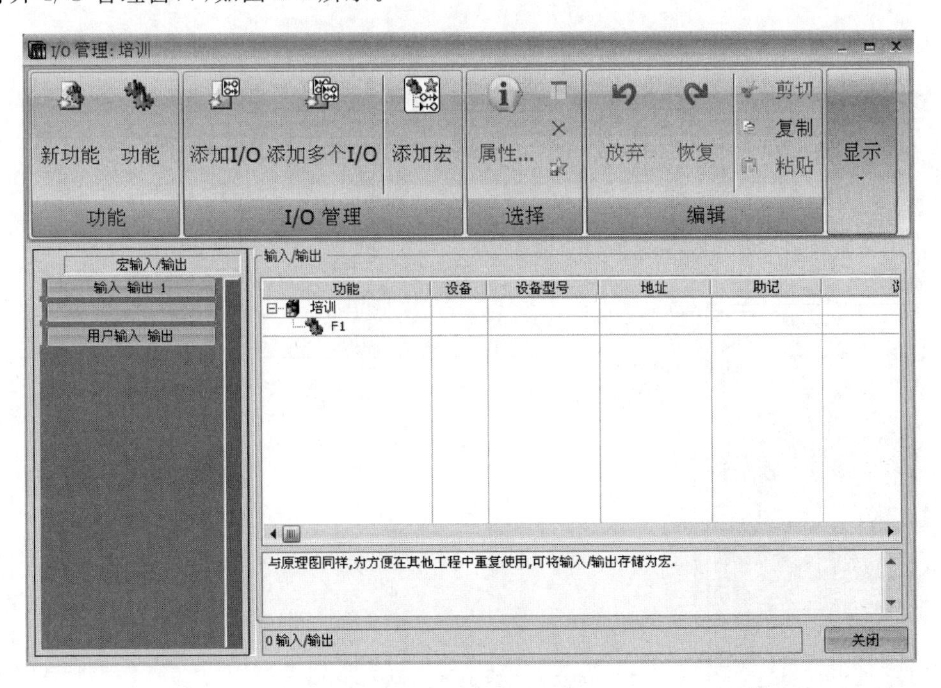

图 8-1　I/O 管理窗口

1. 添加单个 I/O

在 I/O 管理对话框中单击【添加 I/O】按钮，选择所需要添加的 I/O 类型，如图 8-2 所示。

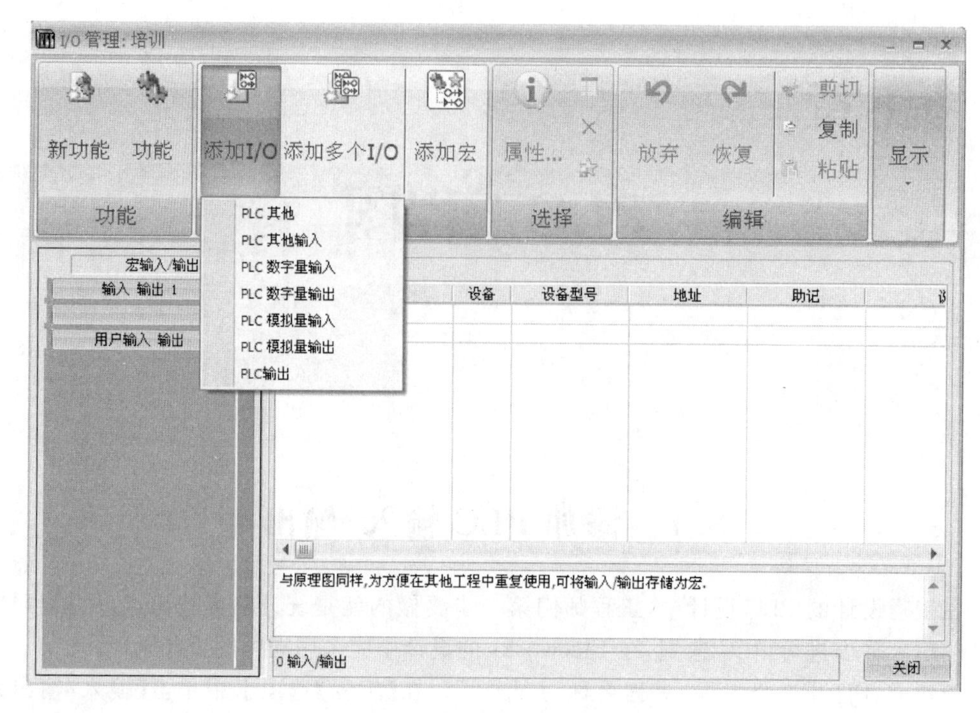

图 8-2 添加单个 I/O

编辑所插入的输入输出地址属性(包括说明、注释等),如图 8-3 所示。

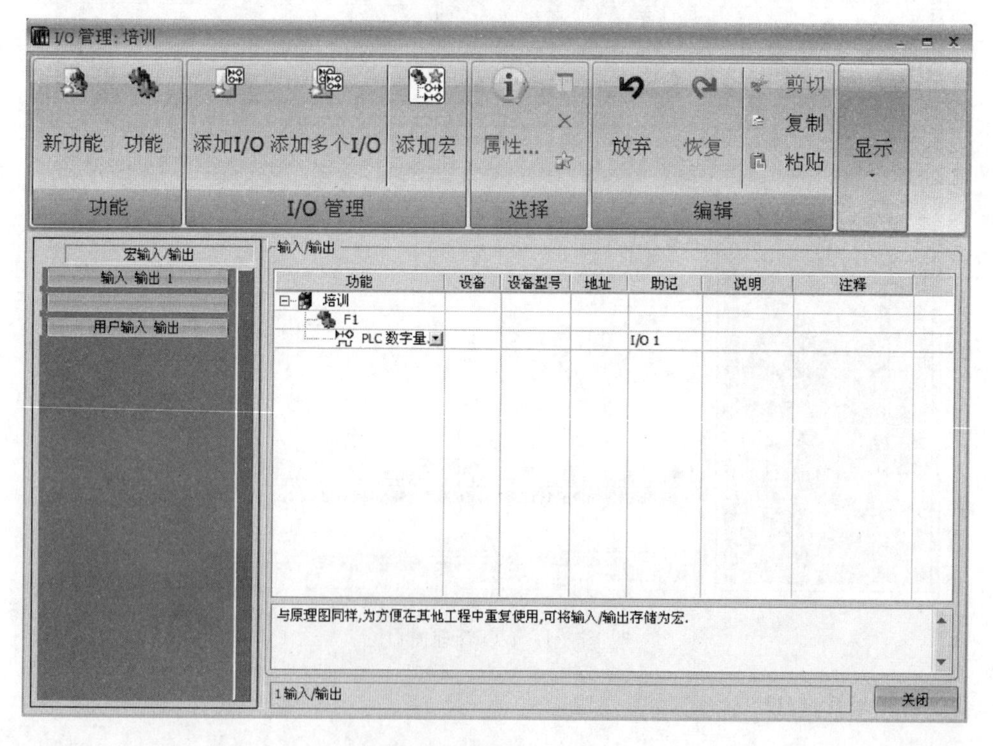

图 8-3 编辑 I/O 窗口

2. 添加多个 I/O

单次可添加多个输入或输出。单击【添加多个 I/O】按钮，选择所需要的 I/O 类型，打开添加数目管理器，输入添加的 I/O 数量，然后单击【确定】按钮，如图 8-4 所示。

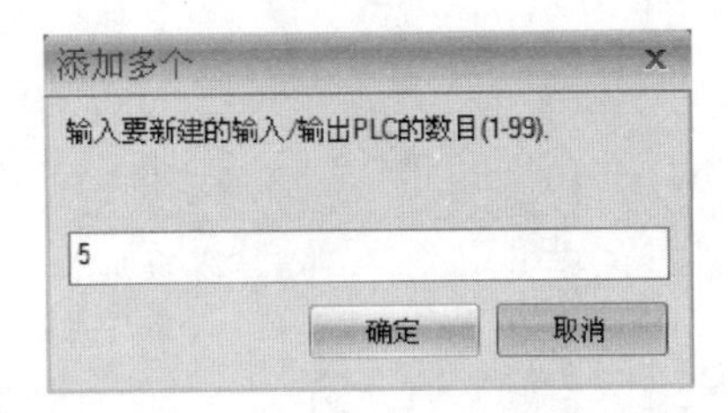

图 8-4 添加 I/O 数目管理器

根据上述操作，为工程添加下面的输入输出，如表 8-1 所示。

表 8-1 添加的 I/O

类　　型	地　　址	助　　记	说　　明
数字量输入	I0.1	Niv H	高位传感器
数字量输入	I0.2	Niv B	低位传感器
数字量输入	I0.3	Niv TB	超低位传感器
数字量输出	O0.1	P1	泵
数字量输出	O0.2	H1	超低位报警

添加输入/输出后的对话框如图 8-5 所示。

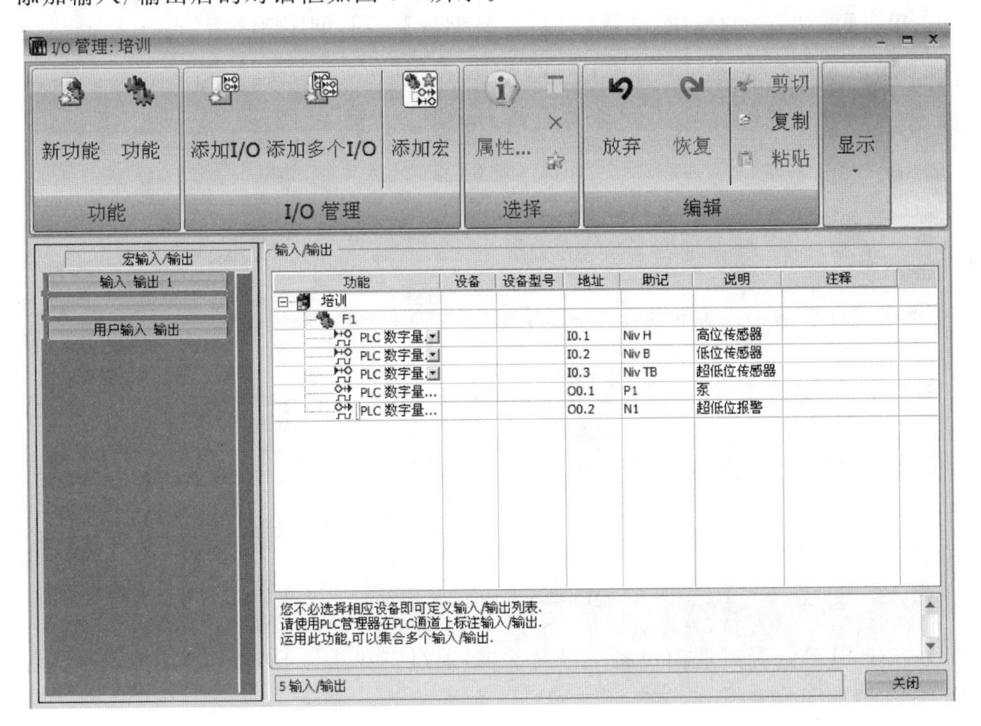

图 8-5 添加输入/输出

8.2 PLC 管理器

此部分执行的是 PLC 选型并与预设 I/O 进行匹配。在工程管理栏中选择【工程】PLC 命令，打开 PLC 管理器，如图 8-6 所示。

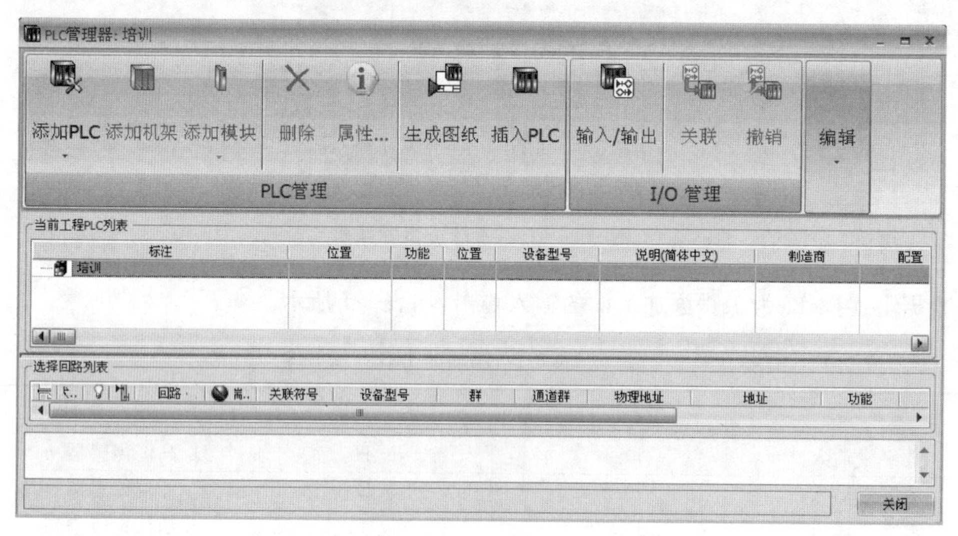

图 8-6 PLC 管理器

8.2.1 为 PLC 选型

(1) 单击【添加 PLC】按钮，选择【PLC 设备型号】选项，如图 8-7 所示。

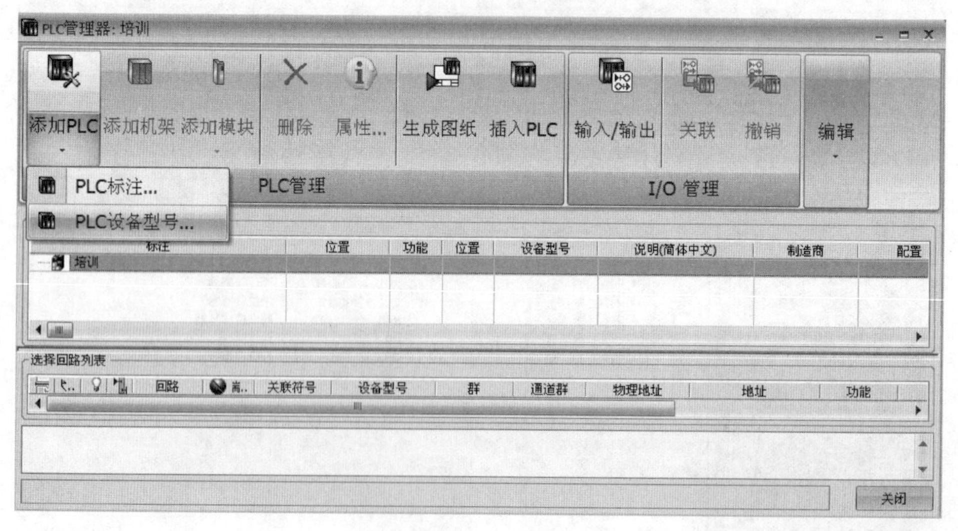

图 8-7 添加 PLC 操作

(2) 打开 PLC 选择制造商设备型号对话框，通过查找选择 Schneider Electric 设备型号为 SR2B121B，如图 8-8 所示。

(3) 进行 PLC 选型，右侧预览框可进行回路预览，添加后单击【确定】按钮。

图 8-8　PLC 选择制造商设备型号

8.2.2　将预设的 I/O 与 PLC 相连

PLC 端子相连可一次选择多个，但是输入输出要分开进行相连。

(1) 如图 8-9 所示，单击 N1 选项，打开 PLC 回路列表。

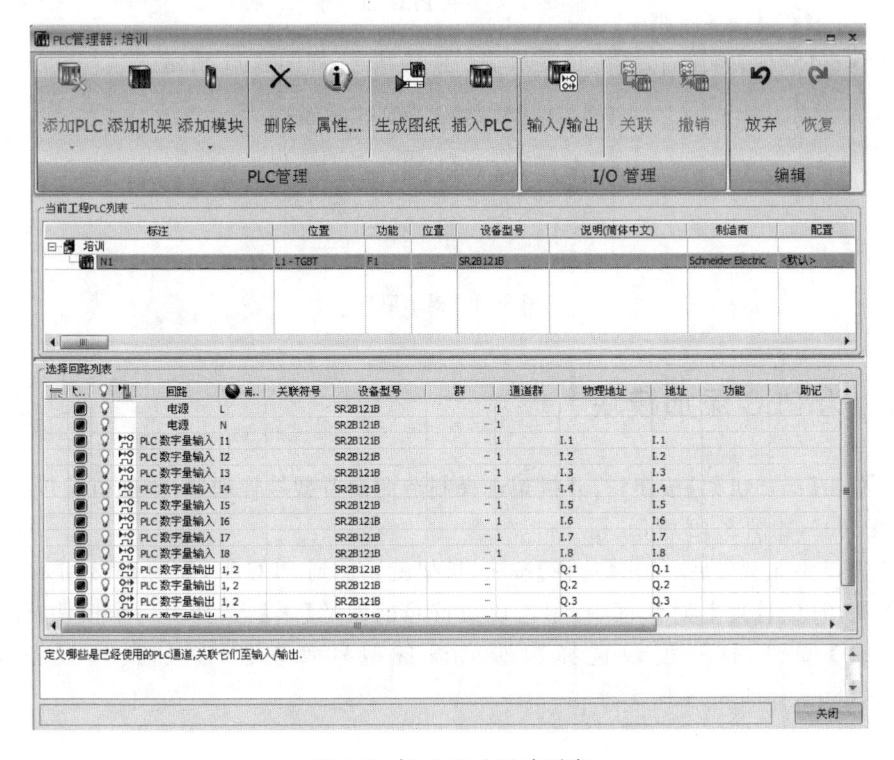

图 8-9　打开 PLC 回路列表

(2) 选择 PLC I/O 端子号，单击【关联】按钮，进入输入输出选择管理器，并选择与 PLC 端子相匹配的输入输出地址，如图 8-10 所示。

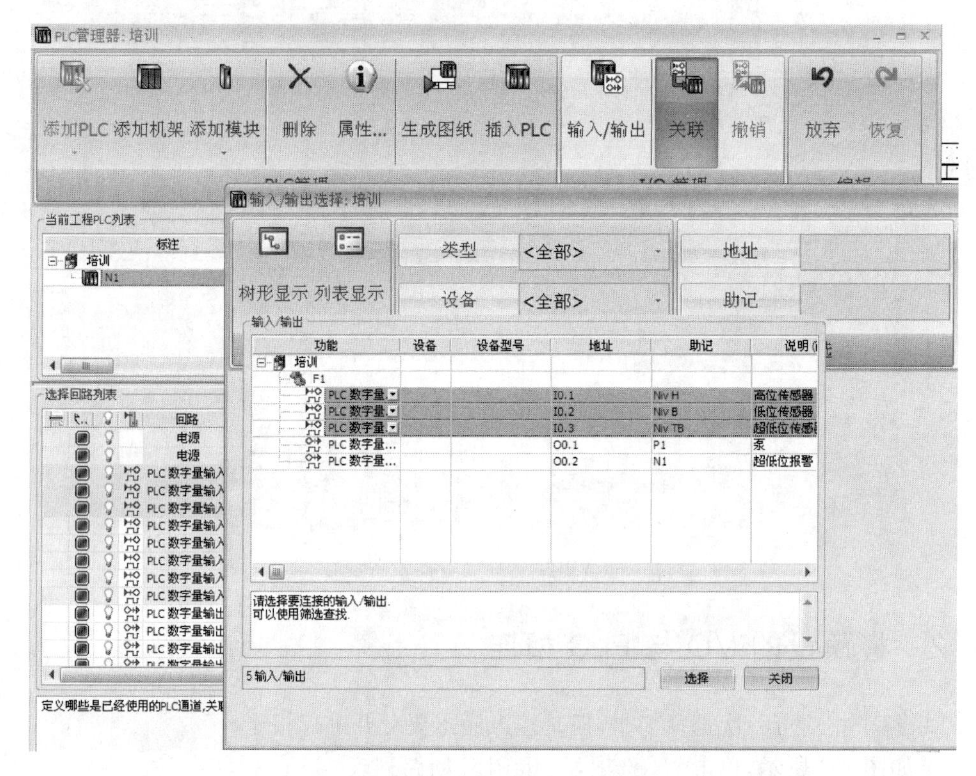

图 8-10 关联 PLC 端子号

(3) 单击【选择】按钮后，系统将提示端子连接状态，如图 8-11 所示。

图 8-11 提示窗口

8.2.3 为 PLC 添加模块

(1) 单击【添加机架】按钮，打开机架选择制造商设备型号管理器，添加机架设备型号为 BMXXBP0600，如图 8-12 所示。

(2) 选择添加型号后，单击【选择】按钮，机架就添加到 PLC 下，如图 8-13 所示。

(3) 在 PLC 管理器对话框中，单击机架符号前面的【+】，选择第一个模块，然后单击【添加模块】按钮，打开模块选择制造商设备型号管理器，添加模块设备型号为 BMXDRA0805，如图 8-14 所示。

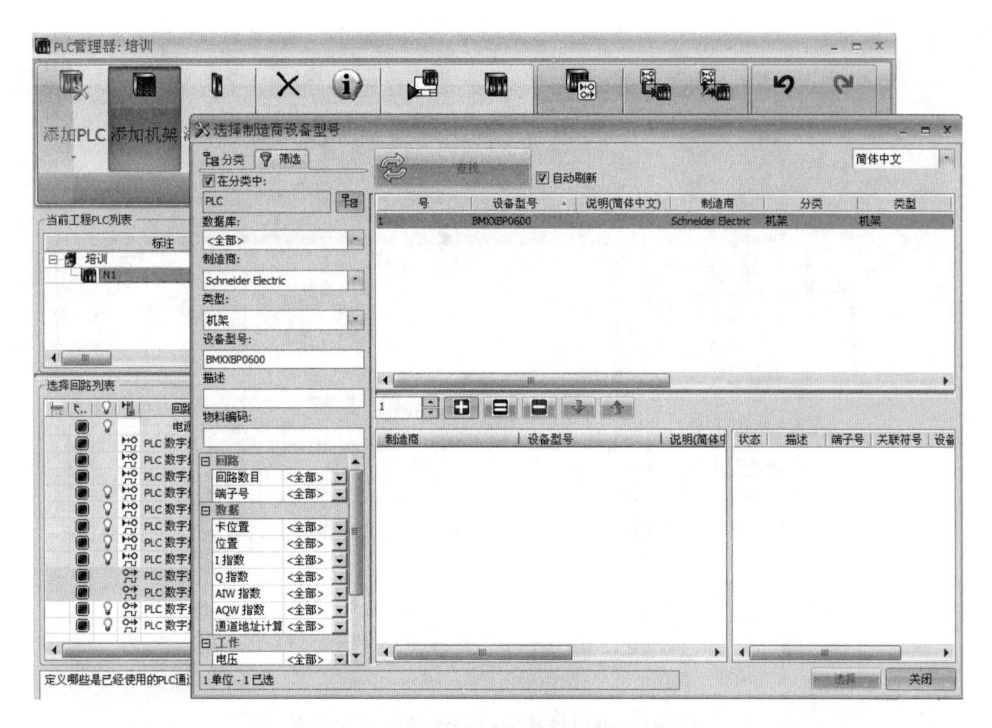

图 8-12　机架选择制造商设备型号管理器

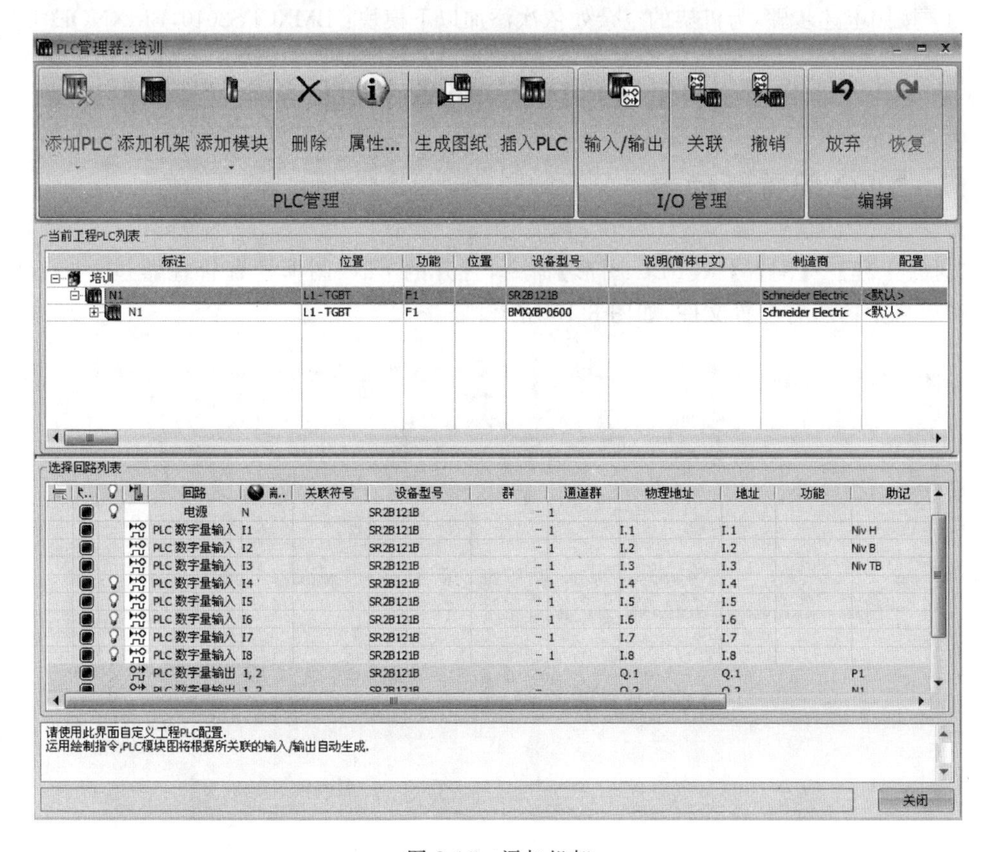

图 8-13　添加机架

图 8-14 模块选择制造商设备型号管理器

（4）按照上述步骤，为机架的空余处依次添加以下模块：BMXCPS2010，BMXNOE0100。

8.3 PLC配置管理

8.3.1 PLC配置管理器

选择【工程】→【配置】→【PLC图形】命令，打开的PLC图形配置管理器包含工程应用程序和项目中的所有配置文件，如图8-15所示。

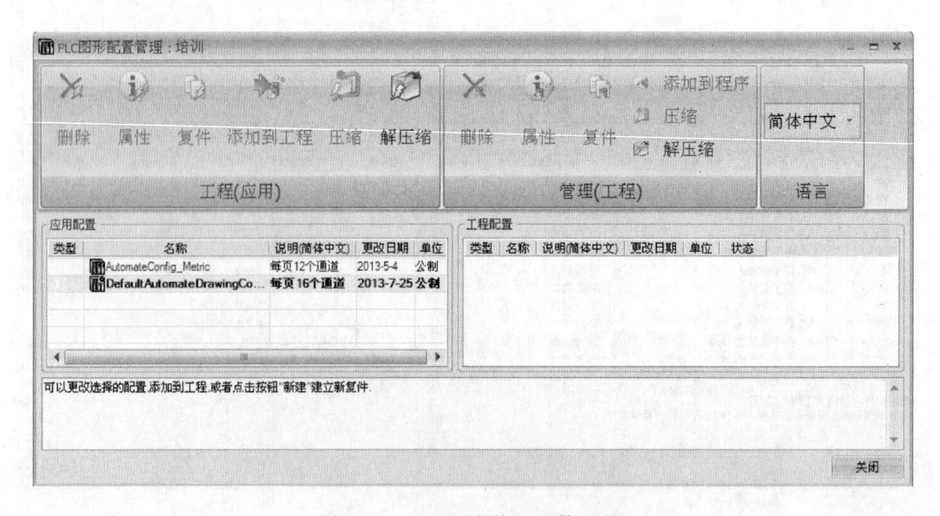

图 8-15 PLC图形配置管理器

窗口左侧为应用程序中的默认配置文件，右侧显示当前项目中所应用的配置文件。功能按钮【添加到工程】和【添加到程序】可以将配置文件分别添加到当前项目或添加至应用程序中。

选择应用配置框中的“每页 16 个通道”，单击【添加到工程】按钮，将其添加至工程配置框中，方便对 PLC 配置的修改。

8.3.2　PLC 图形配置

(1) 选择要编辑的配置文件双击或者单击【属性】按钮，如图 8-16 所示。

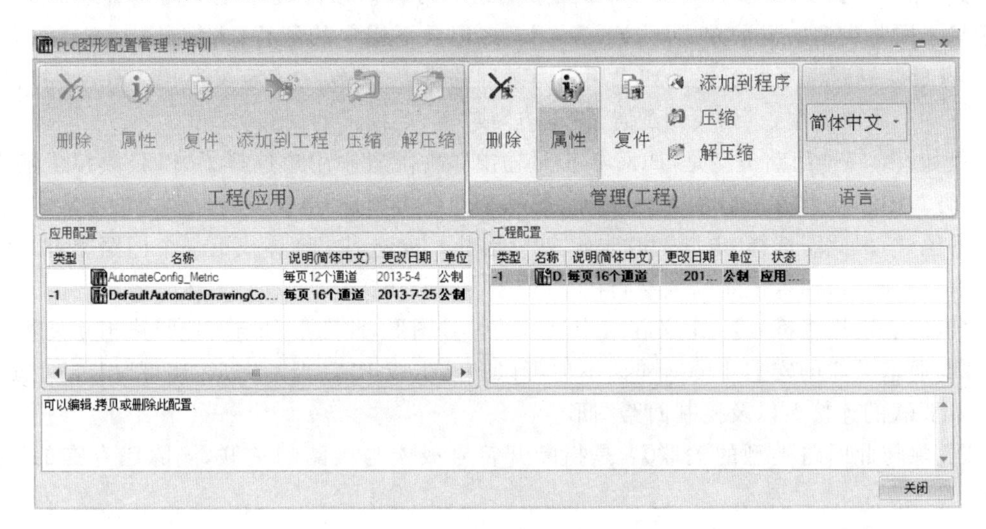

图 8-16　选择编辑配置文件

(2) 打开 PLC 图形配置窗口，如图 8-17 所示。

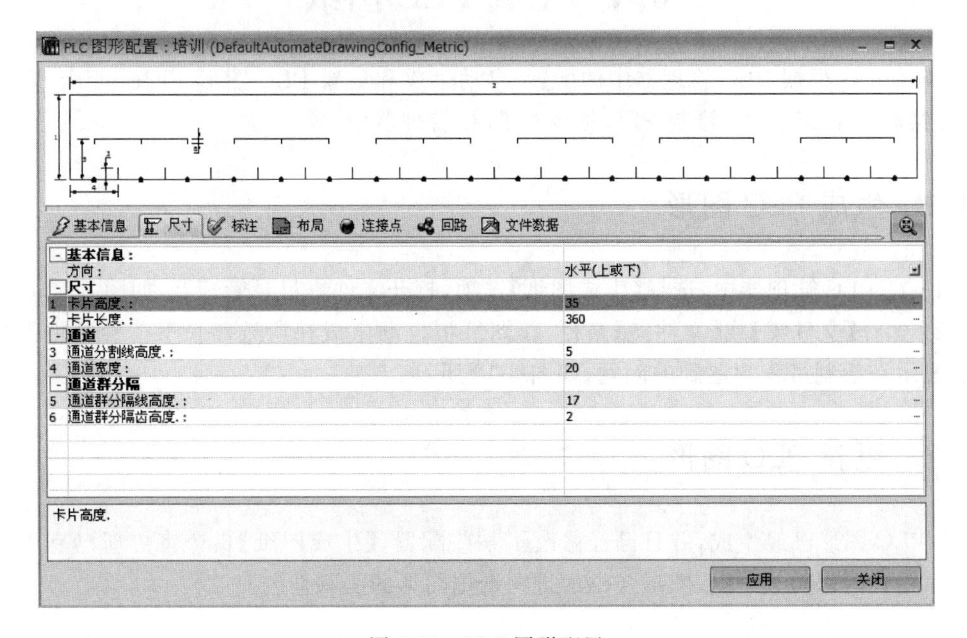

图 8-17　PLC 图形配置

选项卡中显示不同类型的配置数据信息，每当选中一项数据时，上方预览窗口对应数据将显示为红色。

【基本信息】：命名配置文件。

【尺寸】：配置PLC卡的尺寸参数。

【标注】：管理PLC符号中标注的位置和字体参数，也可以修改这些标注变量。

【布局】：配置PLC卡的图形显示参数。

【连接点】：定义设备端子号。

【回路】：定义PLC图形位置(绘制于图纸上方或者下方)。

【回路类型】：此项参数定义PLC图形的绘制方向。按配置中定义的位置绘制PLC。当配置了回路类型的显示方式后，Elecworks将记录下用户的配置(未定义，上方或下方)，并在PLC绘制时调用此配置。如果用户为某回路类型选择了“未定义”，Elecworks将自动寻找下一个回路类型，直到找到配置了“上方”或“下方”模式的回路类型。

例如：第一个回路类型是“PLC模拟量输出”，在配置中用户选择了“PLC模拟量输出”和“下方”，PLC卡将在图纸的下方绘制；第一个回路类型是“电源”，此回路类型不能定义卡绘制的位置，因此需选择“电源”和“未定义”，此时Elecworks将寻找下一个回路类型，当遇到还有位置的回路时，按此位置绘制在图纸“上方”或“下方”。

【卡内通道框图符号】：定义在卡中显示的符号图形，此图形可与所选回路相互关联。

【与通道关联的宏】：Elecworks不但可以自动生成PLC卡片图形，还可以自动生成与PLC相关联的连接点以及控制回路图形。

【删除与此回路类型的关联】：是指断开符号或宏与回路的关联，删除已存在的连接关系。

【文件数据】：自定义图框内的图纸名称。

8.4 生成PLC图纸

Elecworks根据PLC管理器中的配置，自动生成和更新PLC图形。Elecworks利用配置参数绘制出PLC图形，绘制PLC指令在PLC管理器中。

8.4.1 生成PLC图形

(1) 在PLC管理器中，选择【生成图纸】选项，打开文件集目录管理器，如图8-18所示。

(2) 选择【文件集】或【文件夹】路径，新图纸将自动生成在所选路径下。绘制报告窗口弹出，显示在绘制过程中遇到的问题，如图8-19所示。

8.4.2 更新PLC图形

当PLC图形已经生成，并且已经修改了某些配置，【生成图纸】指令将更新已有图纸中的图形，用户可以检查PLC图形与添加进图纸中图形的关联性。

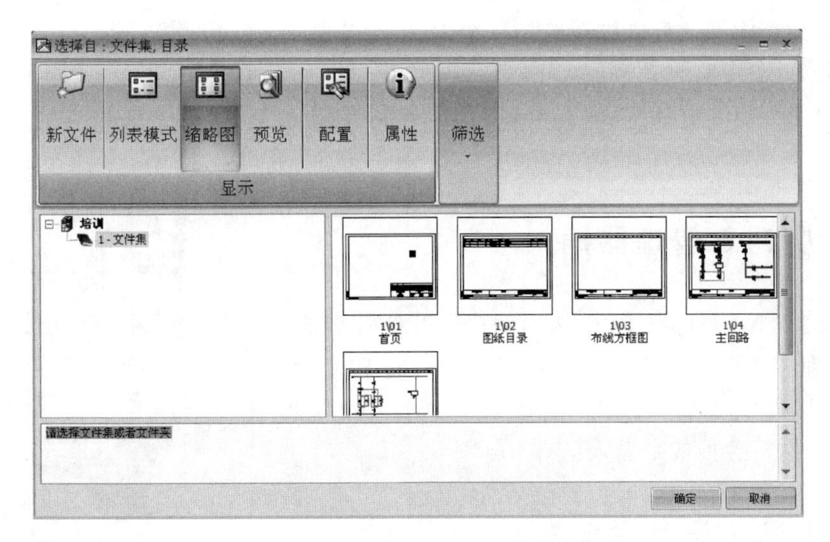

图 8-18　文件集目录管理器

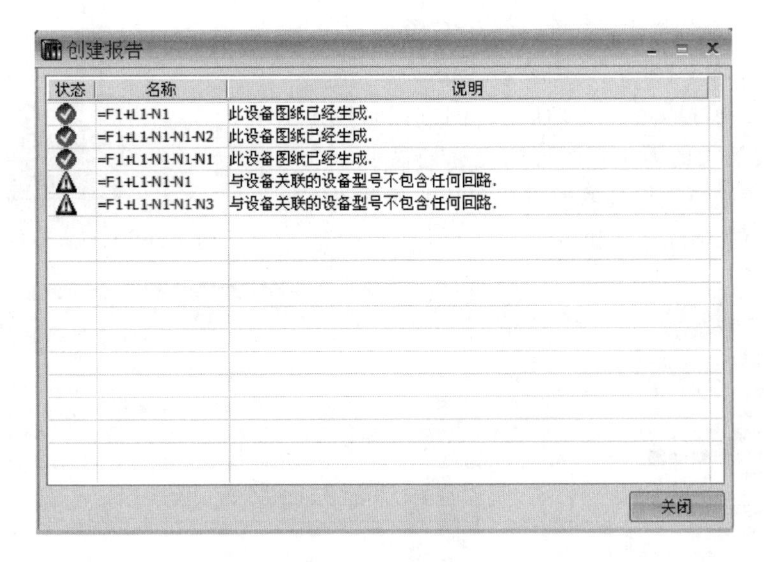

图 8-19　绘制报告

8.5　插入 PLC

插入 PLC 命令可以直接添加一个 PLC 的整体或部分图形。插入 PLC 有以下几种方式：【原理图】菜单插入，PLC 管理器插入，设备的右键菜单插入。

8.5.1　从菜单插入

在菜单【原理图】中选择【插入 PLC】命令，打开 PLC 动态插入窗口，如图 8-20 所示。

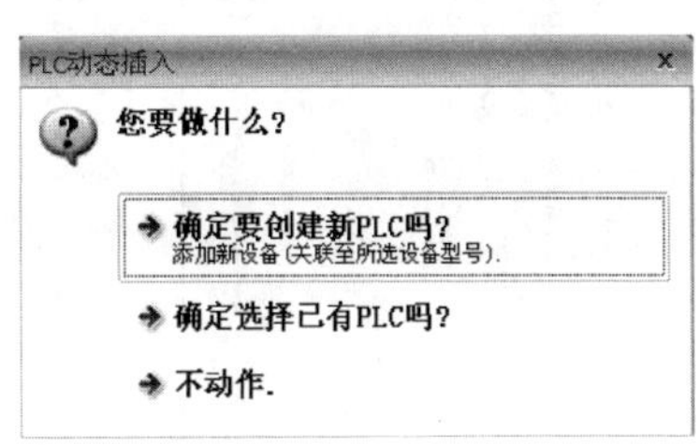

图 8-20　PLC 动态插入

选择创建新 PLC：窗口打开选择一个 PLC 设备制造商设备型号，此设备将自动添加到 PLC 管理器中。

选择已有 PLC：PLC 管理器窗口打开，选择要插入的 PLC。

8.5.2 从 PLC 管理器插入

在菜单【工程】中选择 PLC 选项，打开 PLC 管理器。在 PLC 管理器中列出设备列表中选择要插入的 PLC，然后选择【插入 PLC】选项。如果未进行选择，将打开窗口询问用户要创建新 PLC 或是插入已有 PLC。

8.5.3 从侧方设备栏插入

(1) 在侧方设备栏中，选择一个 PLC 设备，在右键菜单中选择【插入 PLC】命令，如图 8-21 所示。

(2) 打开的窗口如图 8-22 所示。侧方控制栏显示出卡片结构或要插入的模块。图形的光标处显示一个动态符号，此符号根据所选设备的通道数和其配置自动创建。

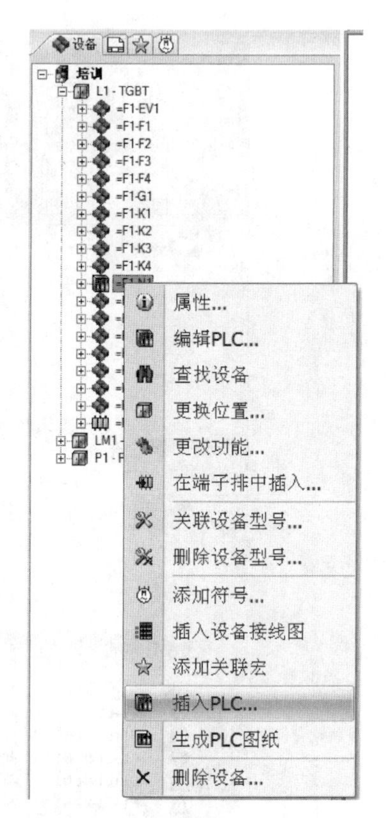

图 8-21 从侧方设备栏插入 PLC

图 8-22 中选项的意义如下：

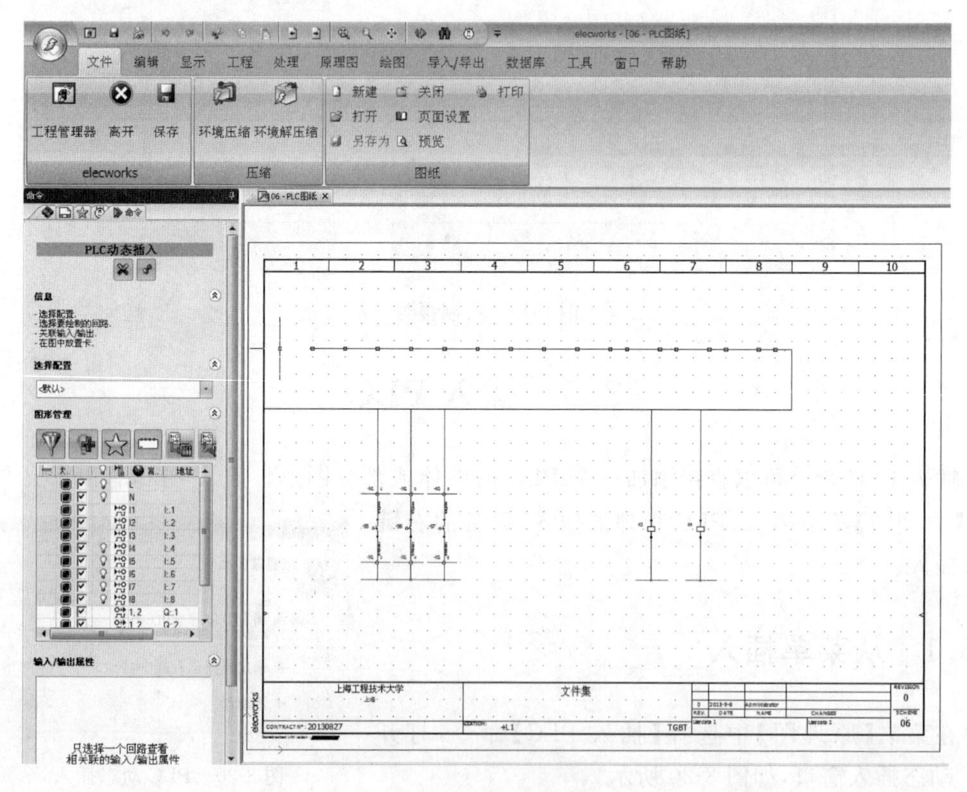

图 8-22 PLC 动态插入

【选择配置】：在列表中选择，配置设置了卡片的显示图形（“默认”，“每页 16 通道”或“每页 12 通道”）。

【图形管理】：显示 PLC 卡通道列表，以下图标用作绘制图形管理。

：筛选列表，激活时，只显示未插入的回路。

：隐藏未使用通道，未与输入/输出关联的回路将不会绘制。

：插入宏，插入关联宏。

：通道方向，更改通道方向。

：关联，将 I/O 关联到 PLC 通道上。

：撤销，撤销 I/O 与 PLC 的关联。

列表的列内容定义（自左向右）：

（1）页面分隔。

（2）已插入的通道（显示绿色）和未插入的通道（显示蓝色）。

（3）选择要插入的通道。

（4）未关联 PLC 通道的回路。

（5）通道图标。

（6）设备端子号。

（7）通道地址。

（8）通道助记。

（9）关联通道的宏名称。

【输入/输出属性】：显示在上面列表中所选通道的属性（只允许选择一个通道）。某些数值可以修改，例如地址、助记或说明等。选择【关联宏】命令，窗口将打开，关联其他宏，如图 8-23 所示。

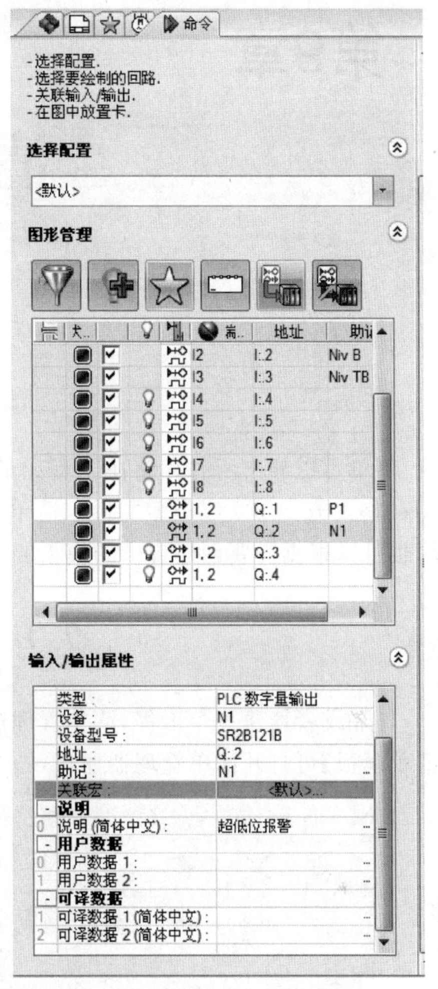

图 8-23 关联宏

第9章

清　　单

清单可以导出所有存储在工程中的数据，这些数据可以用图纸格式表示，也可以导出Excel格式或文本文字类型文件。清单根据清单模板导入数据，Elecworks包含标准清单模板，也可以根据需要创建自己的模板。

9.1　清单管理

打开或者新建一个工程，清单管理命令在菜单【工程】的功能按钮【清单模板】中。单击【清单模板】可打开清单管理器窗口，图9-1是清单管理窗口示例。

图9-1　清单管理窗口

单击左侧框中每个清单名称，可预览当前显示的清单内容，通过【刷新】按钮进行当前显示数据的更新。

9.2 选择清单

在清单管理中单击【添加】按钮，打开清单选择管理器，如图 9-2 所示。选中所需要的清单类型名称，单击【确定】按钮，清单管理器将自动刷新并显示出新的清单数据。

图 9-2 清单选择管理器

9.3 更改清单模板

更新清单模板有两种途径：通过【清单模板】更改，通过【配置】更改。

9.3.1 通过清单模板更改

在菜单【工程】中单击功能按钮【清单模板】打开清单管理器。在清单管理器中选择一个清单名称，单击【属性】命令进入模板编辑器。

9.3.2 通过配置更改

在菜单【工程】选择【配置】中的【清单模板】选项，打开清单模板管理器，如图 9-3 所示。为了区分程序自带的模板和工程内的模板，使用左右两侧窗口分别显示。程序中自带的模板可以添加和应用到所有工程中去，工程内的模板只显示当前工程内的模板。Elecworks 将首先读取工程配置中的模板，如果在工程模板中未找到，则调用程序模板。

在应用配置框中选择一个模板，单击【添加到工程】按钮，将应用配置的模板添加到工程配置中，如图 9-4 所示。

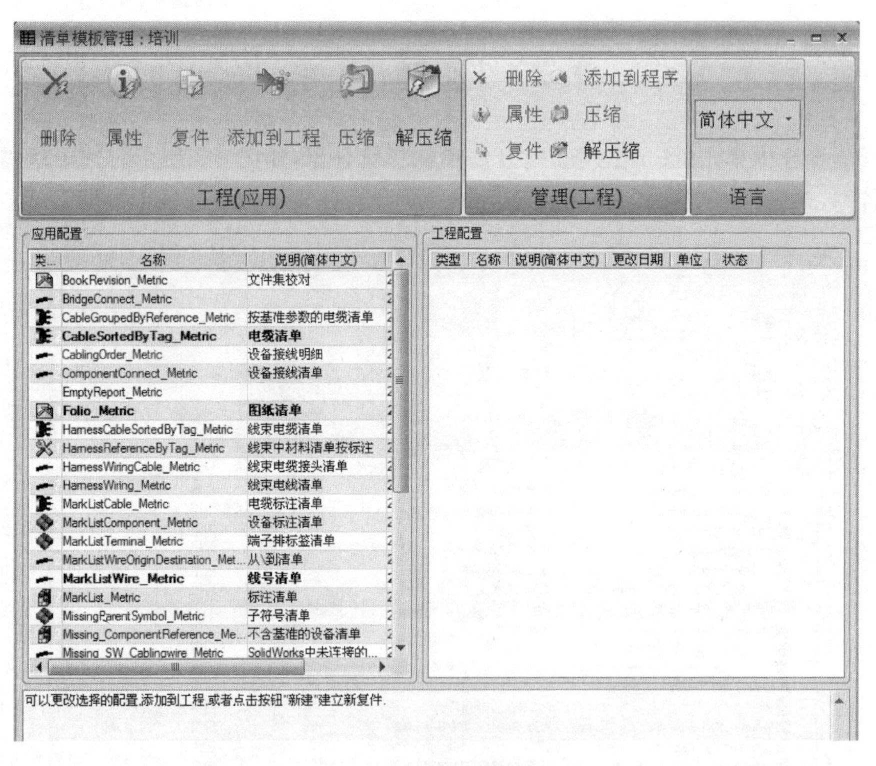

图 9-3　清单模板管理器

图 9-4　模板添加到工程配置

在工程配置中选择一个模板，单击【属性】按钮，打开清单模板编辑器，如图 9-5 所示。

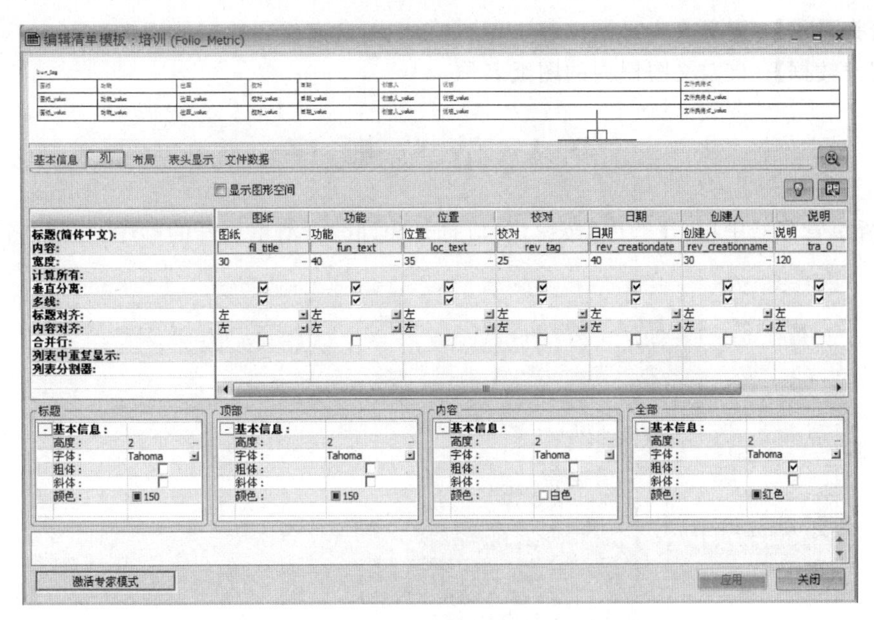

图 9-5　清单模板编辑器

图 9-5 中选项的含义如下：

【基本信息】：用来定义该模板名称和说明信息。

【列】：用来定义模板显示，增加表格内容、字体格式。

如需增加显示用户数据时，在列中单击【列管理】按钮，在列配置中选中要增加的数据，如图 9-6 所示。

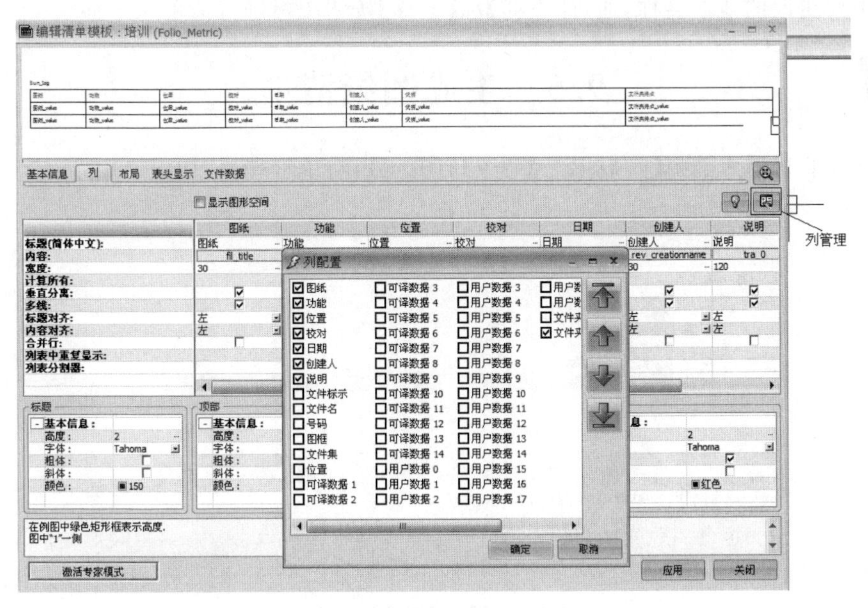

图 9-6　列管理

图 9-6 中选项的含义如下：

【布局】：定义表格绘制的位置，在表格中单击要更改的尺寸，在预览中该尺寸位置将以红色显示。

【表头显示】：定义表头显示内容，以及是否中断含有相同数据的表格。

【文件数据】：自定义图框内的图纸名称。

9.4 清单顺序

在清单管理器中单击【顺序】按钮，窗口打开允许编辑清单展开的顺序，如图9-7所示。

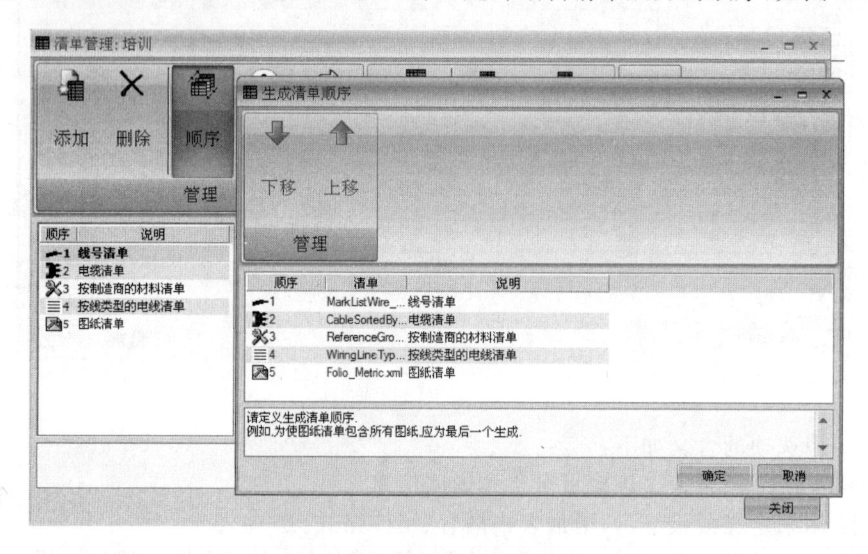

图9-7 编辑清单顺序

选中要更改的清单名称，通过【下移】和【上移】按钮图标进行清单顺序移动。

9.5 生成图纸清单

在清单管理器中选择【生成图纸】命令，打开编辑清单管理器，如图9-8所示。

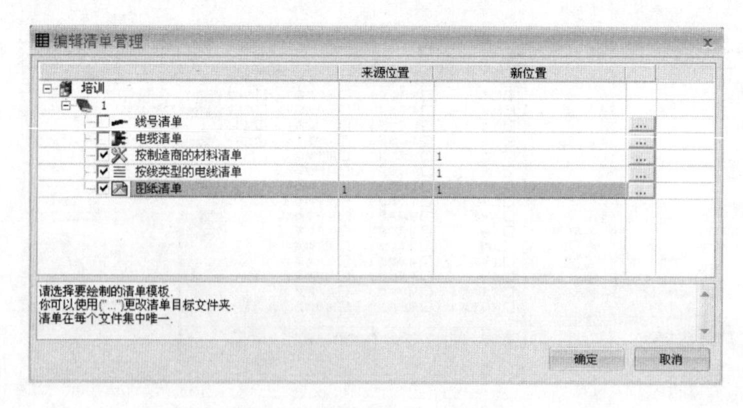

图9-8 编辑清单管理器

清单按文件集生成，如果文件集中包含文件夹，则单击清单对应的按钮【...】，选择目标文件夹。选中要生成的清单，单击【确定】按钮绘制清单图纸。

第10章

端 子 排

Elecworks 提供有完整的接线板编辑功能，运用接线板编辑器自动生成接线板图纸，编辑接线端子的布线。

10.1 端子排管理

新建或打开已有工程，选择【工程】→【端子排】命令，打开端子排管理器如图 10-1 所示。图中显示有两个位置 L1 和 L2，有 4 个端子排×0、×1、×2 和×3，可以使用相关命令增加或删除。

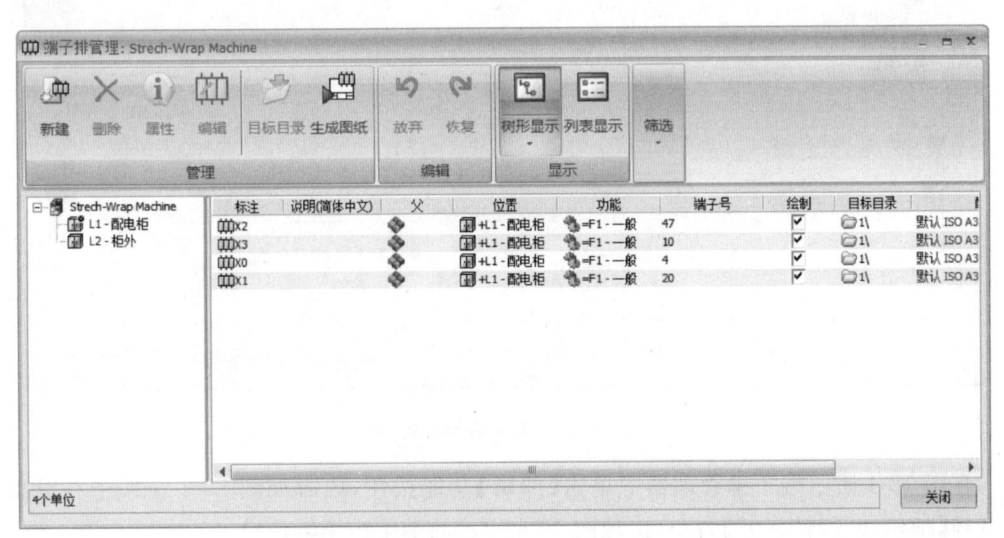

图 10-1 【端子排管理】窗口

在左侧列表中选中一个位置，窗口右侧显示出此位置中的端子排列表。窗口右侧同样显示其所在功能、接线端子数，以及端子排的图形配置。

图 10-1 中选项的含义如下：

【新建】：允许在选中位置内新建端子排。

【删除】：允许删除选中的端子排。

【属性】：打开所选端子排属性对话框。

【编辑】：允许打开选中接线板的编辑器。

【目标目录】：要操作的端子排所在的目录。

【生成图纸】：生成或更新端子排图纸，端子排图形根据端子排配置中的参数绘制。每个端子排都可以关联到一个自定义的图形配置文件。

两个功能图标【树形显示】和【列表显示】为端子排的不同显示模式。

10.2 新建及编辑端子排

选择图 10-1 中的【新建】按钮，出现图 10-2 所示新建端子排窗口，单击【确定】按钮生成新端子排。

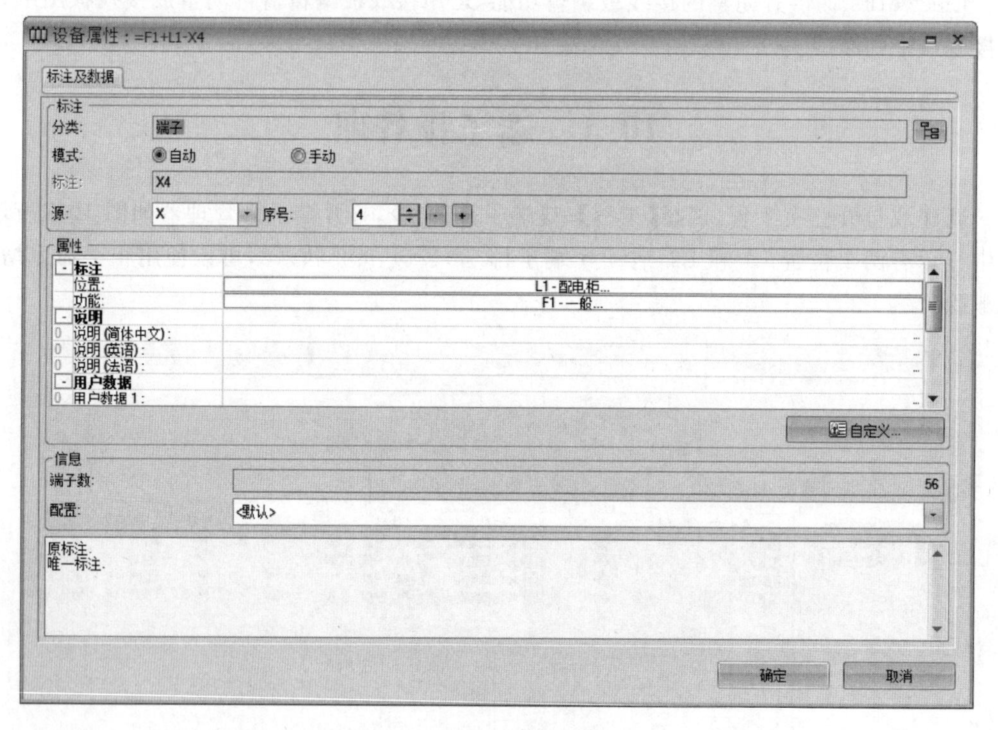

图 10-2 新建端子排窗口

在图 10-1 所示端子排管理器中单击【编辑】功能按钮，或者如图 10-3 在端子右键菜单中选择【编辑端子排“×0”】命令，出现图 10-4 所示的端子排编辑窗口。

在图 10-4 所示端子排编辑窗口中可一次插入单个或多个端子，如图 10-5 所示。

选择新添加的端子，在菜单栏中选择【制造商设备型号】→【关联设备型号】命令，出现图 10-6 所示对话框，进行端子制造商基准选择。

关联制造商后若想要修改或者删除，则选中端子后，选择【制造商设备型号】→【删除设备型号】命令即可。

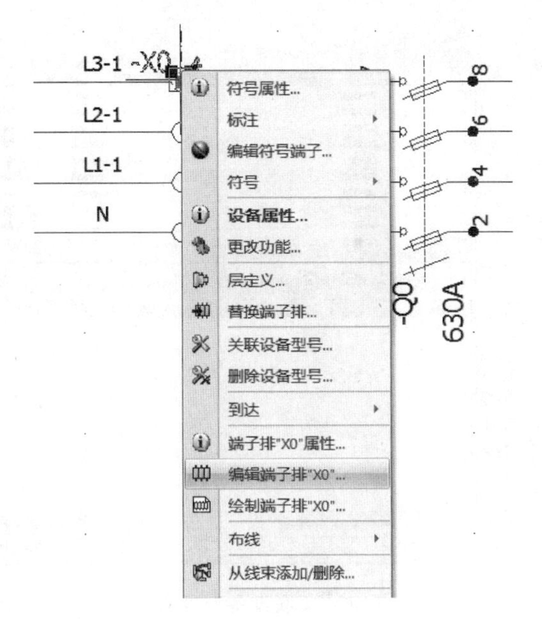

图 10-3　端子排右键菜单栏

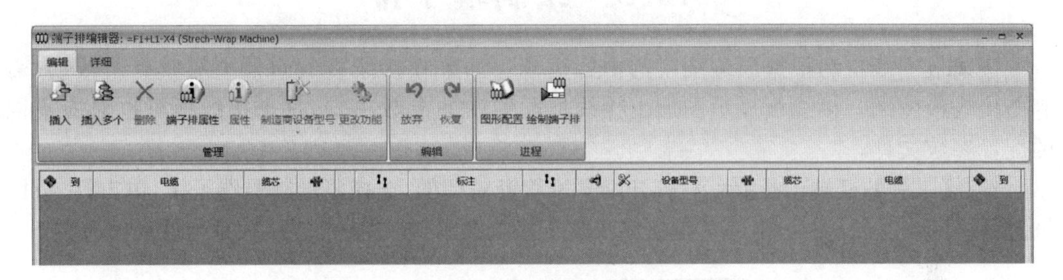

图 10-4　端子排编辑窗口

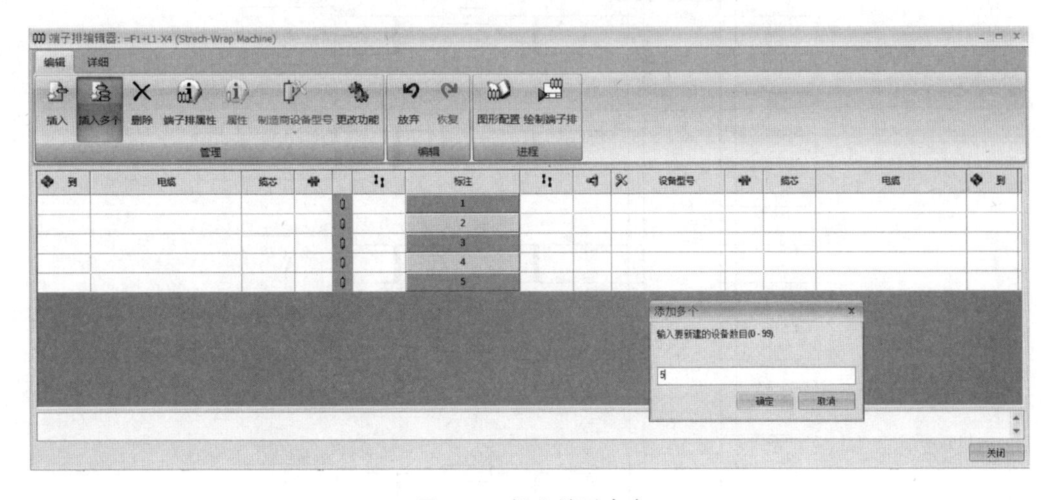

图 10-5　插入端子命令

图 10-6　关联设备型号窗口

10.3　绘制端子排

接线板图纸自动根据原理图中的内容生成。如果在接线板编辑器中对其有所改动，需刷新接线板图纸。接线板显示图形由接线板配置中的参数决定，每个接线板可以对应不同的配置参数文件。

选择【工程】→【端子排】命令，打开端子排管理对话框，选择要绘制的端子排，单击【生成图纸】按钮可生成接线图。图 10-7 是生成的端子接线图示例，图中的连接关系与原理图有关。

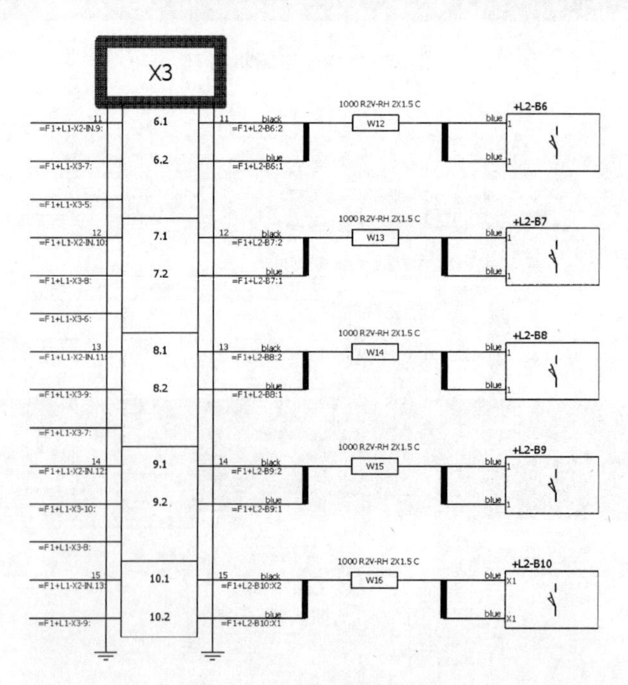

图 10-7　端子接线图示例

10.4 端子排配置管理

端子排配置管理器命令在菜单栏【工程】的【配置】选项下的【端子排图形】中，如图 10-8 所示。

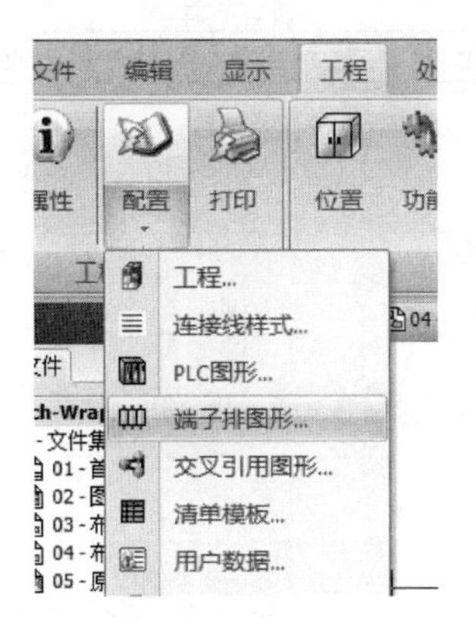

图 10-8 配置菜单栏

激活命令，图 10-9 所示的端子排图形管理器打开。它集中了工程或所有工程（应用配置）内可用的配置信息。

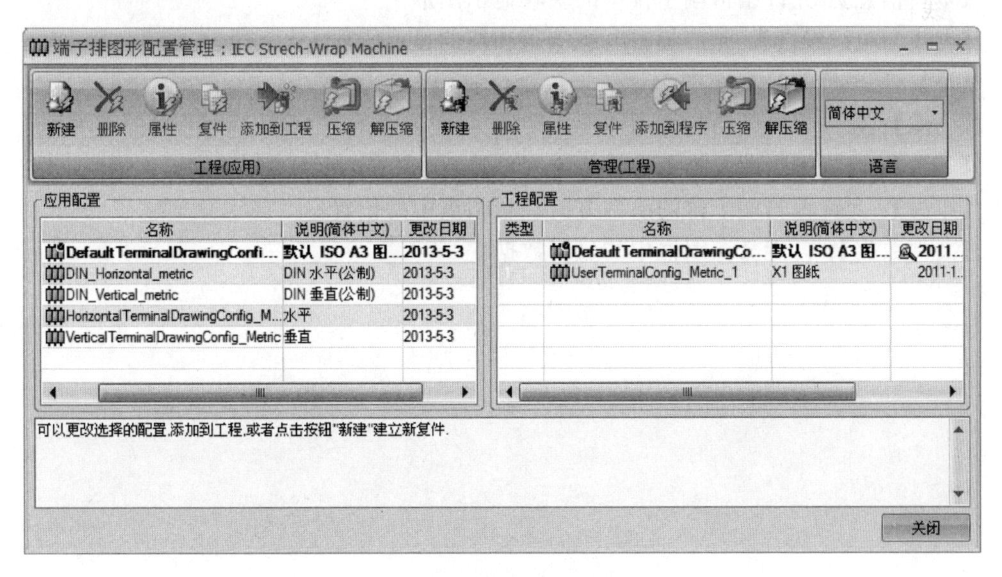

图 10-9 端子排图形配置管理

窗口左侧显示应用配置信息，针对所有工程。右侧显示正在编辑工程的配置列表，特殊功能按钮（【添加至工程】和【添加到应用】）允许将工程配置信息添加至应用配置，反之亦然。

端子排配置文件包含端子排图形的所有显示参数，可以根据需要新建配置文件，配置信息在端子排配置管理器中。

选中配置文件，单击【属性】按钮，编辑配置文件窗口打开，如图 10-10 所示，窗口上方用图形信息显示下方的参数配置，选中一个参数时，对应图形显示为红色。

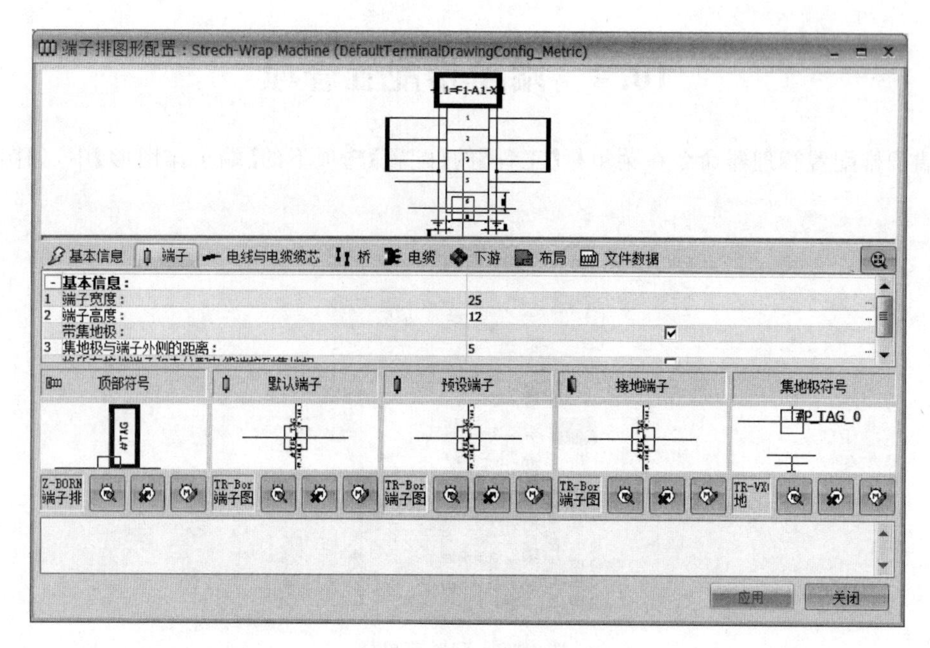

图 10-10 端子排图形配置

图 10-10 所示窗口中选项的含义如下：

【基本信息】：允许编辑端子排中的块状显示图形。

【电线与电缆缆芯】：允许编辑电缆端子和线的显示图形。

【桥】：管理桥的显示方式。

【电缆】：允许编辑电缆的显示图形。

【下游】：允许编辑端子排下游块或文字信息。

【布局】：允许编辑端子排的绘制方向和在图纸中的位置。

【文件数据】：自定义在图框中的显示数据。

第11章

2D机柜布局

打开工程或者新建一个工程,进行本章练习。

11.1　生成2D机柜布局图纸

设备布局绘制在特殊类型的图纸中,图纸根据配置参数自动生成。自动生成机柜布局图纸的命令在菜单【处理】中。

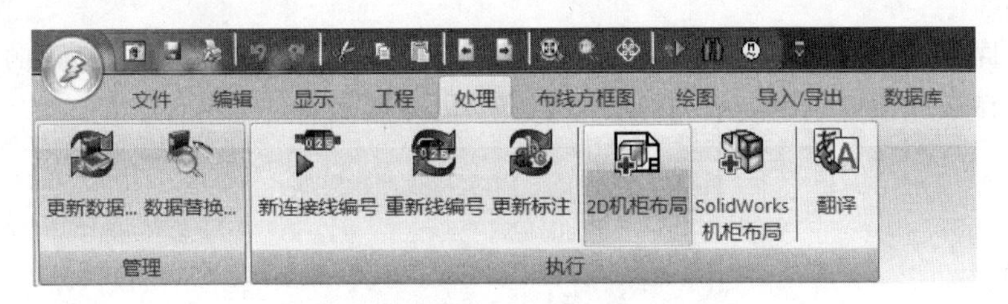

图11-1　生成机柜布局命令

单击图11-1中的【2D机柜布局】激活命令,打开图11-2所示窗口,图中的位置"L1"及"L2"的插入可参考7.7.1节。

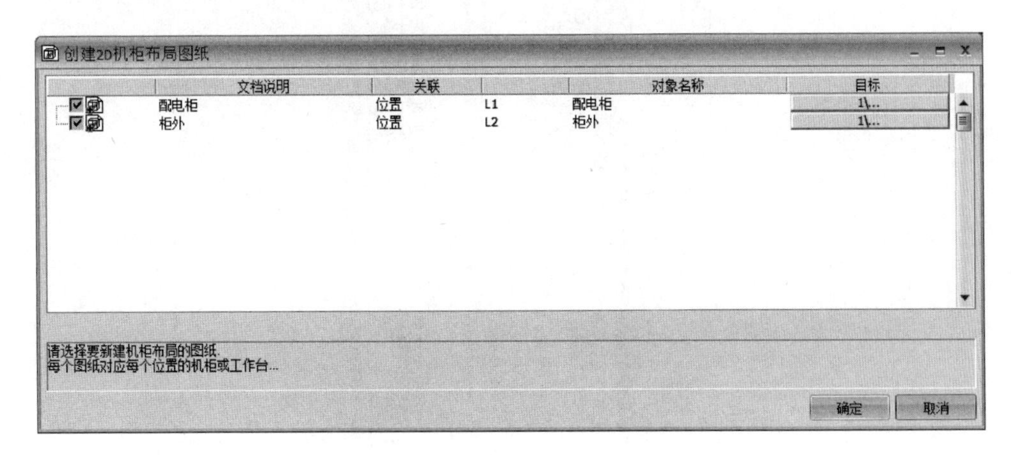

图11-2　【创建2D机柜布局图纸】窗口

如果要将图纸生成到合适的文件夹中，选中要生成的对应位置的2D机柜布局图纸，单击“目标”列，选择目录。

单击【确定】按钮，生成的图纸自动添加至项目图纸列表中，如图11-3所示。

图11-3　文件列表

11.2　设备布局菜单

设备布局通过特殊类型图纸绘制，首先打开要绘制布局图形的对应位置的图纸文件。左侧列表中显示此位置下的所有可用设备，如图11-4所示。

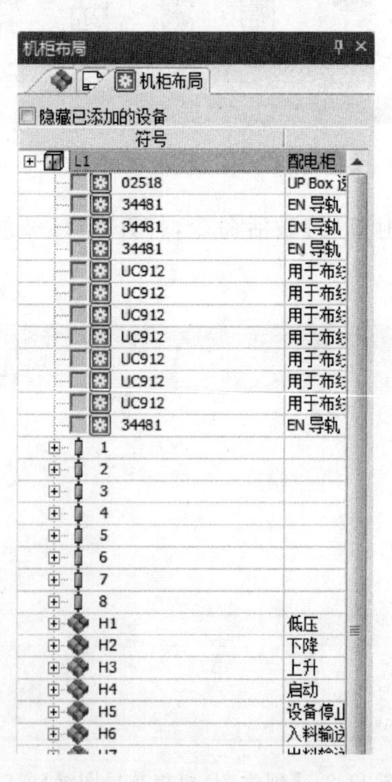

图11-4　机柜布局列表

图中一个复选框对应一个设备型号，用于区分设备是否添加。

图 11-5 所示菜单【机柜布局】中显示关于机柜布局的指令，可以添加在图 11-4 的布局列表中未包含的组件。通过【添加新设备型号】中的 4 个指令完成。

图 11-5 添加新设备型号命令栏

11.3 添加机柜

机柜应该是首先需要添加的组件，添加机柜时，需打开对应位置机柜的图纸文件。

制造商设备型号（机柜、线槽、导轨、附件等）显示在左侧列表中。添加机柜有三种方法：

（1）通过双击机柜设备型号，打开如图 11-6 所示的窗口，选择【按机柜插入】命令。

（2）右击机柜设备型号，在弹出的快捷菜单中选择【插入机柜】命令，如图 11-7 所示。

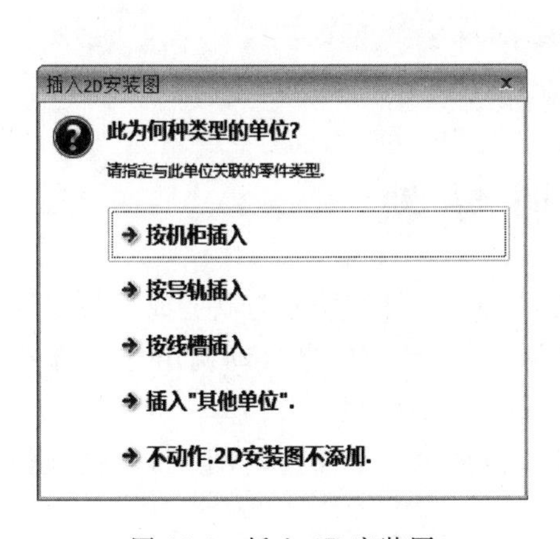

图 11-6 插入 2D 安装图

图 11-7 插入机柜

（3）也可以通过菜单【机柜布局】中的【添加机柜】命令，添加一个新机柜设备型号，如图 11-8 所示。

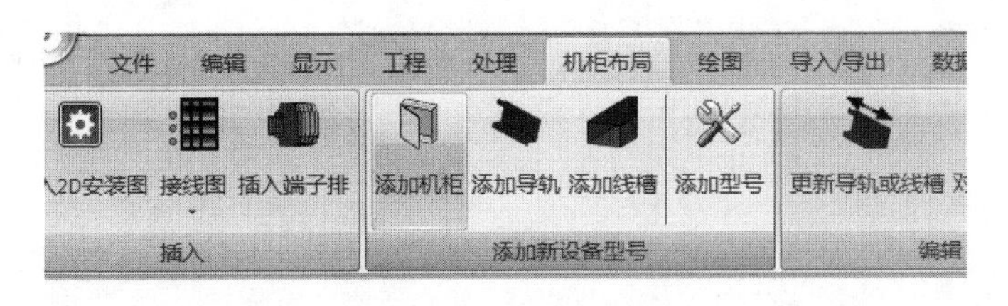

图 11-8 添加机柜命令

如果有符号与制造商设备型号关联，将应用此符号；如无符号关联，程序将根据制造商设备型号中的 X 和 Y 尺寸自动生成一个矩形框，如图 11-9 所示。

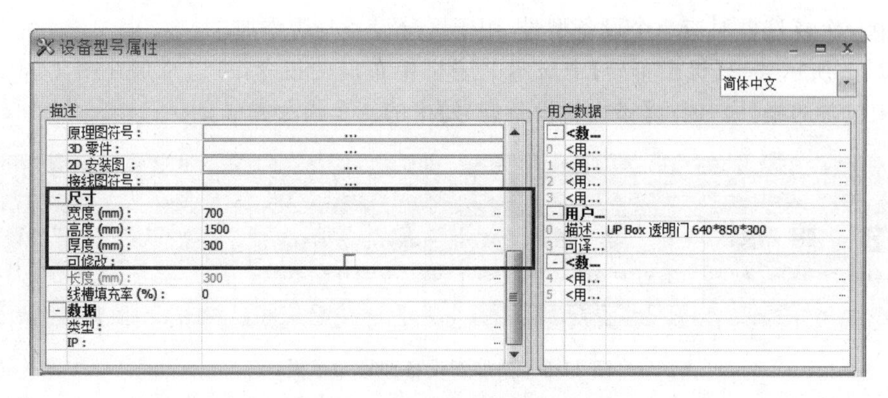

图 11-9 【设备型号属性】窗口

如果确定了要采用的比例系数，可以在机柜布局前定义好，如果没有确定比例系数，可以采用默认 1∶1(见图 11-10)，在后面操作中再做更改。

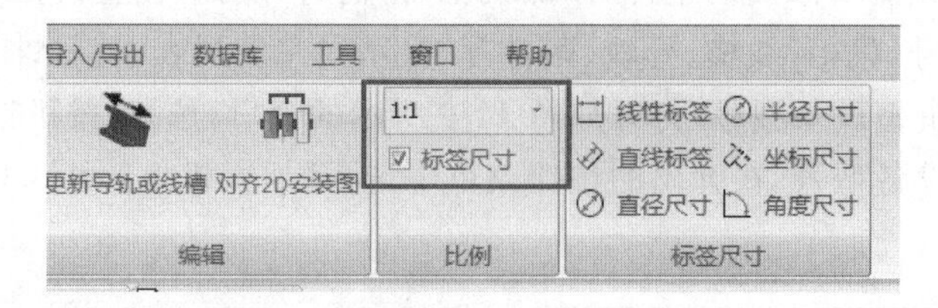

图 11-10 比例系数命令

11.4 添加导轨

导轨的添加方法和机柜的插入类似，如果插入的导轨已有符号与制造商设备型号关联，将应用此符号；如果无符号关联，将根据设备型号中的尺寸信息自动调用导轨符号模型。在图 11-7 中选择【插入导轨】命令，出现图 11-11 所示的命令栏。

添加导轨时，需要指定第一个插入点和定义长度的第二个插入点，也可以在左侧的长度命令栏中直接输入长度值，如图 11-12 所示。

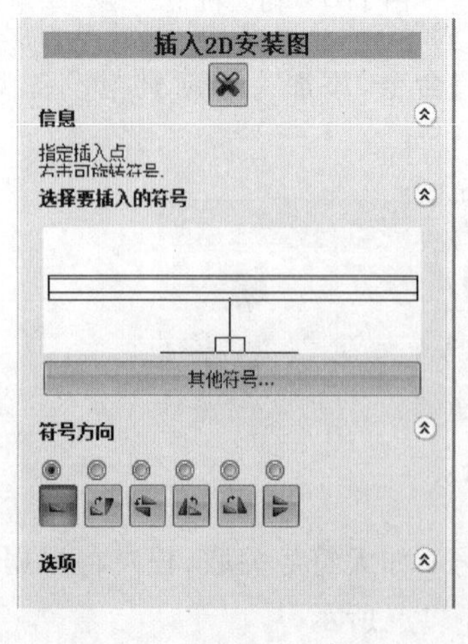

图 11-11 添加导轨命令栏

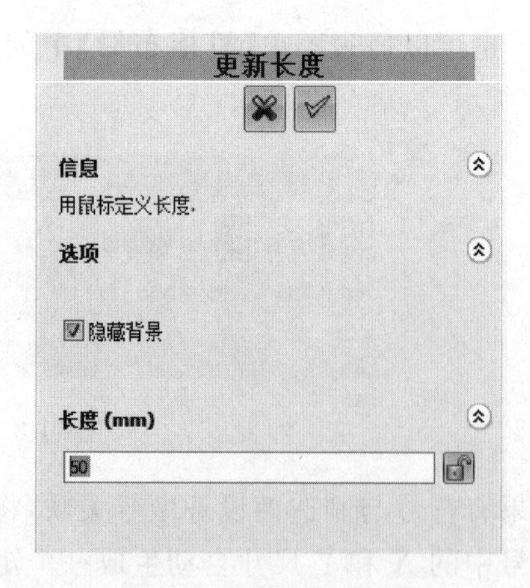

图 11-12 更新导轨长度

也可以使用【添加导轨】命令，添加新的导轨设备型号，如图 11-13 所示。单击【添加导轨】命令打开选择制造商设备型号窗口，选择新的导轨设备型号，便可以放置导轨。

图 11-13　机柜布局菜单栏

11.5　添加线槽

线槽的添加方法和机柜的插入类似，在图 11-14(a)选择【按线槽插入】命令，如果已有符号与制造商设备型号关联，将应用此符号；如果无符号关联，将根据设备型号中的尺寸信息自动调用线槽符号模型。

和添加导轨一样，添加线槽时，需要指定第一个插入点和定义长度的第二个插入点，也可以在左侧的长度命令栏中直接输入长度值，如图 11-14(b)所示。

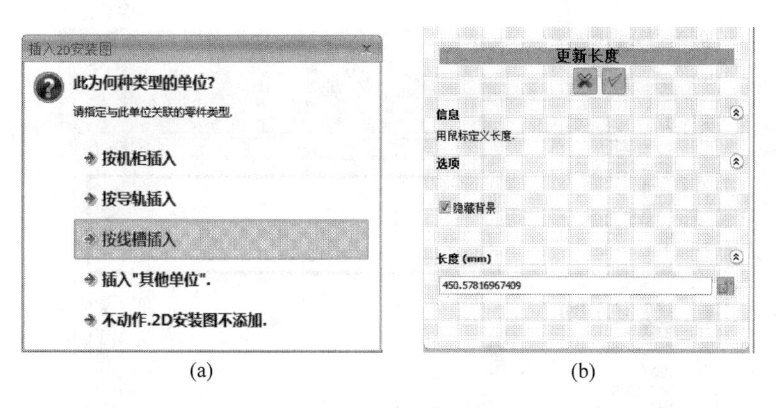

(a)　　　　　　(b)

图 11-14　添加线槽窗口

添加完机柜、导轨和线槽后的 2D 机柜布局如图 11-15 所示。

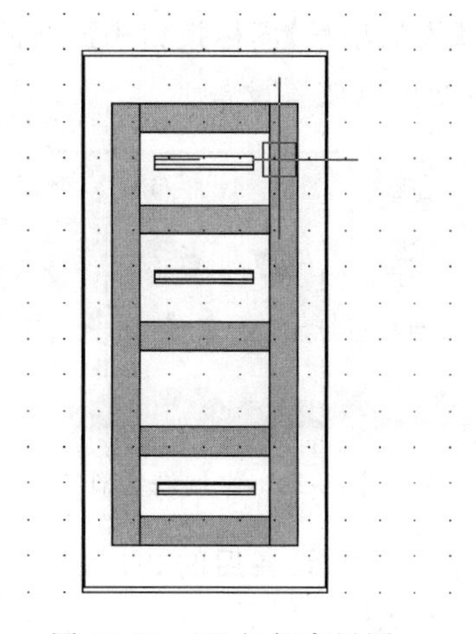

图 11-15　2D 机柜布局图

11.6 添加设备

添加设备有两种方式，或通过右键菜单添加，如图 11-16 所示，或通过双击设备型号添加。

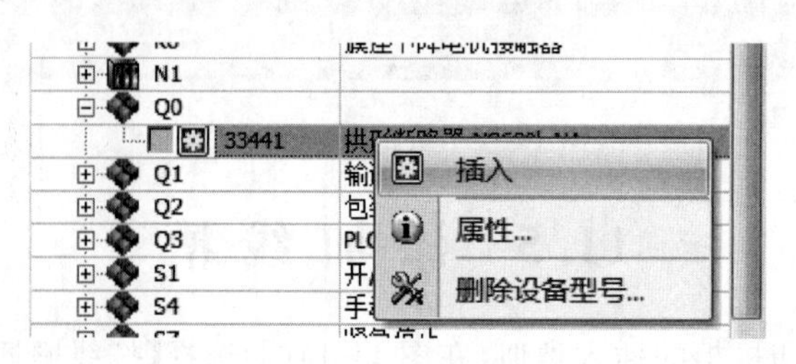

图 11-16 插入设备

如果有符号与制造商设备型号关联，布局时将应用此符号；如无符号关联，将根据制造商设备型号中的产品尺寸和分类调用符号模型。图 11-17 为【设备型号属性】对话框。

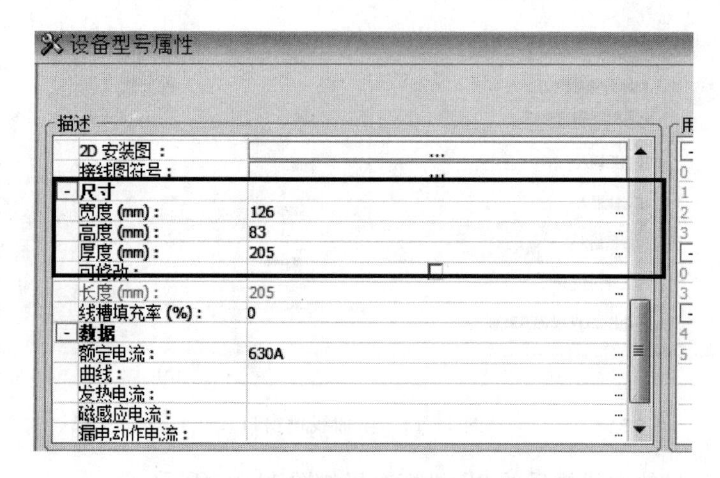

图 11-17 【设备型号属性】对话框

可以通过图 11-18 所示的【添加型号】图标按钮添加新的设备。选择制造商设备型号窗口打开后，选择新的设备型号，便可以放置设备。

图 11-18 添加设备型号

图 11-19 所示为添加完机柜、线槽、设备后的 2D 机柜布局图。

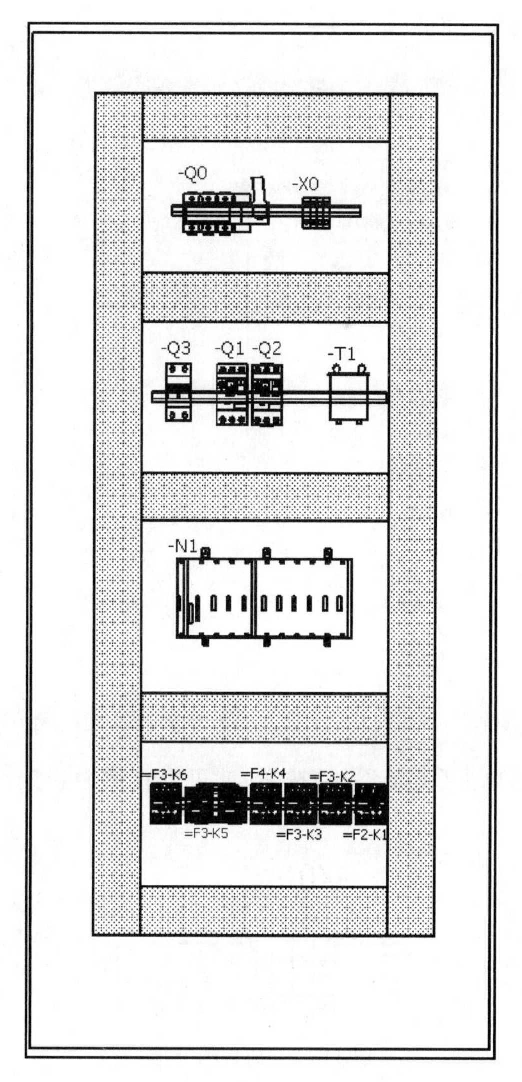

图 11-19 机柜 2D 布局图

11.7 添加端子排

端子布局与设备布局相似,唯一不同在于可以使用【插入端子排】命令同时一次性添加端子排中的所有端子,如图 11-20 所示。

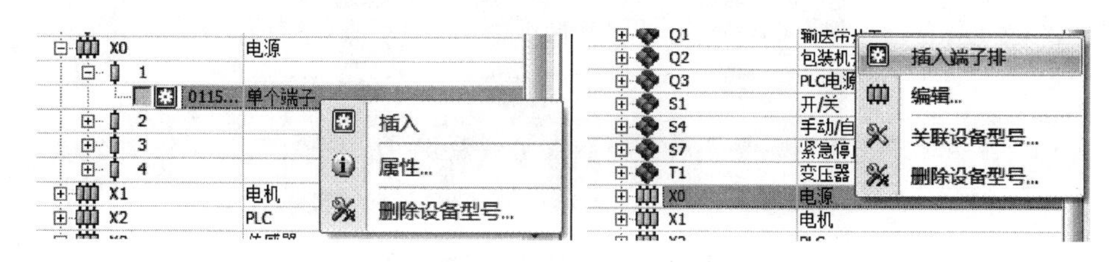

图 11-20 插入端子排

端子排布局时，左侧命令面板如图 11-21 所示。

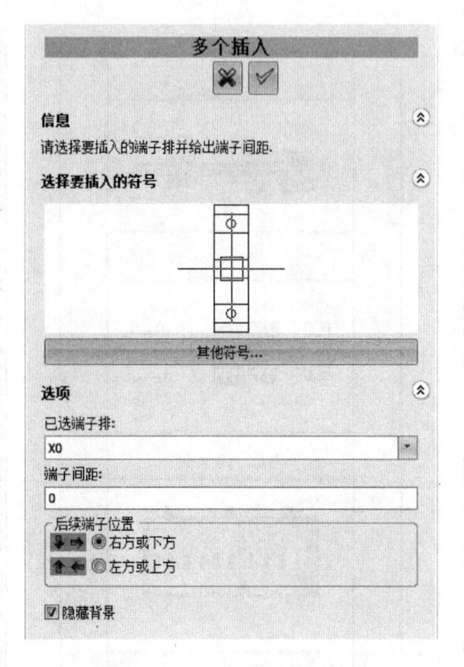

图 11-21　插入端子排命令栏

设置好【端子间距】，单击【开始添加】按钮，就可以在图中指定点添加端子，如图 11-22 所示。

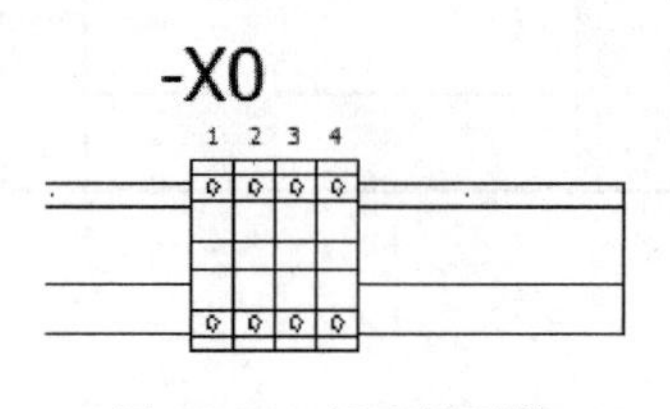

图 11-22　插入端子排

11.8　调整线槽导轨长度

此命令在图 11-23 所示的菜单【机柜布局】中。选择导轨或线槽，使用鼠标指定长度即可。

图 11-23　更新导轨或线槽长度

11.9 对齐零件

此命令在图 11-24 所示的菜单【机柜布局】中。

图 11-24 对齐 2D 安装图

单击【对齐 2D 安装图】图标按钮，选择要对齐的零件。在左侧控制栏指定零件间距，按回车键确定。图 11-25、图 11-26 分别为对齐前后的 2D 布局图。

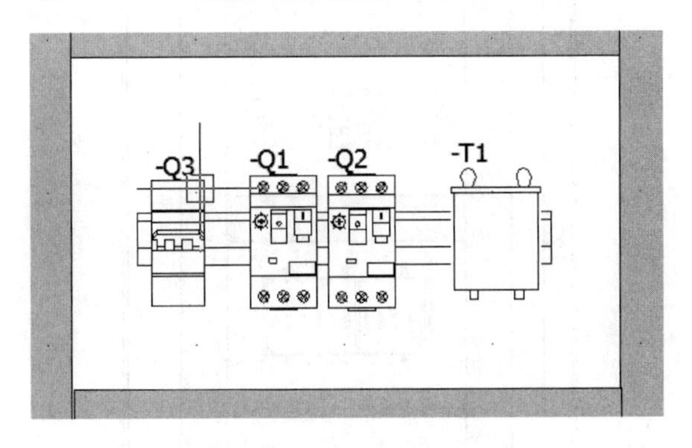

图 11-25 对齐前 2D 布局

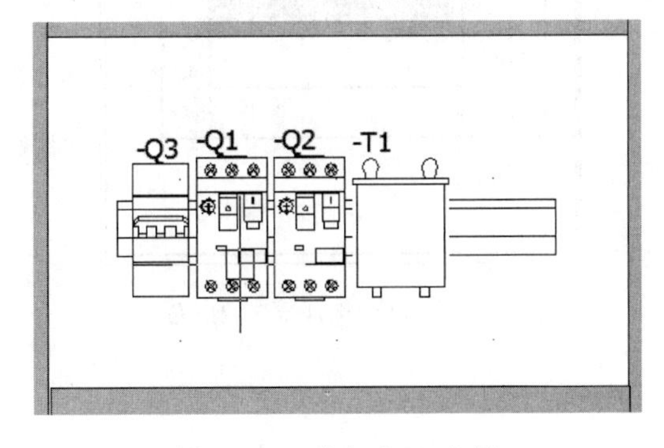

图 11-26 对齐后 2D 布局

11.10 尺寸标注

在布局完成之后，还可以进行尺寸标注。菜单【机柜布局】中提供了可用的工具，如图 11-27 所示。

图 11-27　尺寸标注命令

标注完尺寸的 2D 布局如图 11-28 所示。

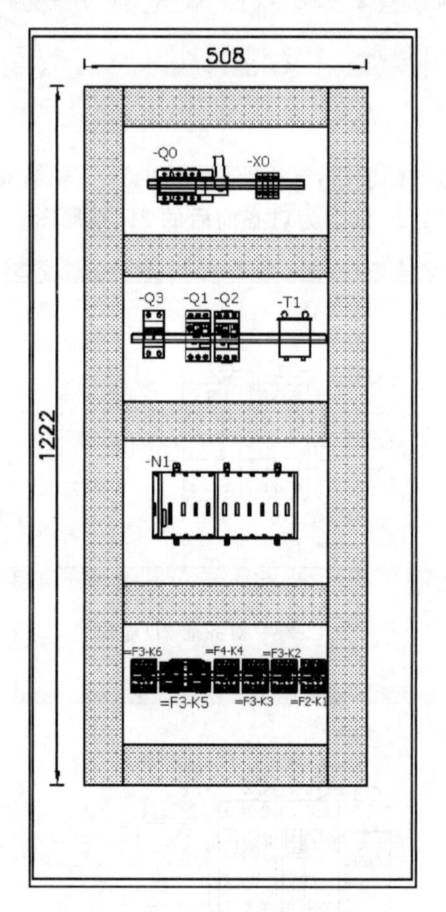

图 11-28　尺寸标注完的 2D 布局

第12章

SolidWorks 3D机柜布局

Elecworks for SolidWorks 作为 SolidWorks 的附加功能，可以实现 3D 机柜布局。

12.1 激活 Elecworks 插件模块

激活设备布局模块命令在 SolidWorks 的菜单【工具】→【插件】中，如图 12-1 所示。

图 12-1　Elecworks for SolidWorks 插件

在【其他插件】中，选中 Elecworks for SolidWorks 和 Elecworks for SolidWorks-3D Routing(如果已获得授权许可)复选框，布线模块将在使用自动布线功能时自动开启。如果想在 SolidWorks 启动时开启这两个模块，可在【启动】栏选中。

12.2 生成3D图纸

Elecworks的3D图纸根据配置参数自动生成，自动生成SolidWorks图纸的命令在菜单【处理】中，如图12-2所示。

图12-2 SolidWorks机柜布局命令

激活命令，打开图12-3所示的对话框，选择要生成3D图纸的项目，单击【确定】按钮，出现如图12-3所示的窗口。

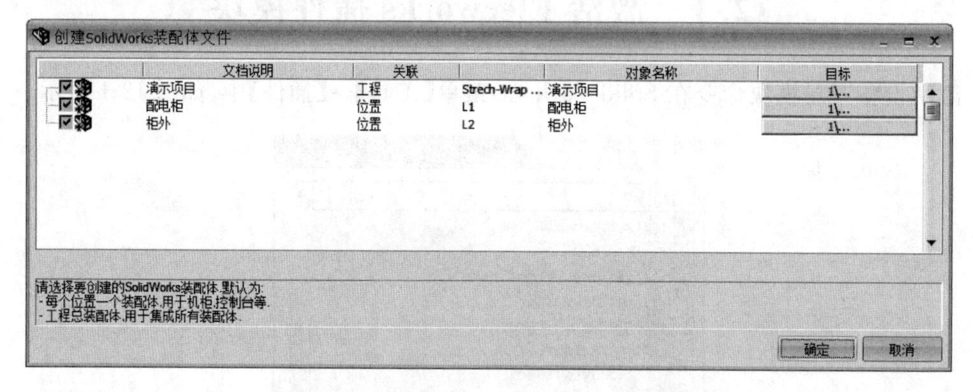

图12-3 【创建SolidWorks装配体文件】窗口

单击【确定】按钮，生成的图纸将自动添加至项目图纸列表中，如图12-4所示。

双击文件打开图纸(或通过右键菜单打开)，将会在SolidWorks中打开图纸，界面如图12-5所示。

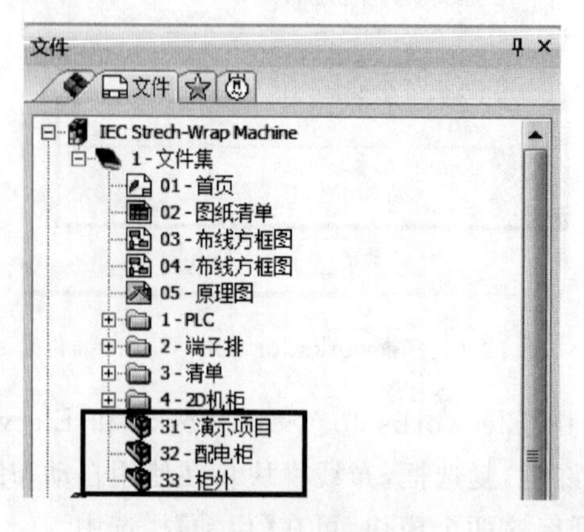

图12-4 图纸列表

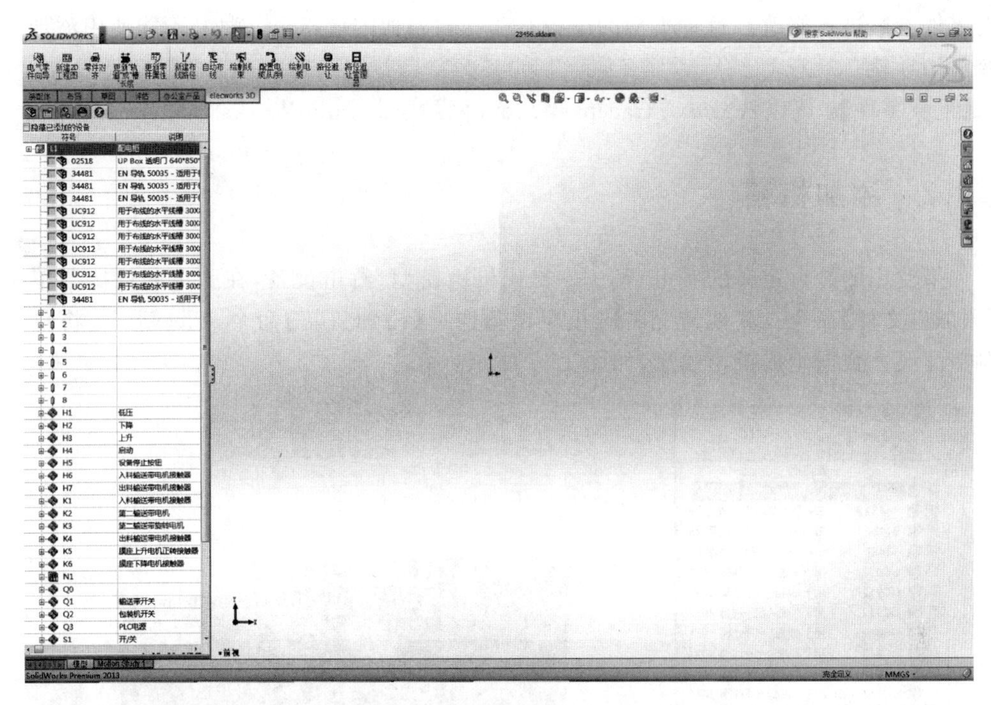

图 12-5 SolidWorks 下的 3D 界面

12.3 设备布局

12.3.1 菜单

用于设备布局的设备列表显示在左侧控制面板中，如图 12-6 所示。列表中只显示图纸中包含的此位置中含有制造商设备型号的设备。设备添加放置后，将自动选中，同时其右键菜单指令也将更改。设备添加命令在其右键菜单中可用。

图 12-6 控制面板命令菜单

图 12-6 中部分选项的含义如下所述。

【插入】：添加在 Elecworks 数据库中可用的设备模型。不同的设备分类都有不同的 SolidWorks 设备模型关联，在添加模型时，模型的参数（长、宽、高）会自动根据制造商设备型号中的尺寸参数变化。

【添加自文件】：将用户模型添加进装配体（浏览窗口打开，用户可以选择自己的 SolidWorks 格式文件）。如前所述，模型参数会根据制造商设备型号中的尺寸参数变化。

【关联】：将设备列表中的设备与装配体中的 3D 零件建立关联。选择命令后，在图形区域选择零件或装配体进行关联，但与其他命令不同的是，此命令不会对零件参数进行修改。每种类型的设备有独立的添加零件指令，例如，不能使用添加机箱命令添加导轨。

【下载零件】：可以从 www. traceparts. com 网站下载 SolidWorks 零件。

12.3.2 添加机箱

如果使用的是自定义的 SolidWorks 格式机柜模型，右击设备，在弹出的快捷菜单中选择【添加自文件】命令。其他情况右击相应设备选择【添加机箱】命令，Elecworks 将自动根据制造商尺寸数据生成机箱模型，如图 12-7 所示。

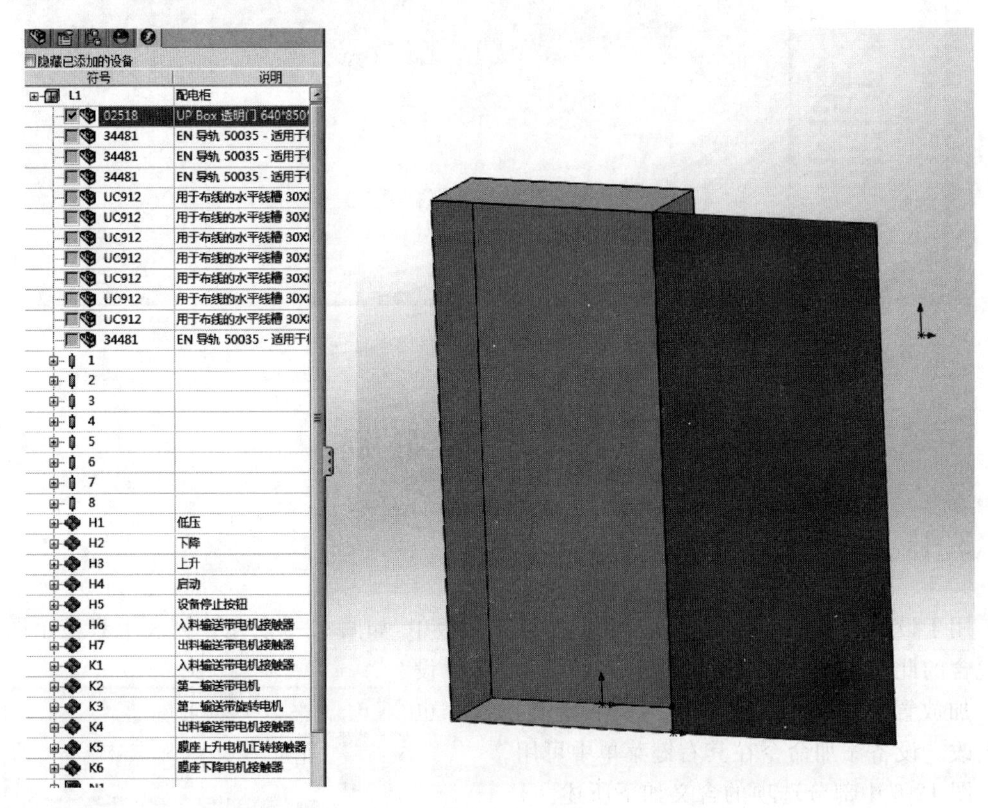

图 12-7 添加机箱

12.3.3 添加导轨或线槽

导轨或线槽作为机箱附件存在。要添加一个导轨，使用对轨道设备的右键命令【添加水平轨道】或【添加垂直轨道】；要添加一个线槽，使用对线槽设备的右键命令【添加水平槽】或【添加垂直槽】。添加导轨或线槽时，侧方控制栏将提示输入其长度，如图 12-8 所示。

单击绿色对勾确定。导轨和线槽中预定义了与机箱的配合参考，添加零件时配合生效。

要改变线槽或导轨和机箱的配合参考，只需选中要定义配合的面或线，右击选择配合；如图 12-9 所示；再选中要配合的面或线，对其几何关系进行定义，如图 12-10 所示。

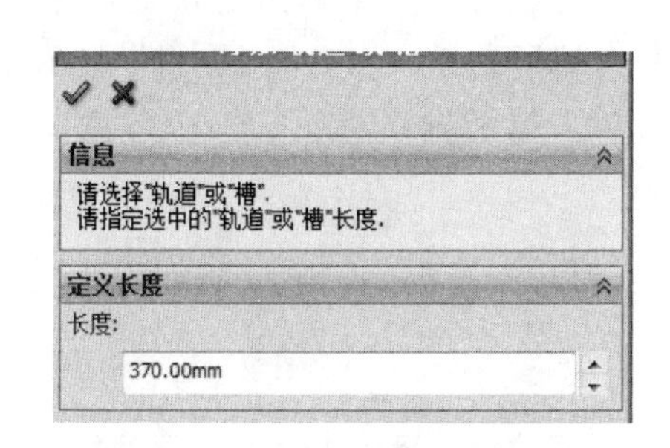

图 12-8 定义导轨或线槽长度

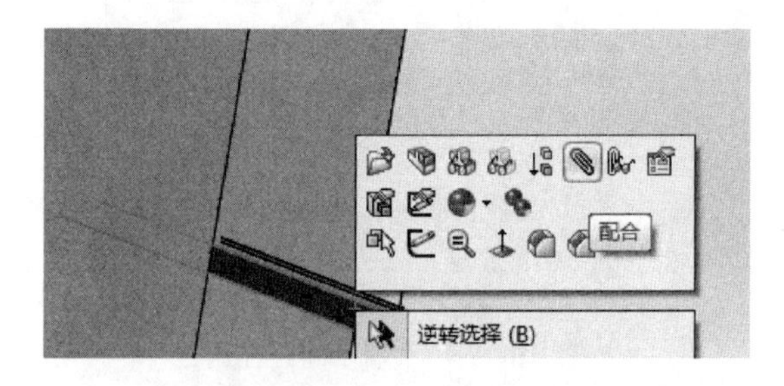

图 12-9 配合命令

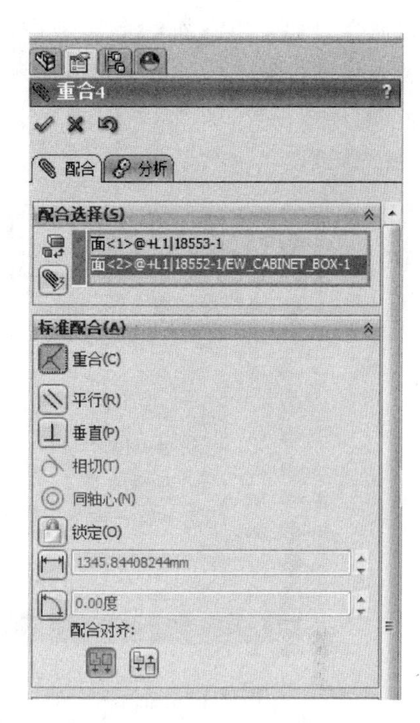

图 12-10 配合对话框

12.3.4 添加电气设备

要添加电气设备，可使用前面章节所述的【插入】或【关联】命令。零件显示在图纸区域，单击一点完成添加。如果单击位于导轨上的一点，零件将自动放置在导轨上，可以在导轨上自由滑动，如图 12-11 所示。

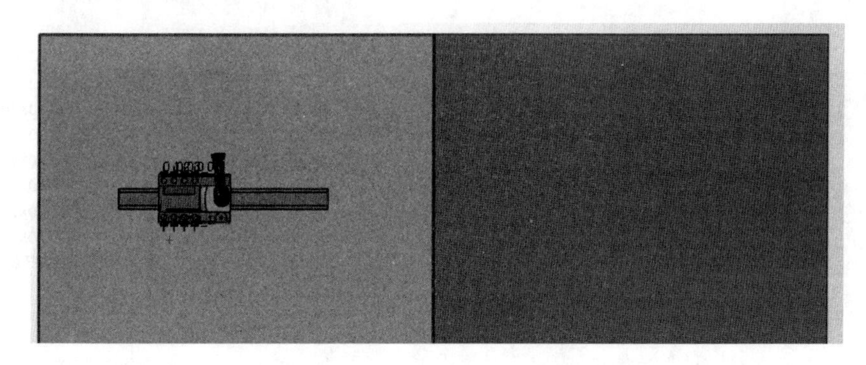

图 12-11 添加电气设备

12.3.5 添加端子排

有两种操作方式可以添加接线端子：像其他设备一样逐个添加，或者直接添加整个端子排。如果要逐个添加端子，右击某个端子设备型号，在弹出的快捷菜单中选择【添加】命令。如果要添加整个端子排，在端子排图标上方右击，在弹出的快捷菜单中选择【插入端子排】命令，如图 12-12 所示。指定第一个端子的插入点，左侧控制栏显示端子排插入的具体设置，如图 12-13 所示。图 12-14 为插入端子排后机箱、导轨、部件以及端子排后的图形。

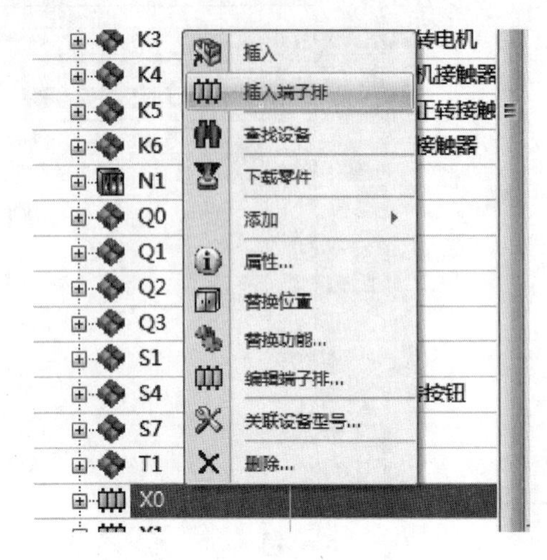

图 12-12 插入端子排命令

图 12-13 端子间距控制栏

12.3.6 设备操作

当设备添加至图形区域时，选中设备标注复选框，在左侧设备列表栏中，其右键菜单命令变为设备的相关编辑命令，如图 12-15 所示。

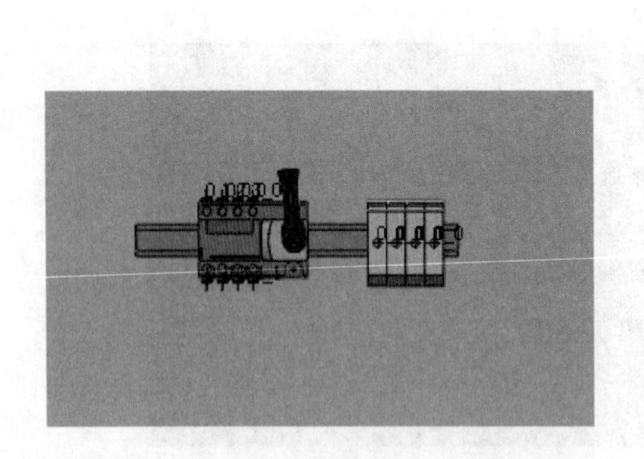

图 12-14 插入端子排

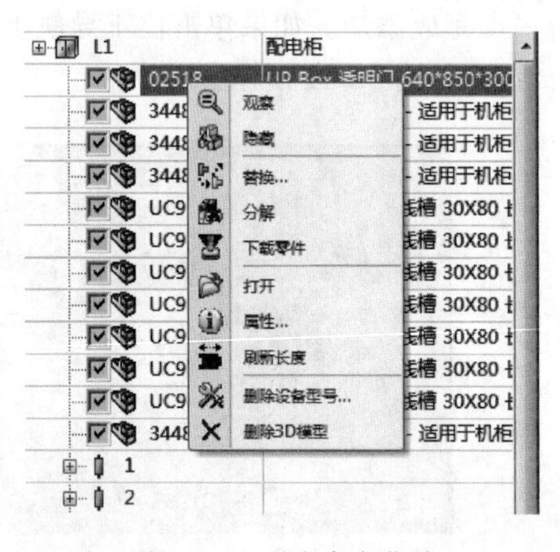

图 12-15 列表命令菜单

图 12-15 中选项的含义如下所述。

【观察】：此命令允许直接观察并放大零件，用于完成零件的查找。

【隐藏】：此命令允许隐藏图中设备的显示，零件将保持已添加状态，但在图中不可见。当零件处于隐藏状态时，其右键菜单的【隐藏】命令改为【显示】。

【替换】：此命令允许使用其他零件替换已添加的零件，文件选择窗口打开，选择适合的

SolidWorks 零件，新零件将替换原零件的位置。

【分解】：分解设备型号与图形区装配体或零件的关联。

【下载零件】：连接到网络中的 TraceParts.com，下载 3D 零件模型。

【属性】：可以修改制造商设备型号属性内容，例如修改具体尺寸，已插入的零件不作修改。

【刷新长度】：此命令允许删除图中的零件，零件并不会在列表中删除，而只是取消它的选中。

【删除设备型号】：删除与设备关联的制造商设备型号，此时，与之关联的零件或装配体一并删除。

【删除 3D 模型】：此命令允许删除图中的零件，零件并不会在列表中删除，而只是取消它的选中。

12.3.7　对齐零件

与 2D 机柜布局一样，3D 布局也有零件对齐功能，在 Elecworks 菜单中，如图 12-16 所示，对齐零件命令根据同一轴线对齐零件。

图 12-16　零件对齐命令

单击零件选择要对齐的对象，左侧控制栏显示对齐零件的相关参数设置。

【选择要对齐的零件】：选择零件，零件根据选择顺序进行对齐排列。

【对齐选项】：选择对齐模式。

【间距】：指定零件间的间距。

【未定义面的零件】：所选零件至少包含一个已定义的面，否则零件无法对齐。如图 12-17、图 12-18 为对齐前后的图形。

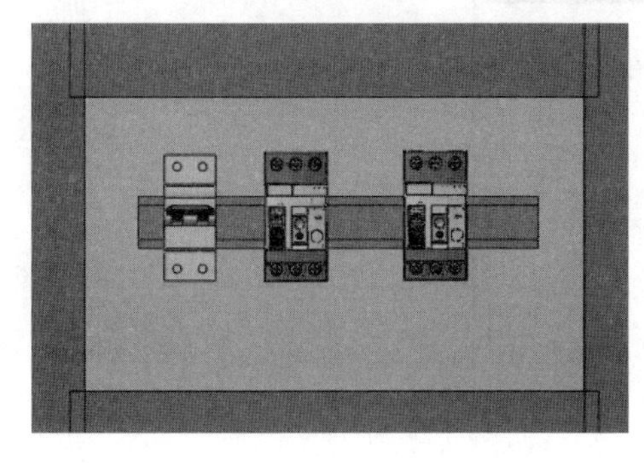

图 12-17　对齐前

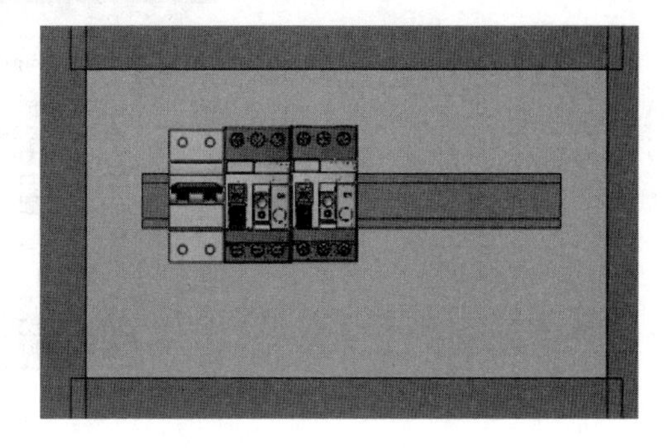

图 12-18　对齐后

12.4 生成 2D 图纸

设备完成装配布局以后，可以给装配体文件生成 DWG 格式的 2D 图纸，此图纸自动添加至工程中，生成 2D 图纸命令位于菜单中，如图 12-19 所示。

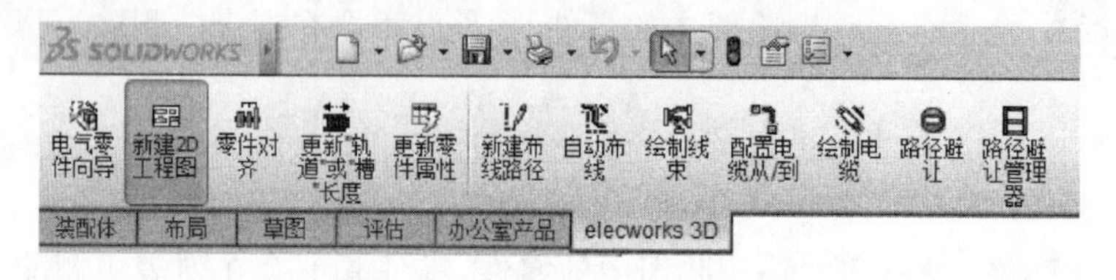

图 12-19　新建 2D 工程图命令

Elecworks 使用 SolidWorks 中的命令生成 2D 工程图，2D 工程图图纸在 SolidWorks 环境下打开，但此时并不包含任何图框模板。图框模板在工程配置中设置，图框将显示在导出到工程中的工程图上。在右侧窗口中，显示图形预览，拖拽到图纸中即可，其他工程图工具也同时可用。

单击图 12-19 中的【新建 2D 工程图】按钮，出现图 12-20 所示的菜单。

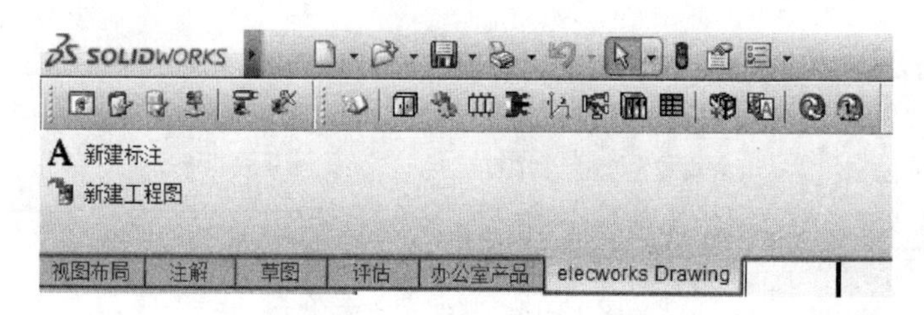

图 12-20　工程图菜单栏

【新建标注】：给工程图内设备添加设备标注。

【新建工程图】：将工程图生成到 Elecworks 图纸中，此时会有图框关联到图纸，图纸将另存为 DWG 格式，保存在工程的“Drawings”文件夹中。

图纸将自动添加到工程图纸列表中，如图 12-21 所示，

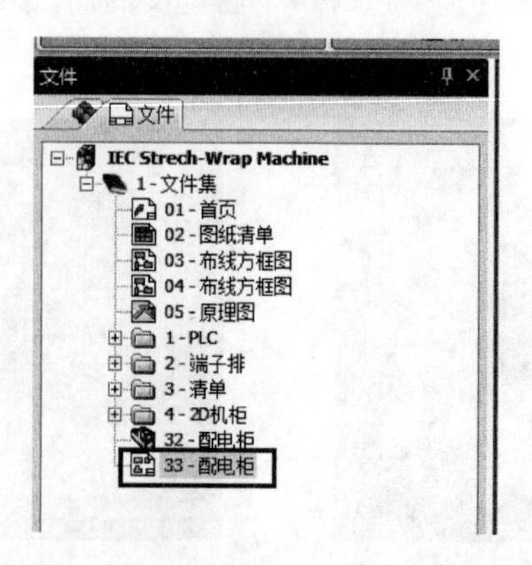

图 12-21　添加工程图

第13章

Elecworks成功应用

13.1 Elecworks 的优势

Elecworks™是 Trace Software 的旗舰产品，Trace Software 拥有 20 年对工程 CAE (computed aided engineering) 软件的开发和服务经验，是一个国际性的专业工程软件公司。Trace Software 总部设立在法国，分别在美国、西班牙、中国、英国、德国设有分公司，中国分公司设在上海。

Elecworks™在国内的机床、轨道交通、机车制造业、中央空调业、核电新能源、教育、科研设计等多个行业成功实施应用，显现出的主要优势如下所述。

1. 直观

Elecworks™专为电气工程师设计的直观操作界面，采用微软带状菜单栏，右键菜单的丰富选项，方便的宏功能，便捷的撤销/恢复功能，给用户带来前所未有的简便。学习周期短，Elecworks™ 2D 自带详细的入门教程、在线帮助文档、视频习题解答，用户只需要经过很短时间的培训就能快速开始设计工作。

2. 高效

Elecworks™基于智能数据结构，最大化地节省任务设计及生产周期。例如，项目图纸、端子排和 PLC 图纸、BOM 都是自动生成；智能复制/粘贴可将项目全部或部分数据在其他项目中重复调用。更短的设计过程和更高的生产效率将显著提高投资回报率。

3. 功能强大

Elecworks™是一个近乎完美的工具，尤其是对大型并且复杂的项目而言。应用在几乎所有的工业领域(核工业、航天工业、制造业等)，它可以处理庞大的工程项目图纸及数据，能够处理大量的布线需求，同时确保图纸的准确性和一致性。项目可以兼容任何文件格式(Excel、PDF、DWG 等)，能够满足用户的不同应用需求。

4. 多用户协同设计

基于单个数据库，Elecworks™ 2D 保持数据同步更新，多用户保持在同一项目中的实时协同设计，有效缩短产品上市周期。利用数据实时检查和自动同步更新，无论项目中产生多么微小的变化(例如实时交叉引用和编号变化、BOM 修改、接线图数据的更新等),Elecworks™2D 可以保证所有用户在整个设计过程中的项目数据一致性。

5. 强大的自定义功能

Elecworks™完全可以根据公司内部标准或常用的组件自定义模板。用户可以定义自己的模板和符号,定义自己的图纸参数,添加自己的供应商设备库。软件的整个工作环境能保存为模板,可以在新的项目直接调用或作为模板发送给公司的上下游企业。自定义的接线图符号可添加到项目任何文档中,它包含特定设备的所有连接点及接线信息,帮助安装人员快速准确的进行接线。

6. 设计质量有保证

Elecworks™让电气设计遵循专业的设计流程。Elecworks™作为一个智能化的设计工具,自动统计各种 BOM,有效地提高用户图纸和文档的质量,大大缩短产品上市周期。由于兼容标准的图纸格式(DWG/DXF),数据交换也会非常容易。

其他还有 Elecworks™所需的 3D 零件库可以在网上免费下载、性价比高,等等。

13.2 图纸设计实例

13.2.1 项目介绍

本项目为游乐园大摆锤控制电路图,使用施耐德 PLC 控制 4 个电机,拖动对称悬挂在支架两侧的两个载人安全旋涡前后摆动和 360°旋转。其结构可参考图 13-1。

13.2.2 实例图纸

下面选择游乐园部分图纸供读者参考。

图 13-1 封面。

图 13-2 清单,为自动生成。

图 13-3 布线方框图 1,使用了 3 个位置框 L1、L2 和 L3,分别代表主机柜、安全旋涡和中控室。

图 13-4 布线方框图 2,表明 PLC 控制 4 台电机。

图 13-5 气动控制,图中的连接线不具备电气特性。

图 13-6 PLC 拓扑图。在本电路图纸中,PLC 是最复杂部分,拓扑图清楚表示出 PLC 模块的排列,端子分配。

图 13-7 主电路,表示出 4 个拖动电机和 1 个油泵电机的供电线路。

图 13-8 软启动器电源,分散表示软启动器的接线方式。

图 13-9 PLC 分散表示。

图 13-10 PLC 集中表示。

图 13-11 主机柜 2D 元件布置图。

图 13-12 主机柜柜门元件布置。

图 13-13 PLC 端子分配,该表格是自动生成的。

图 13-14 端子接线图,该图纸为自动生成的。

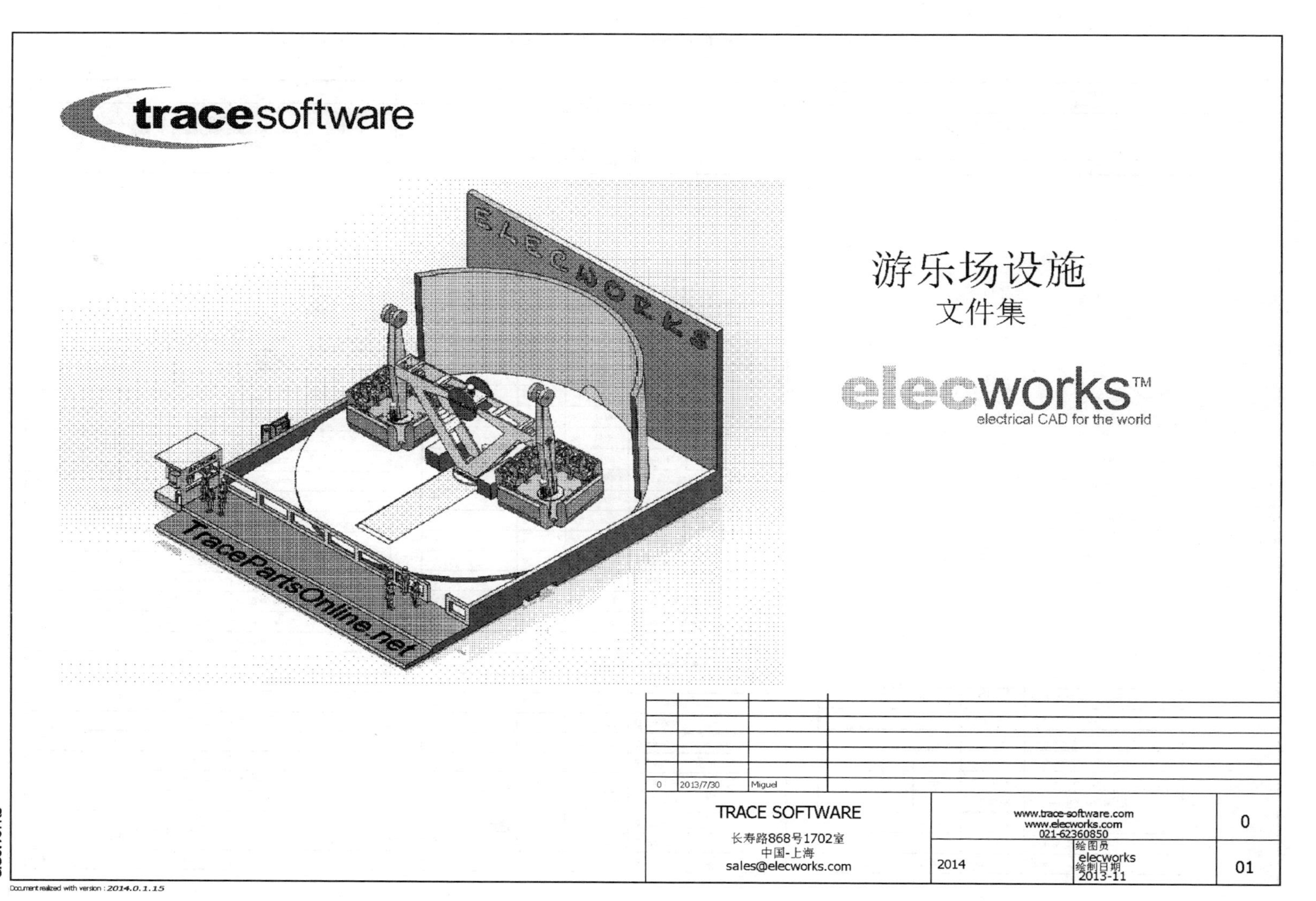

tracesoftware
ELECWORKS
游乐场设施
文件集
elecworks™
electrical CAD for the world
TracePartsOnline.net
0
2013/7/30
Miguel
TRACE SOFTWARE
长寿路868号1702室
中国-上海
sales@elecworks.com
www.trace-software.com
www.elecworks.com
021-62360850
绘图员
elecworks
绘制日期
2013-11
2014
0
01
elecworks
Document realized with version : 2014.0.1.15

图 13-1 图纸封面

图纸	校对	日期	说明
01	0	2013/7/30	首页
02	0	2013/7/30	图纸清单
03	0	2013/7/30	布线方框图
04	0	2013/7/30	电机供电线路图
05	0	2013/7/30	气动
06	0	2013/7/30	PLC拓扑图
07	0	2013/7/30	电源指示
08	0	2013/7/30	电源供应
09	0	2013/7/30	电源供应-软起动
10	0	2013/7/30	排风系统
11	0	2013/7/30	PLC图纸-电源供应
12	0	2013/7/30	PLC图纸-槽位3
13	0	2013/7/30	PLC图纸-槽位3
14	0	2013/7/30	PLC图纸-槽位4
15	0	2013/7/30	PLC图纸-槽位4
16	0	2013/7/30	PLC图纸-槽位4
17	0	2013/7/30	PLC图纸-槽位5
18	0	2013/7/30	PLC图纸-槽位5
19	0	2013/7/30	PLC图纸-槽位5
20	0	2013/7/30	PLC图纸-槽位6
21	0	2013/7/30	PLC图纸-槽位6
22	0	2013/7/30	PLC图纸-槽位6
23	0	2013/10/21	主机柜
24	0	2013/10/21	柜门
26	0	2013/10/23	设备明细表
27	0	2013/10/23	设备明细表
28	0	2013/10/23	设备明细表

->

图纸	校对	日期	说明
29	0	2013/10/23	设备明细表
30	0	2013/10/23	设备明细表
31	0	2013/10/23	设备明细表
32	0	2013/10/23	设备明细表
33	0	2013/10/23	设备明细表
34	0	2013/10/23	设备明细表
35	0	2013/10/23	设备明细表
36	0	2013/10/23	设备明细表
37	0	2013/10/23	设备明细表
38	0	2013/10/23	PLC 输入/输出清单
39	0	2013/10/23	PLC 输入/输出清单
40	0	2013/10/23	PLC 输入/输出清单
41	0	2013/10/23	PLC 输入/输出清单
42	0	2013/10/23	设备标注清单
43	0	2013/10/23	电缆清单
44	0	2013/11/21	电缆端子清单
45	0	2013/11/21	电缆端子清单
46	0	2013/11/21	电缆端子清单
47	0	2013/11/20	X1-控制信号(1/2)
48	0	2013/11/20	X1-到中控室的信号(1/1)
49	0	2013/11/20	X1-到现场的信号(1/4)
50	0	2013/11/20	X1-到现场的信号(2/4)
51	0	2013/11/20	X1-到现场的信号(3/4)
52	0	2013/11/20	X2-安全性异常信号(1/1)
53	0	2013/11/20	X3-电源指示(1/3)
54	0	2013/11/20	X3-电源指示(2/3)
55	0	2013/11/20	X100-PLC信号(1/5)

->

图纸	校对	日期	说明
56	0	2013/11/20	X100-PLC信号(2/5)
57	0	2013/11/20	X100-PLC信号(3/5)
58	0	2013/11/20	X50-远程控制继电器(1/1)
59	0	2013/11/20	X1-控制信号(2/2)
60	0	2013/11/20	X1-到现场的信号(4/4)
61	0	2013/11/20	X3-电源指示(3/3)
62	0	2013/11/20	X100-PLC信号(4/5)
63	0	2013/11/20	X100-PLC信号(5/5)

elecworks

www.trace-software.com
www.elecworks.com
021-62360850

编号: 2014

图纸清单

位置: L1 主机柜

号码	姓名	日期	修改
0	2013/7/30	Miguel	

绘图员 elecworks

绘制日期 2013-11

标号 0

图纸 02

版本号: 2014. 0. 1. 15

图 13-2 图纸目录

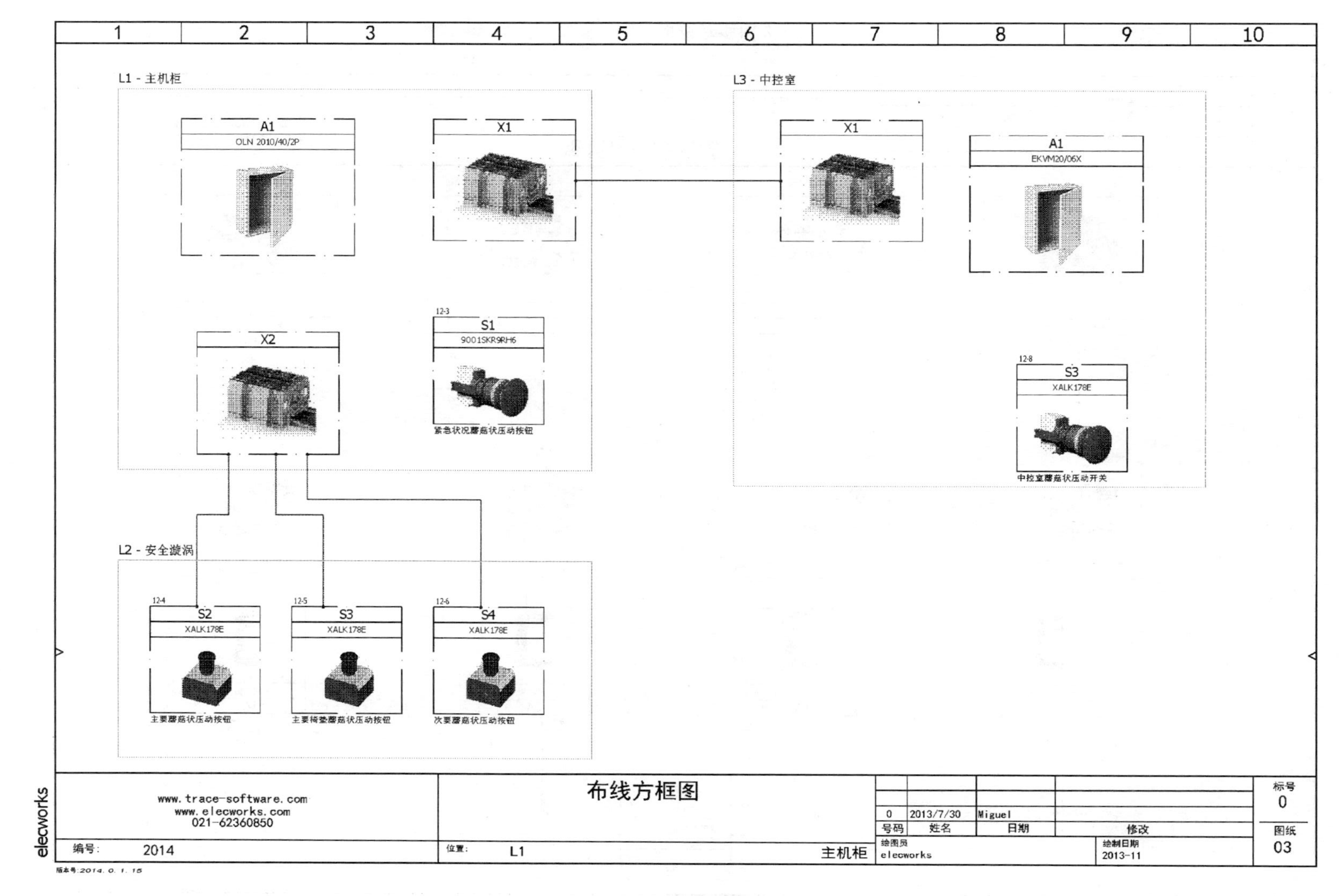

1
2
3
4
5
6
7
8
9
10
L1 - 主机柜
A1
OLN 2010/40/2P
X1
X2
12-3
S1
9001SKR9RH6
紧急状况蘑菇状压动按钮
L3 - 中控室
X1
A1
EKVM20/06X
12-8
S3
XALK178E
中控室蘑菇状压动开关
L2 - 安全漩涡
12-4
S2
XALK178E
主要蘑菇状压动按钮
12-5
S3
XALK178E
主要椅垫蘑菇状压动按钮
12-6
S4
XALK178E
次要蘑菇状压动按钮
elecworks
www.trace-software.com
www.elecworks.com
021-62360850
编号:
2014
布线方框图
位置:
L1
主机柜
0
2013/7/30
Miguel
号码
姓名
日期
修改
绘图员
elecworks
绘制日期
2013-11
标号
0
图纸
03
版本号:2014.0.1.15

图 13-3 布线方框图 1

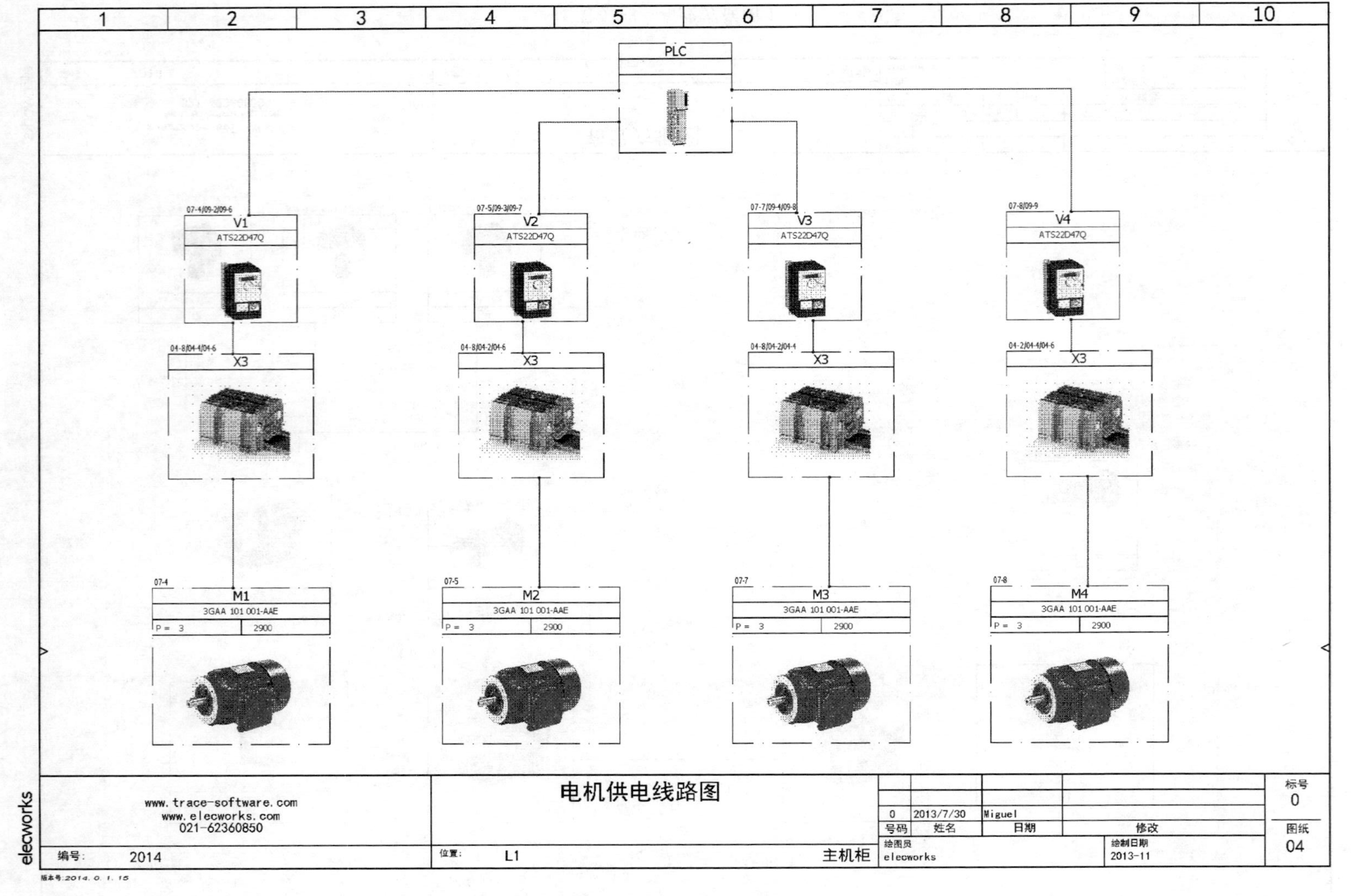
1
2
3
4
5
6
7
8
9
10
PLC
07-4/09-2/09-6
V1
ATS22D47Q
07-5/09-3/09-7
V2
ATS22D47Q
07-7/09-4/09-8
V3
ATS22D47Q
07-8/09-9
V4
ATS22D47Q
04-8/04-4/04-6
X3
04-8/04-2/04-6
X3
04-8/04-2/04-4
X3
04-2/04-4/04-6
X3
07-4
M1
3GAA 101 001-AAE
P = 3
2900
07-5
M2
3GAA 101 001-AAE
P = 3
2900
07-7
M3
3GAA 101 001-AAE
P = 3
2900
07-8
M4
3GAA 101 001-AAE
P = 3
2900
elecworks
www.trace-software.com
www.elecworks.com
021-62360850
编号:
2014
电机供电线路图
位置:
L1
主机柜
0
2013/7/30
Miguel
号码
姓名
日期
修改
绘图员
elecworks
绘制日期
2013-11
标号
0
图纸
04
版本号:2014.0.1.15

图 13-4 布线方框图 2

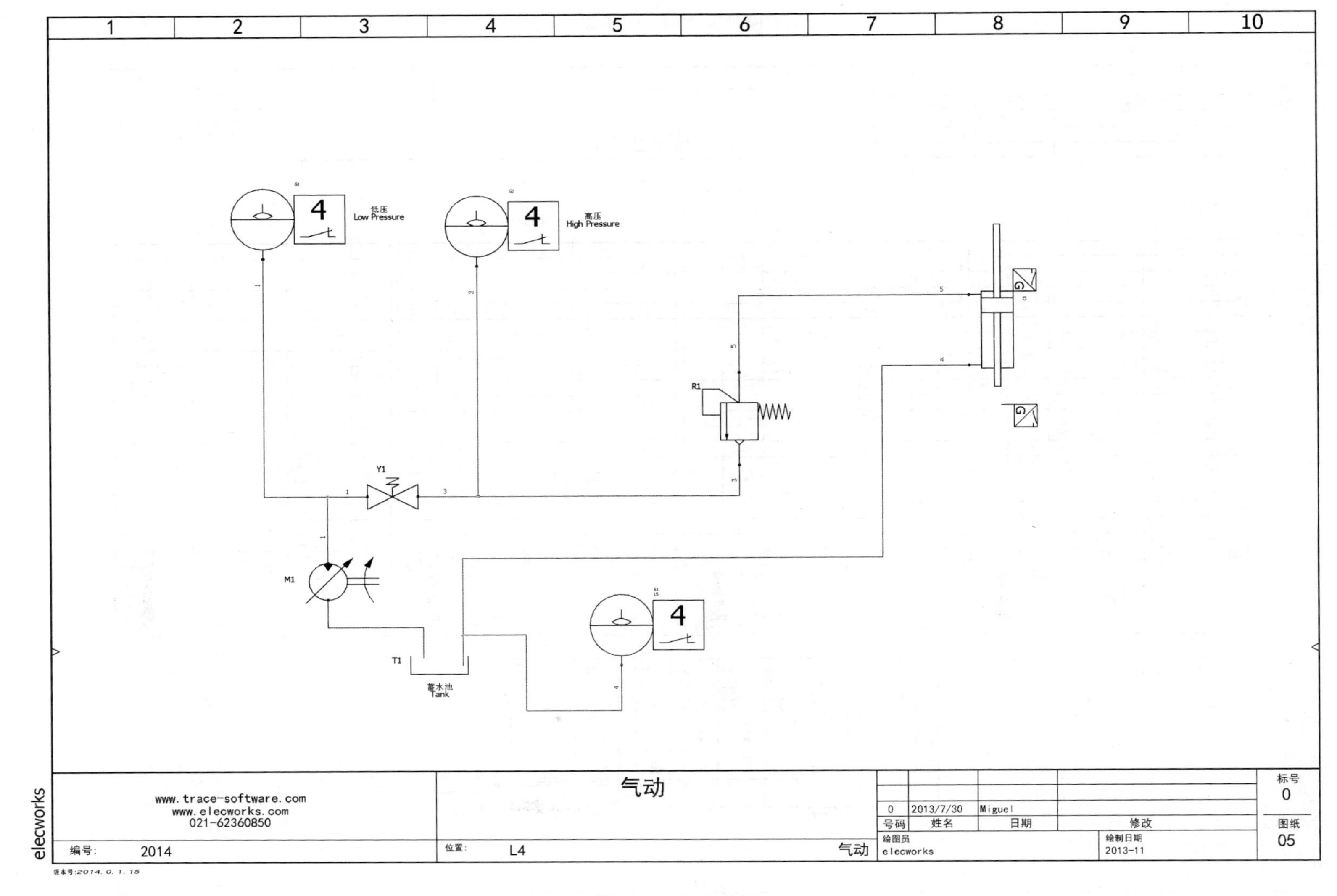

1
2
3
4
5
6
7
8
9
10
低压
Low Pressure
高压
High Pressure
4
4
4
G
G
R1
Y1
M1
T1
蓄水池
Tank
气动
www.trace-software.com
www.elecworks.com
021-62360850
编号:
2014
位置:
L4
0
2013/7/30
Miguel
号码
姓名
日期
修改
绘图员
elecworks
绘制日期
2013-11
标号
0
图纸
05
elecworks

图 13-5 气动控制

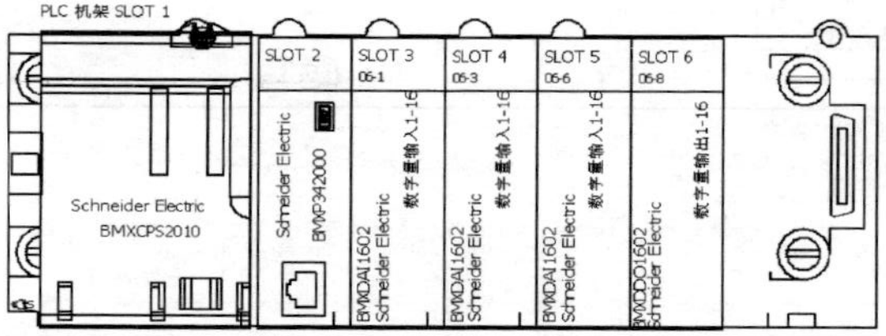

Schneider Electric BMXDAI1602 PLC 机架 SLOT 3 Pos: 3

端子	地址	描述1	描述2	位置
1	I3.00		电源指示	12-2
2	I3.01			12-3
3	I3.02		漩涡	12-4
4	I3.03		座椅群1	12-5
5	I3.04		座椅群2	12-6
6	I3.05		静默状态	12-7
7	I3.06		中控室	12-8
8	I3.07		压力1	12-9
9	I3.08		压力2	13-2
10	I3.09		压力3	13-3
11	I3.10		压力4	13-4
12	I3.11		压力5	13-5
13	I3.12		压力6	13-6
14	I3.13		开	13-7
15	I3.14		停止全部	13-8
16	I3.15		机械臂上升	13-9
17				06-1
19				06-1
18				06-1
20				06-1

Schneider Electric BMXDAI1602 PLC 机架 SLOT 4 Pos: 4

端子	地址	描述1	描述2	位置
1	I4.00		机械臂下降	14-1
2	I4.01		备用	14-1
3	I4.02		备用	14-1
4	I4.03		热电机1	14-1
5	I4.04		热电机2	14-1
6	I4.05		热电机3	14-1
7	I4.06		热电机4	14-1
8	I4.07		热电机5	14-1
9	I4.08		备用	15-1
10	I4.09		备用	15-1
11	I4.10		备用	15-1
12	I4.11		备用	15-1
13	I4.12	Reserva	备用	15-1
14	I4.13	Reserva	备用	15-1
15	I4.14	Reserva	备用	15-1
16	I4.15	Reserva	备用	15-1
17				16-2
19				16-2
18				06-3
20				06-3

Schneider Electric BMXDAI1602 PLC 机架 SLOT 5 Pos: 5

端子	地址	描述1	描述2	位置
1	I5.00		备用	17-1
2	I5.01	Reserva	备用	17-1
3	I5.02	Reserva	备用	17-1
4	I5.03	Reserva	备用	17-1
5	I5.04	Sensor Arnés 1	座位1	17-1
6	I5.05	Sensor Arnés 2	座位1	17-1
7	I5.06	Sensor Arnés 3	座位1	17-1
8	I5.07	Sensor Arnés 4	座椅群1	17-1
9	I5.08	Sensor Arnés 5	座椅群2	18-1
10	I5.09	Sensor Arnés 6	座椅群2	18-1
11	I5.10	Sensor Arnés 7	座椅群2	18-1
12	I5.11	Sensor Arnés 8	座椅群2	18-1
13	I5.12	Reserva	备用	18-1
14	I5.13	Reserva	备用	18-1
15	I5.14	Reserva	备用	18-1
16	I5.15	Reserva	备用	18-1
17				19-1
19				19-1
18				06-6
20				06-6

Schneider Electric BMXDDO1602 PLC 机架 SLOT 6 Pos: 6

端子	地址	描述1	描述2	位置
1	Q6.00	Bomba aceite	油泵	20-1
2	Q6.01	Giro 2	备用	20-1
3	Q6.02	Giro Asientos 1	备用	20-1
4	Q6.03	Giro Asientos 2	备用	20-1
5	Q6.04	Giro 1 inferior	备用	20-1
6	Q6.05	Presión OK	备用	20-1
7	Q6.06	Presión Fallo	备用	20-1
8	Q6.07	Seguridades Ok	备用	20-1
9	Q6.08	Seguridades Fallo	备用	21-1
10	Q6.09	Seguridades Ok	备用	21-1
11	Q6.10	Seguridades Fallo	备用	21-1
12	Q6.11	Fallo General	通用异常	21-1
13	Q6.12	Claxon	报警	21-1
14	Q6.13	Reserva	备用	21-1
15	Q6.14	Reserva	备用	21-1
16	Q6.15	Reserva	备用	21-1
17				22-1
19				22-1
18				06-8
20				06-8

图 13-6 PLC 拓扑图

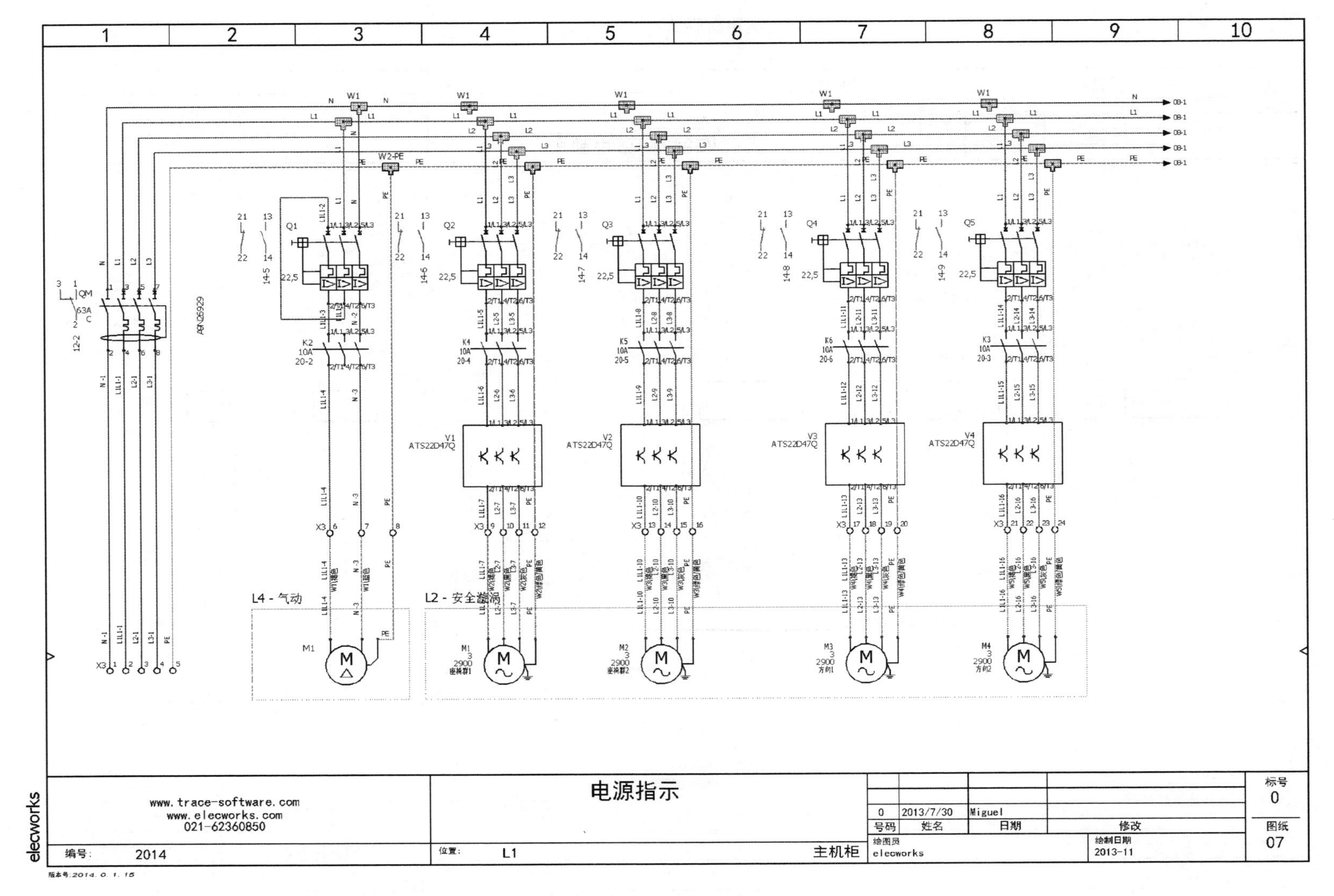
电源指示
主机柜
www.trace-software.com
www.elecworks.com
021-62360850
编号: 2014
位置: L1
0 2013/7/30 Miguel
号码 姓名 日期 修改
绘图员 elecworks
绘制日期 2013-11
标号 0
图纸 07
L4 - 气动
L2 - 安全编码
ATS22D47Q
elecworks

图 13-7　主电路

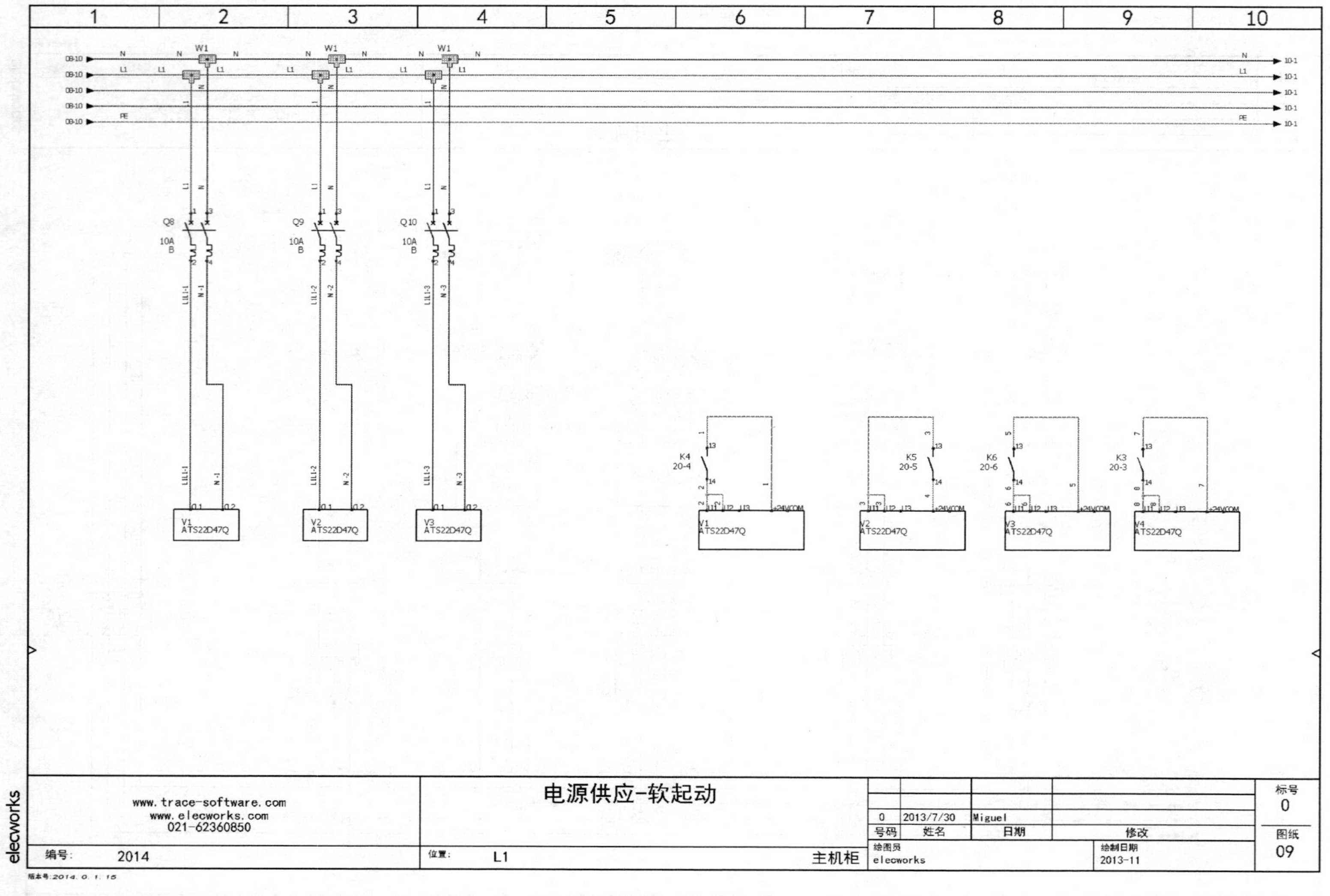

电源供应-软起动
www.trace-software.com
www.elecworks.com
021-62360850
编号: 2014
位置: L1
主机柜
0 2013/7/30 Miguel
号码 姓名 日期 修改
绘图员 elecworks
绘制日期 2013-11
标号 0
图纸 09
Q8 10A B
Q9 10A B
Q10 10A B
V1 ATS22D47Q
V2 ATS22D47Q
V3 ATS22D47Q
V4 ATS22D47Q
K4 20-4
K5 20-5
K6 20-6
K3 20-3
版本号:2014. 0. 1. 15

图 13-8　软启动器电源

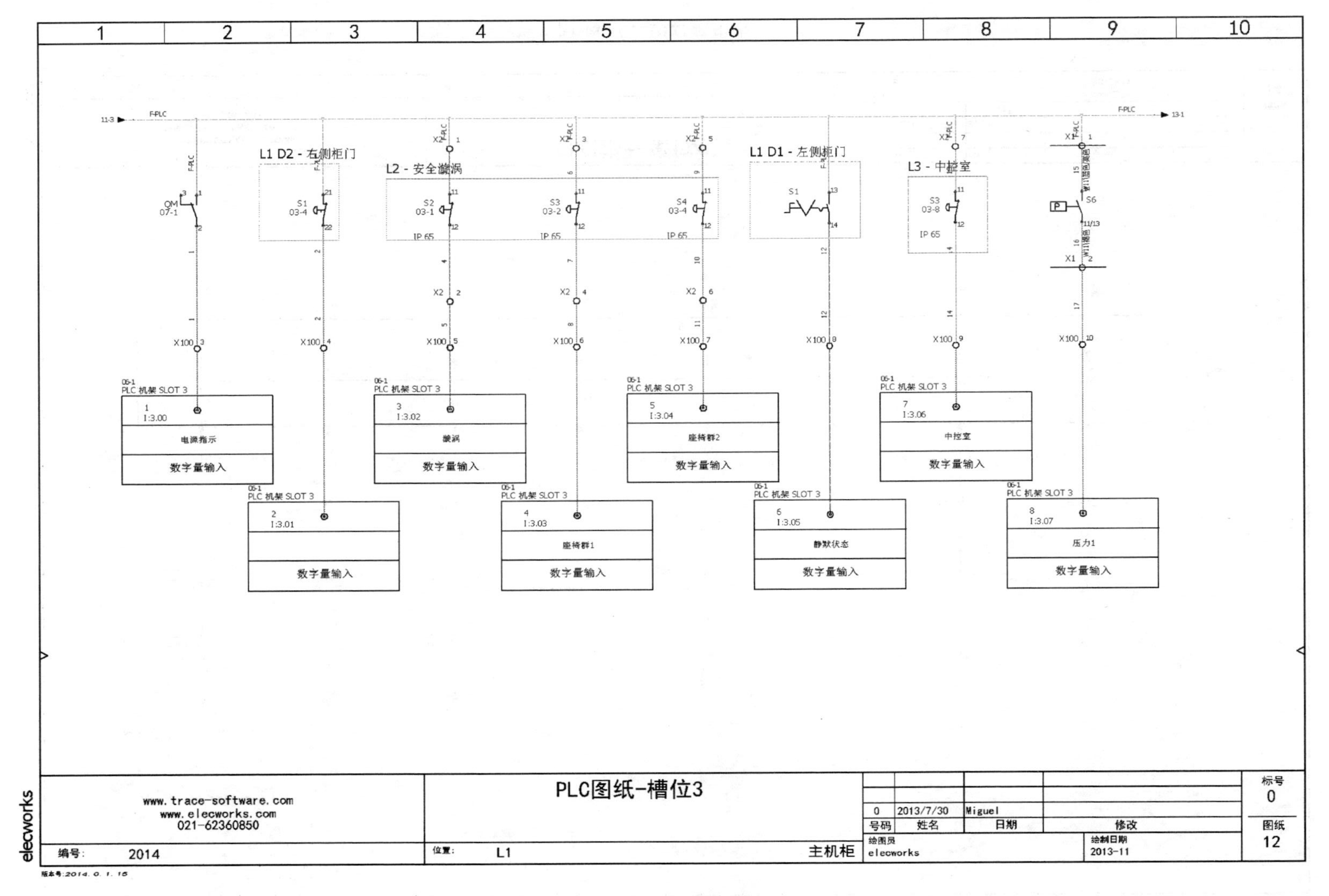

图 13-9 PLC分散表示

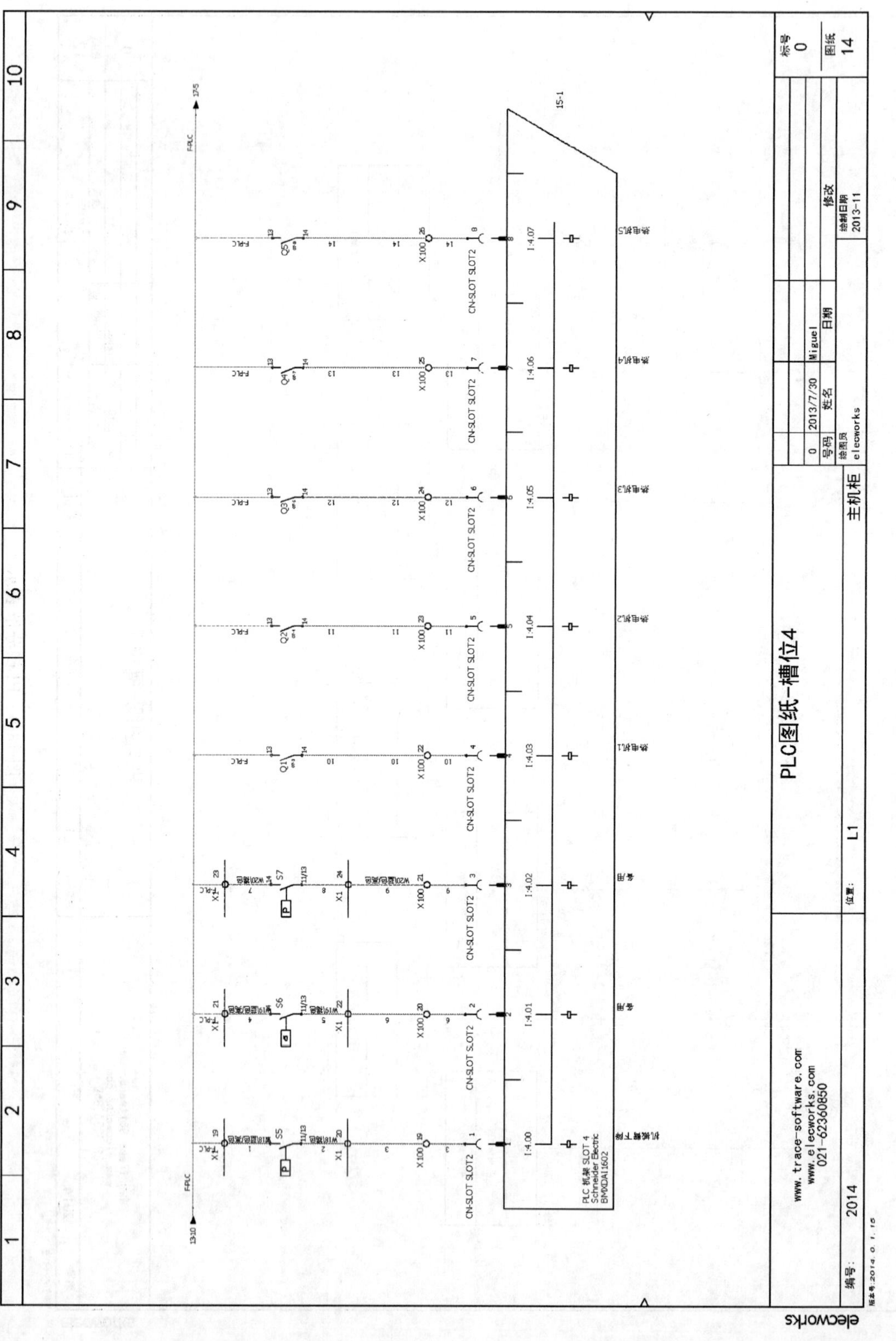

图 13-10 PLC 集中表示

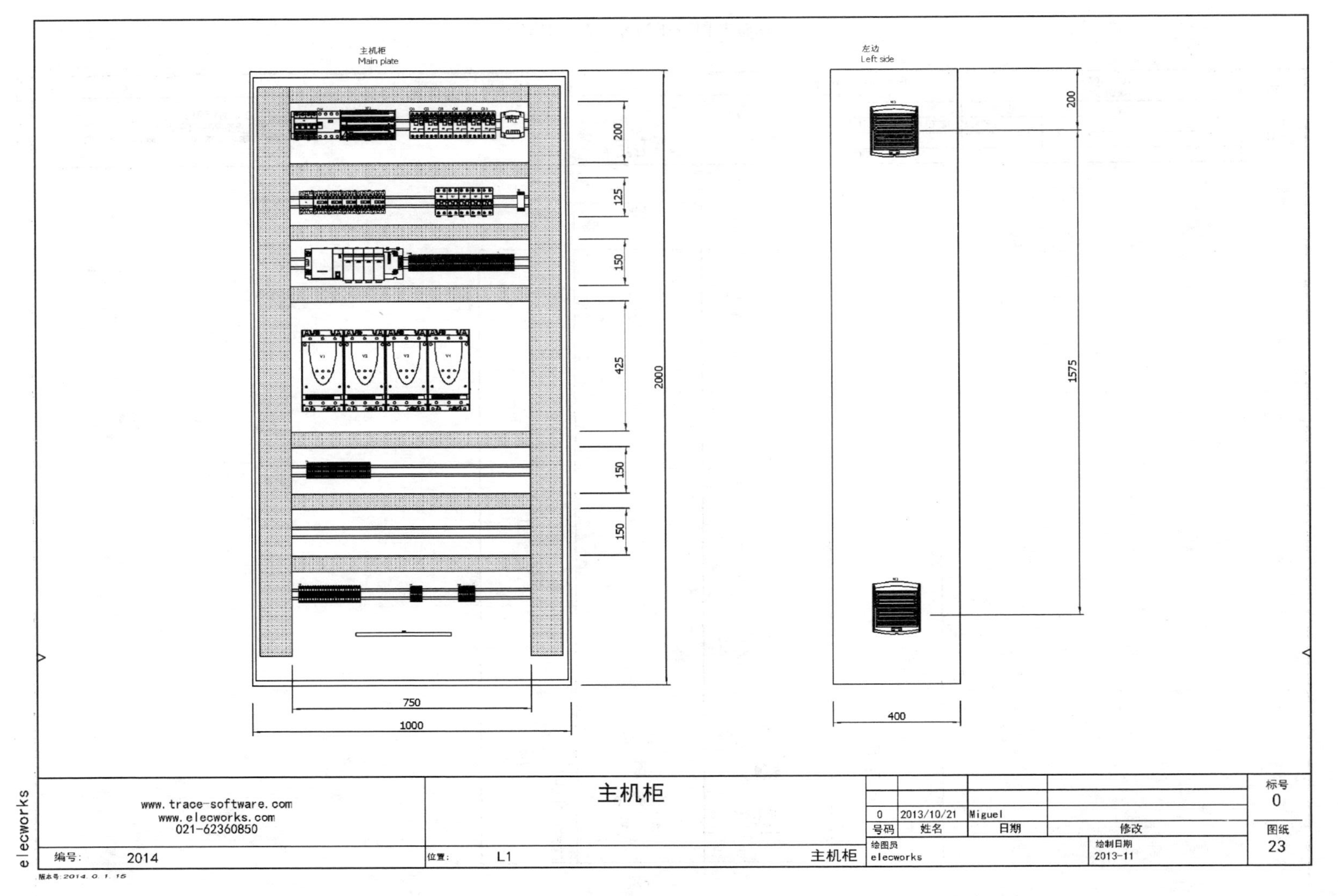

图 13-11　主机柜 2D 元件布置图

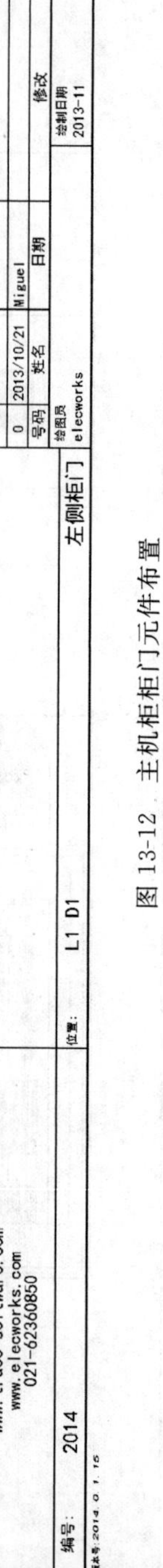

图 13-12 主机柜柜门元件布置

PLC-机架-SLOT 3

地址	助记	功能	制造商	型号	标示	说明	注释
I:3.00			Schneider Electric	BMXDAI1602	PLC-机架-SLOT 3	电源指示	
I:3.01			Schneider Electric	BMXDAI1602	PLC-机架-SLOT 3		
I:3.02			Schneider Electric	BMXDAI1602	PLC-机架-SLOT 3	旋涡	
I:3.03			Schneider Electric	BMXDAI1602	PLC-机架-SLOT 3	座椅群1	
I:3.04			Schneider Electric	BMXDAI1602	PLC-机架-SLOT 3	座椅群2	
I:3.05			Schneider Electric	BMXDAI1602	PLC-机架-SLOT 3	静默状态	
I:3.06			Schneider Electric	BMXDAI1602	PLC-机架-SLOT 3	中控室	
I:3.07			Schneider Electric	BMXDAI1602	PLC-机架-SLOT 3	压力1	
I:3.08			Schneider Electric	BMXDAI1602	PLC-机架-SLOT 3	压力2	
I:3.09			Schneider Electric	BMXDAI1602	PLC-机架-SLOT 3	压力3	
I:3.10			Schneider Electric	BMXDAI1602	PLC-机架-SLOT 3	压力4	
I:3.11			Schneider Electric	BMXDAI1602	PLC-机架-SLOT 3	压力5	
I:3.12			Schneider Electric	BMXDAI1602	PLC-机架-SLOT 3	压力6	
I:3.13			Schneider Electric	BMXDAI1602	PLC-机架-SLOT 3	开	
I:3.14			Schneider Electric	BMXDAI1602	PLC-机架-SLOT 3	停止全部	
I:3.15			Schneider Electric	BMXDAI1602	PLC-机架-SLOT 3	机械臂上升	

elecworks

www.trace-software.com
www.elecworks.com
021-62360850

编号: 2014

PLC 输入/输出清单

位置: L1 主机柜

号码	姓名	日期	修改
0	2013/10/23	Miguel	

绘图员 elecworks

绘制日期 2013-11

标号 0

图纸 38

版本号:2014.0.1.15

图 13-13 PLC 端子分配

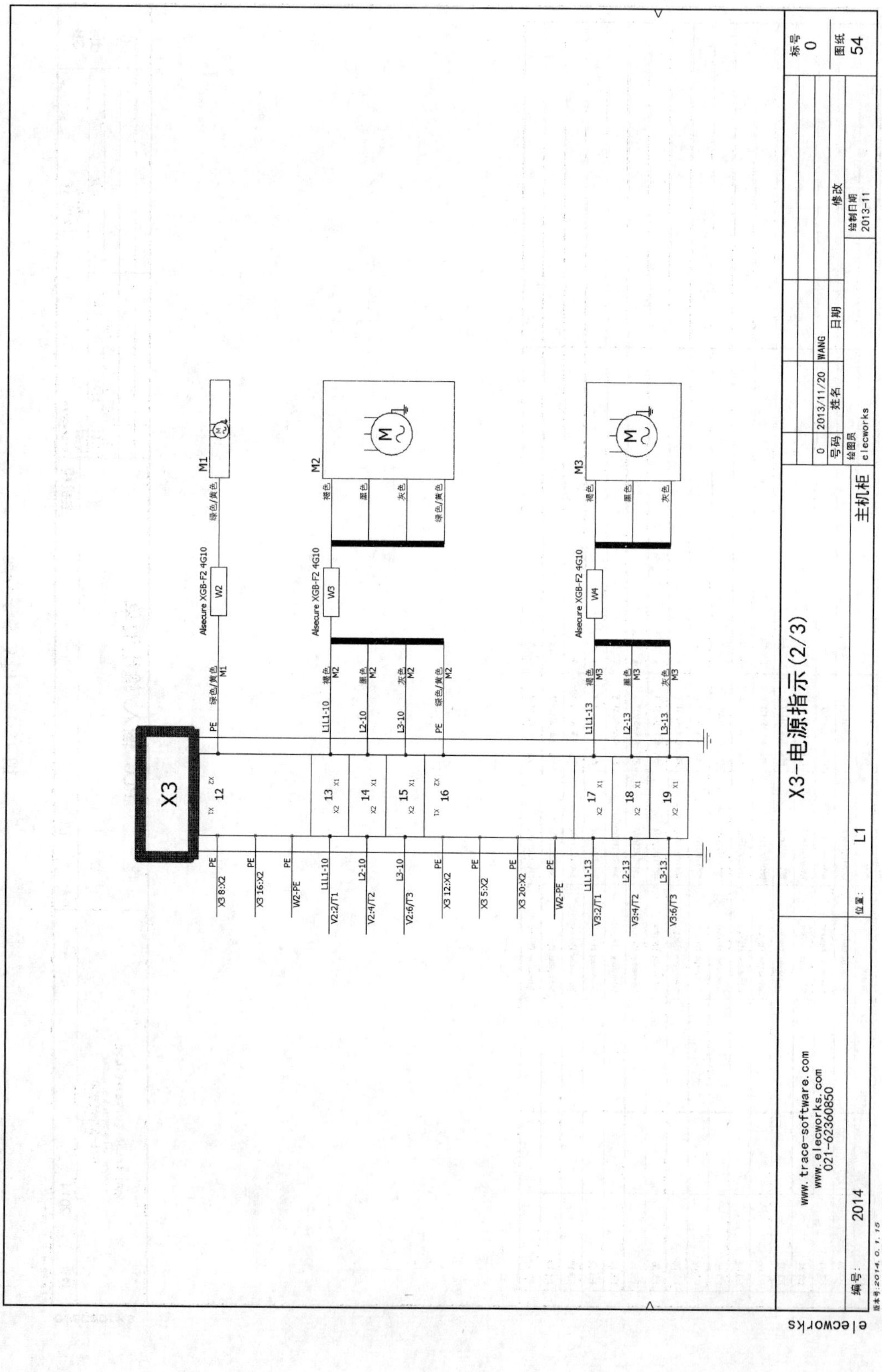

X3

外部连接		端子	内部连接	电缆	设备
X3 8:X2	PE	12	PE 绿色/黄色 M1	Alsecure XGB-F2 4G10 W2	M1 绿色/黄色
X3 16:X2	PE				
W2-PE	PE				
V2:2/T1	L1L1-10	13	L1L1-10 褐色 M2	Alsecure XGB-F2 4G10 W3	M2 褐色
V2:4/T2	L2-10	14	L2-10 黑色 M2		黑色
V2:6/T3	L3-10	15	L3-10 灰色 M2		灰色
X3 12:X2	PE	16	PE 绿色/黄色 M2		绿色/黄色
X3 5:X2	PE				
X3 20:X2	PE				
W2-PE	PE				
V3:2/T1	L1L1-13	17	L1L1-13 褐色 M3	Alsecure XGB-F2 4G10 W4	M3 褐色
V3:4/T2	L2-13	18	L2-13 黑色 M3		黑色
V3:6/T3	L3-13	19	L3-13 灰色 M3		灰色

www.trace-software.com
www.elecworks.com
021-62360850

X3-电源指示(2/3)

0	2013/11/20	WANG	
号码	姓名	日期	修改

绘图员 elecworks　绘制日期 2013-11

标号 0　图纸 54

编号: 2014　位置: L1　主机柜

elecworks

版本号:2014. 0. 1. 15

图 13-14　端子接线图

第14章

电气工程文件的输出

14.1　图纸重新编号

新建或打开一个工程，图纸重新编号命令在文件夹或文件集的右键菜单中（如图 14-1 所示），用于对所有文件夹中或文件集中的图纸重新编号。

弹出的重新编号窗口如图 14-2 所示，根据以下录入的参数对图纸进行编号。

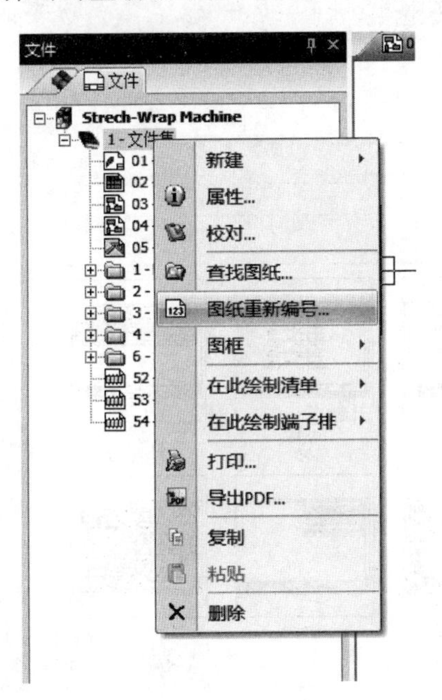

图 14-1　图纸重新编号命令

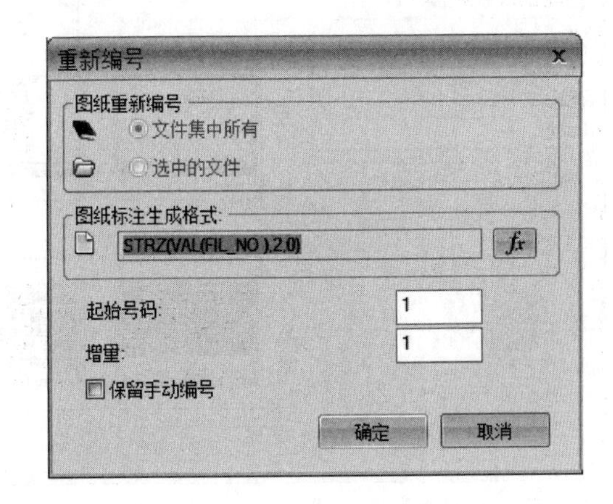

图 14-2　【重新编号】对话框

图 14-2 中选项的含义说明如下所述。

【图纸重新编号】：如果选择【文件集中所有】单选按钮，文件集中所有文件包括文件夹中图纸文件都将重新编号。如果选择【选中的文件】单选按钮，将只会对所选文件夹内图纸重新编号。当命令从文件集激活时，此选项将默认为对文件集中文件编号。

【图纸标注生成格式】：图例中格式定义了图纸编号包含以“0”开头的 3 位数字。

【起始号码】：第一页图纸的号码。

【增量】：输入增量值，即是否跳过某些数字。

【保留手动编号】：此选项用于保留对手动编号图纸的更改。

14.2 导出图纸 DWG 格式

图纸默认保存为 EWG 格式，也可以保存为 DWG 格式文件，导出 DWG 命令在菜单【导入/导出】中，如图 14-3 所示。

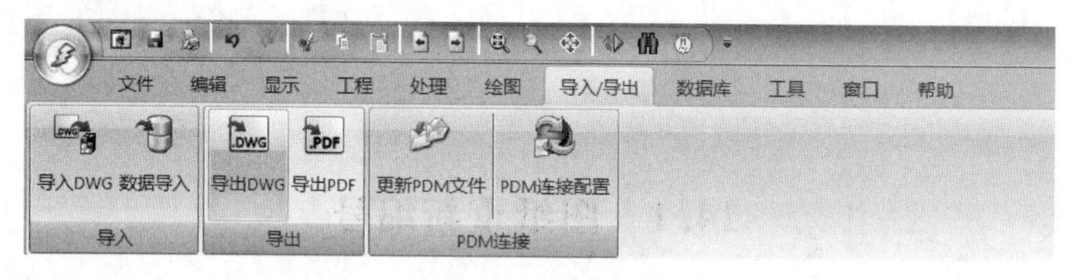

图 14-3 导出 DWG 命令

单击图中【导出 DWG】按钮打开如图 14-4 所示的窗口，选择 DWG 文件要存储的路径。

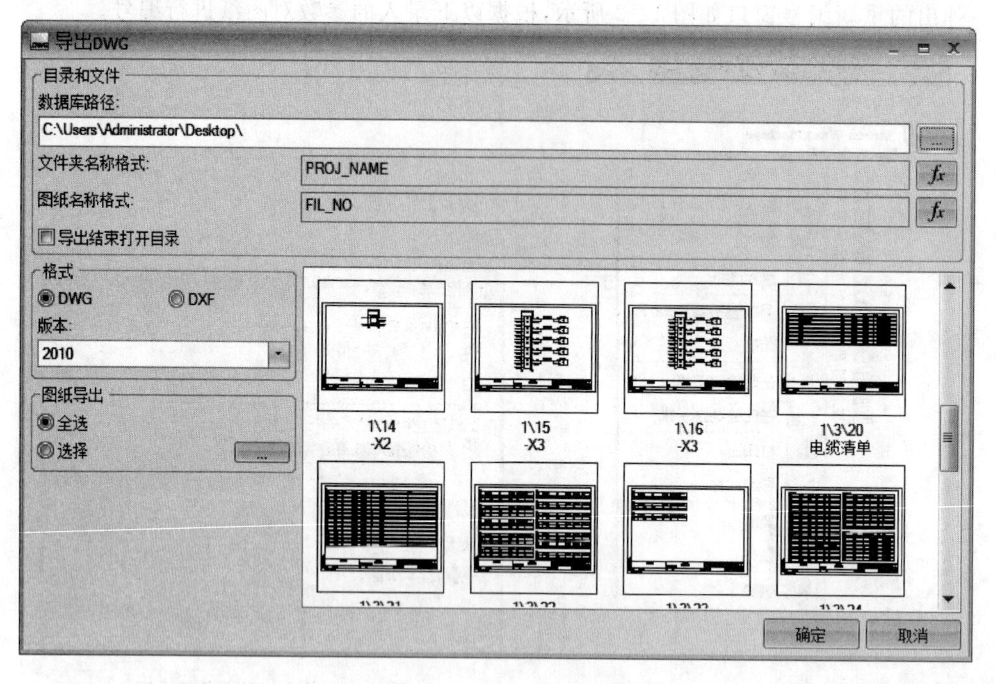

图 14-4 导出 DWG 文件对话框

单击图 14-4 中的【…】按钮选择保存路径，可以根据提供的变量修改保存的文件夹和图纸名。选择导出格式(DXF 或 DWG)版本。

图纸的导出可以全选，默认情况下单击【全选】单选按钮，也可以根据自己的需要选择部分图纸，单击【选择】单选按钮，选择需要的部分图纸导出。

14.3　导出图纸 PDF 格式

导出 PDF 功能将图纸导出为 Acrobat(PDF)格式。位于菜单【导入/导出】中，如图 14-5 所示。

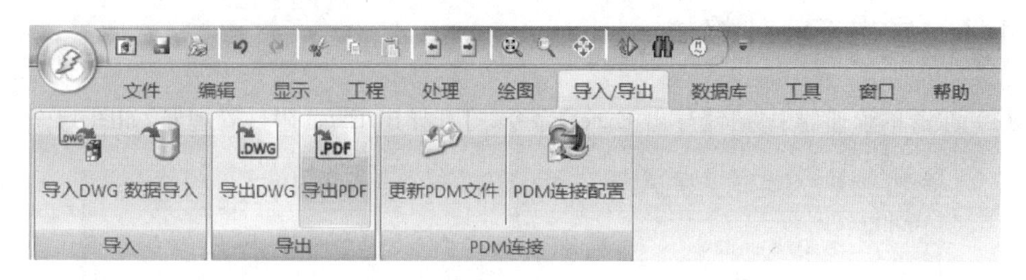

图 14-5　导出 PDF 命令

PDF 导出使用 PDF CREATOR 和 GhostScript 工具，自动在 Elecworks 安装时载入。单击【导出 PDF】按钮跳转到打印管理窗口，如图 14-6 所示。

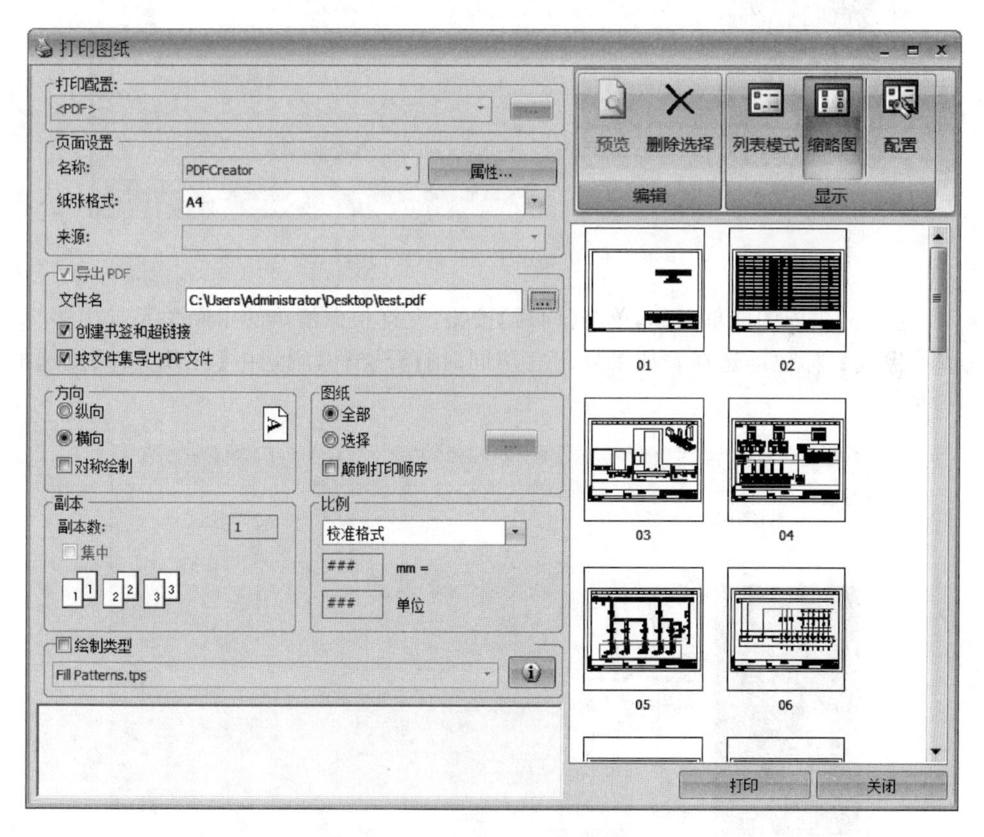

图 14-6　导出 PDF 对话框

首先，需选择 PDF 文件保存路径。当多页图纸导出至单个 PDF 文件时，结束后自动打开 PDF 文件。当选择导出多个 PDF 文件时(按文件集导出 PDF 文件)，文件浏览器将打开预览生成的文件。

14.4 导出清单图纸

Elecworks 清单可导出其他格式图纸，包括 Excel、TXT 等多种格式。

14.4.1 导出 Excel 格式

(1) 在清单管理器中选择【导出 Excel】命令，打开导出 Excel 附件管理器，如图 14-7 所示。

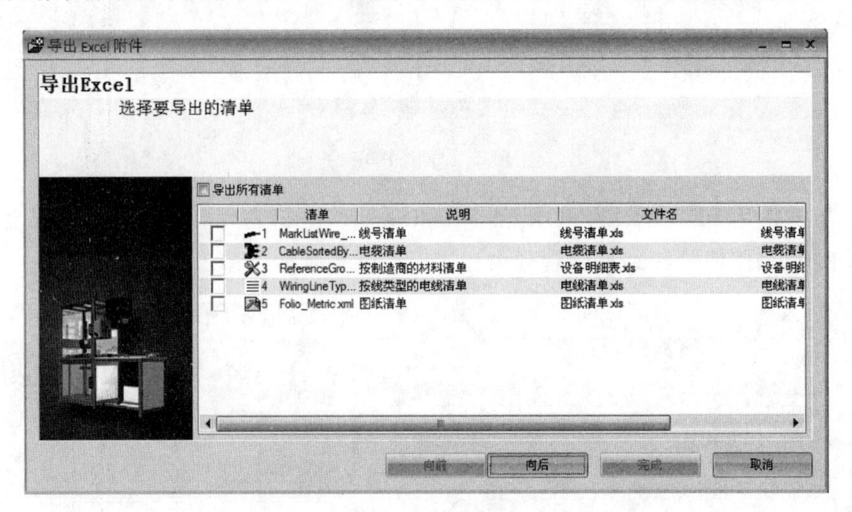

图 14-7　导出 Excel 附件管理器

(2) 选中需生成的清单名称，单击【向后】按钮，允许根据清单的中断关系导出多页设置以及清单生成目标地址选择。如果导出完毕同时打开文件，则选中【打开文件】复选框，如图 14-8 所示。

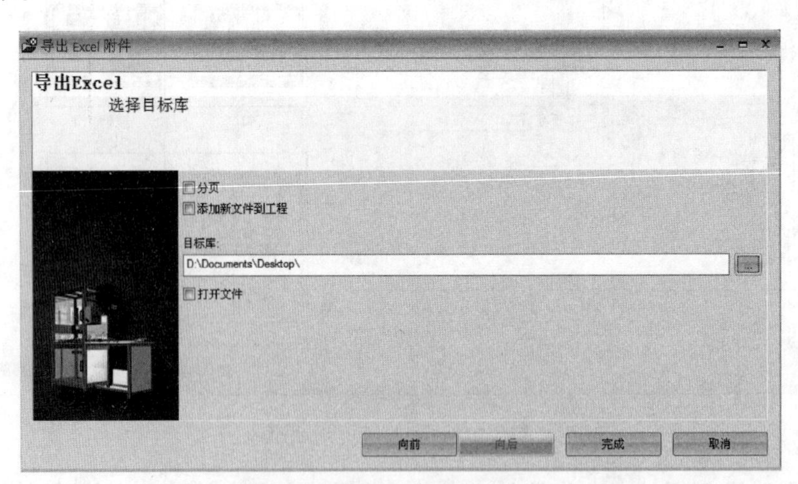

图 14-8　选择目标库

(3) 单击【完成】按钮，导出文件。生成的 Excel 文件可以作为附件添加至工程。

14.4.2　导出文本格式

(1) 在清单管理器中选择【导出 TXT】命令，打开导出 TXT 附件管理器，如图 14-9 所示。

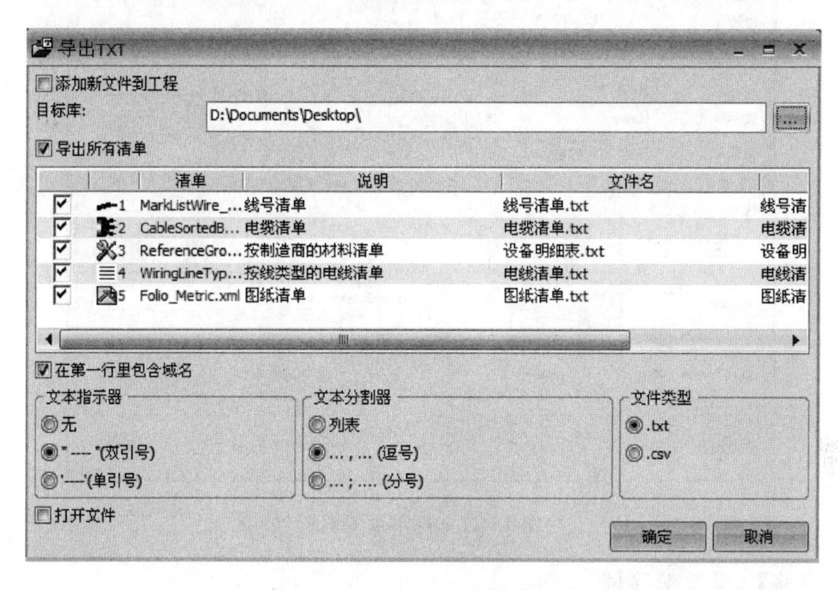

图 14-9　导出 TXT 附件管理器

(2) 选择要导出的清单，以及选择文件保存的目标路径，单击【确定】按钮生成文档文件，可以作为附件添加至工程。

14.5　图纸打印

14.5.1　页面设置

要设置页面，首先打开要打印的图纸。然后在菜单栏中选择【文件】命令如图 14-10 所示，在【打印】栏中双击【页面设置】按钮，可打开打印设置窗口如图 14-11 所示。

图 14-10　打开页面设置窗口

图 14-11 中打印设置选项说明如下所述。

【打印机】：选择合适的打印机。【属性】按钮允许设置打印机的基本属性。

【纸张】：选择合适格式的纸张以及纸张来源，此功能根据打印机的不同而变化。

图 14-11 打印设置窗口

【打印偏移】：设置偏移量。

【纸张方向】：选择打印模式(纵向或横向)。选中【反向打印】复选框则打印图形旋转 180°。

【打印比例】：定义图纸的应用单位与纸张的绘制单位间的比例。默认模式为“校准格式”。

【打印区域】：选择不同的打印区域打印。

【显示】：只打印窗口当前显示的可见区域。

【全部范围】：打印图纸的全部图形。

【限制】：打印规定的图纸范围。

【打印样式列表】：定义打印样式文件。Elecworks 中每种颜色的应用都对应一种打印颜色和线宽。如果不使用打印样式，打印出的颜色将与窗口中颜色一致。使用单色打印机时，打印为灰色。

【更改打印样式文件】：打开自定义打印样式窗口。

【网络】：帮助找到公司网络中可用的打印机。

【预览】：允许在打印前预览页面设置后的图纸。

14.5.2 预览及打印

要预览打印效果可以进行以下操作，单击图 14-10 中的【打印预览】按钮打开预览窗口，在预览窗口中可以重新进行打印参数设置。

单击图 14-10 中的【打印】按钮，打开图 14-12 所示的打印窗口。设置好参数后单击【确定】按钮即可打印单张图纸。

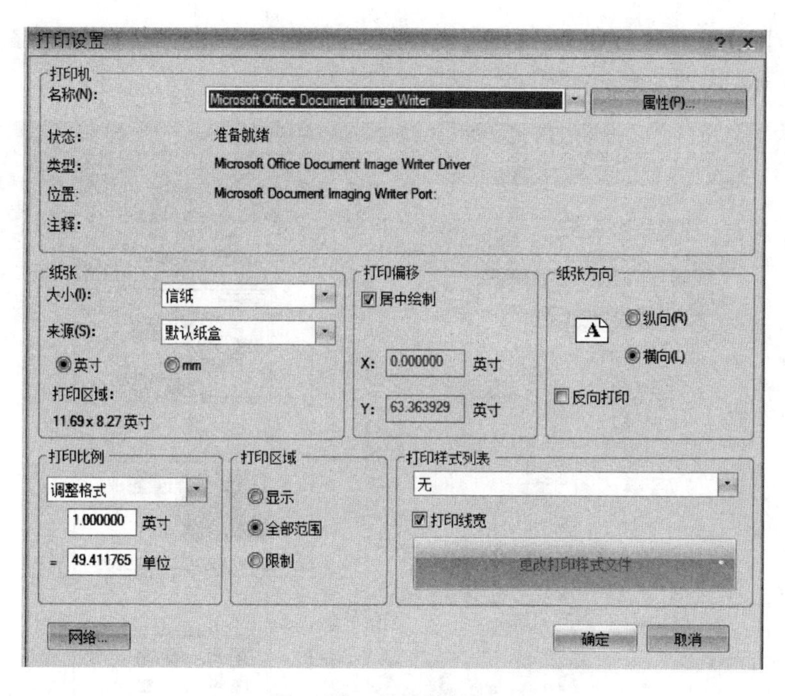

图 14-12　打印控制窗口

14.5.3　打印多张图纸

在导航器中把鼠标指针移动到项目名称上，右击，出现图 14-13 所示的快捷菜单，选择【打印】命令出现图 14-14 所示的窗口，该窗口的功能与图 14-6 相同。

图 14-13　多张图纸打印菜单

在图 14-14 中选择好打印机、打印方向、要打印的图纸、打印副本、比例等参数后，单击【打印】按钮，完成出图工作。

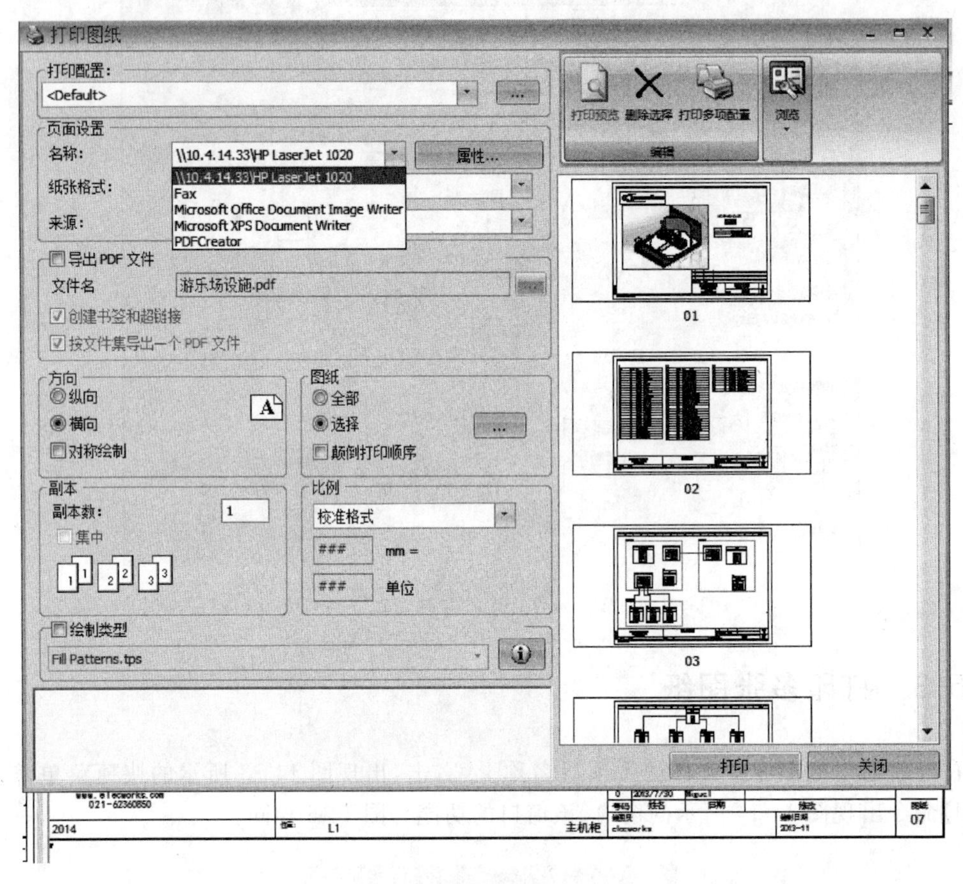

图 14-14　打印多张图纸窗口

参 考 文 献

[1] 天津电气传动设计研究所.电气传动自动化技术手册[M].北京:机械工业出版社,2009.

[2] 郭汀.电气制图用文字符号应用指南[M].北京:中国标准出版社,2009.

[3] 何利民,尹全英.电气制图与读图[M].北京:化学工业出版社,2013.

[4] 朱献清,郑静.电气制图[M].北京:机械工业出版社,2012.

[5] 吴秀华.AutoCAD电气工程绘图教程[M].北京:机械工业出版社,2012.

[6] Trace software. Elecworks 安装说明[M/OL].2013[2012-03-13]. http://dl.trace-software.com/dl/tew/docs/InstallingElecworks/Installing_elecworks_ZH.pdf.